现代数学基础丛书·典藏版　56

动力系统的定性与分支理论

罗定军　张　祥　董梅芳　编著

科学出版社

北　京

内 容 简 介

动力系统理论以确定的随时间演变的系统的大范围动力学性态为研究内容,它在物理、力学、化学、生物和经济等许多学科中具有广泛的应用,受到国际上的广泛重视.

本书包括由常微分方程组和点射所确定的动力系统的定性理论和分支理论的基本内容.如奇点和不动点的性态的系统分析,平面系统的全局分析.其中突出了极限环不存在性、存在性、唯一性的判别法则.本书从结构稳定性出发引入分支概念,分类分析了各种分支现象,以及与极限环问题密切相关的各种分支,如广义 Hopf 分支,Poincaré 分支,同宿、异宿奇闭轨分支和 Bogdanov-Takens 分支等.此外,与混沌性态相关的符号动力系统,Smale 马蹄 Melnikov 方法等书中作了介绍.

本书可供高等院校数学系、物理系及其他应用学科的高年级学生和研究生使用,也可供相关领域的科技人员参考.

图书在版编目(CIP)数据

动力系统的定性与分支理论/罗定军等编著.-北京:科学出版社,2001.2
(现代数学基础丛书·典藏版;56)
ISBN 978-7-03-007915-2
Ⅰ.动… Ⅱ.罗… Ⅲ.①动力系统(数学)-定性理论②动力系统(数学)-非线性方程 Ⅳ.O175.12
中国版本图书馆 CIP 数据核字(1999)第 61959 号

责任编辑:林 鹏 鄢德平/责任校对:钟 洋
责任印制:徐晓晨/封面设计:陈 敬

科学出版社 出版
北京东黄城根北街 16 号
邮政编码:100717
http://www.sciencep.com

北京凌奇印刷有限责任公司 印刷
科学出版社发行 各地新华书店经销
*
2001 年 2 月第 一 版 开本:B5(720×1000)
2015 年 7 月 印 刷 印张:16 3/4
字数:212 000

POD定价: 99.00元
(如有印装质量问题,我社负责调换)

前　　言

动力系统理论是现代大范围分析这一综合性数学分支的一个重要组成部分，它以确定的随时间演变的系统的大范围动力学性态为其研究内容，又在物理、力学、化学、生物和经济等许多学科分支中得到广泛的应用，因而在国际范围内引起广泛重视.

从历史发展来看，H. Poincaré 所创立的微分方程定性理论就曾以天体运动中所出现的一些非线性微分方程的模型作为重要的研究背景之一. 由于不能得到其通解的表达式，他着眼于从方程本身的特性去研究其解应具有的各种性质，这就是定性理论的基本出发点. 解的某些局部的或大范围的性态有时往往要随着方程的变化 (常体现为系统中的参数的变化) 而发生变化，这就是分支 (bifurcation) 的概念. 20 世纪 60 年代以来，分支理论迅猛发展，作为它的一个重要组成部分，微分方程和动力系统的分支理论的研究也系统深入地展开，并对许多应用学科中所出现的复杂问题的研究给以推动. 本书的主要内容就包含定性理论与分支理论两个方面. 前者以丰富的平面系统的定性理论为主，也包含了一般 $\mathbb{R}^n$ 空间中动力系统的一些基本概念、理论和方法，如平面系统的奇点分析，极限环的不存在性，存在性和唯一性的一些判别法则，它们以极限集理论作为基础. 对于研究极限环问题的一个重要工具，旋转向量场理论也作了介绍. 由此总结出系统地分析具体平面系统的大范围性态的方法，并结合一些应用问题加以分析. 这就是本书前三章及第四章前几节的主要内容.

第四章后半部分从结构稳定性的讨论引导出分支系统及与其相关的开折、余维和规范形等概念. 第五章对平面系统的各种分支作了较细致的分析，并结合 Hilbert 第 16 问题就多项式平面系统的极限环分支以及作者自身在这方面的部分研究工作给予介绍，以便有兴趣的读者在此基础上进一步开展研究. 高于二维的非线性系统将会出现诸如混沌等复杂的性态. 第六章将介绍处理这类问题的基本方法，引入 Smale 马蹄等与混沌性态相关的内容，包括判别混沌性态的横截同宿定理与 Melnikov 方法等.

本书的主要内容历年来曾在南京大学，南京师范大学对数学系的部分研究生和本科高年级学生讲授过. 希望通过这本书的出版使更多的读者对非线性系统研究中所运用的定性方法以及现代分支理论方法有一个基本的了解. 当然，限于笔者的水平，书中定会出现不少错漏之处，敬请读者指正.

鸣谢:

本书撰写过程中得到了叶彦谦教授的支持鼓励，对写作大纲提出宝贵意见，我们表示衷心的感谢，也感谢叶惟寅同志对出版此书的关心支持. 我们感谢研究生潘建瑜，宋矞，肖敏和袁蔚莉等为此书认真作计算机录入. 本书的出版获得了国家自然科学基金、江苏省自然科学基金以及南京师范大学出版基金的资助，均此致谢.

作　者

1999 年 3 月

目　录

第一章　动力系统的基本概念

给定常微分方程组

$$\frac{dx_i}{dt} = f_i(t, x_1, x_2, \cdots, x_n), \quad i = 1, 2, \cdots, n \tag{1.1}$$

和初值条件

$$x_i(t_0) = x_i^0, \quad i = 1, 2, \ldots, n, \tag{1.2}$$

其中每一 f_i 定义在开区域 $G \subseteq \mathbb{R}^{n+1}$ 中，其中 $t \in \mathbb{R}$, $(t_0, x_1^0, x_2^0, \cdots, x_n^0) \in G$. 为了简化记号以及后面的论证，我们可以运用下述向量与矩阵的记号及运算法则. 记

$$\mathbf{x} = \begin{pmatrix} x_1 \\ x_2 \\ \vdots \\ x_n \end{pmatrix}, \quad \dot{\mathbf{x}} = \begin{pmatrix} \dot{x}_1 \\ \dot{x}_2 \\ \vdots \\ \dot{x}_n \end{pmatrix}, \quad \mathbf{x^0} = \begin{pmatrix} x_1^0 \\ x_2^0 \\ \vdots \\ x_n^0 \end{pmatrix},$$

$$\mathbf{f}(t, \mathbf{x}) = \begin{pmatrix} f_1(t, \mathbf{x}) \\ f_2(t, \mathbf{x}) \\ \vdots \\ f_n(t, \mathbf{x}) \end{pmatrix}.$$

(其中 $(\dot{\ }) = \dfrac{d(\ \ )}{dt}$) 它们代表 n 维向量或向量函数. 这时方程 (1.1) 和初值条件 (1.2) 可写成

$$\frac{d\mathbf{x}}{dt} = \mathbf{f}(t, \mathbf{x}), \quad \mathbf{x}(t_0) = \mathbf{x}^0. \tag{1.3}$$

称之为 **微分方程组的初值问题** 或 **柯西 (Cauchy)问题**.

设 $\mathbf{x}, \mathbf{y} \in \mathbb{R}^n$, α 是实数, 可分别定义它们的和或差、数乘、内积及范数为

$$\mathbf{x} \pm \mathbf{y} = \begin{pmatrix} x_1 \pm y_1 \\ x_2 \pm y_2 \\ \vdots \\ x_n \pm y_n \end{pmatrix}, \quad \alpha\mathbf{x} = \begin{pmatrix} \alpha x_1 \\ \alpha x_2 \\ \vdots \\ \alpha x_n \end{pmatrix},$$

$$\langle \mathbf{x}, \mathbf{y} \rangle = \sum_{i=1}^{n} x_i y_i, \ \|\mathbf{x}\| = \sum_{i=1}^{n} |x_i| \quad \text{或} \quad \|\mathbf{x}\| = \sqrt{\langle \mathbf{x}, \mathbf{x} \rangle}.$$

设 $\mathbf{f}(t)$ 是定义在 $[a, b]$ 上的 n 维向量函数, 它的导数和积分分别为

$$\mathbf{f}'(t) = \begin{pmatrix} f_1'(t) \\ f_2'(t) \\ \vdots \\ f_n'(t) \end{pmatrix}, \quad \int_a^b \mathbf{f}(t)dt = \begin{pmatrix} \int_a^b f_1(t)dt \\ \int_a^b f_2(t)dt \\ \vdots \\ \int_a^b f_n(t)dt \end{pmatrix}.$$

另外, 对任意 $t_0, t \in [a, b]$, 恒有不等式

$$\left\| \int_{t_0}^{t} \mathbf{f}(s)ds \right\| \le \left| \int_{t_0}^{t} \|\mathbf{f}(s)\| ds \right|.$$

从上述向量函数的导数和积分的定义知, 定义在区间 $[a, b]$ 上的一个向量函数 $\mathbf{f}(t)$ 为连续函数 (可导或可积) 的充要条件是它的每个分量在相应的区间上连续 (可导或可积).

设 $x_1=\varphi_1(t), x_2=\varphi_2(t), \cdots, x_n=\varphi_n(t)$ 是定义在区间 (a,b) 上的 n 个连续可微函数，若将它们代入方程组 (1.1), 使其在 (a,b) 上成为恒等式，即对 $i=1,2,\cdots,n, t\in(a,b)$, 恒有

$$\frac{d\varphi_i(t)}{dt}\equiv f_i(t,\varphi_1(t),\varphi_2(t),\cdots,\varphi_n(t)),$$

或简写为

$$\frac{d\boldsymbol{\Phi}(t)}{dt}\equiv \boldsymbol{f}(t,\boldsymbol{\Phi}(t)),$$

则称 $\varphi_1(t),\varphi_2(t),\cdots,\varphi_n(t)$ 为方程组 (1.1) 在区间 (a,b) 上的**解**. 若此解满足初值条件 (1.2), 则称之为 **初值问题** (1.3) **的解**.

方程组 (1.1) 的含有 n 个独立的任意常数的解

$$x_i(t)=\varphi_i(t,c_1,c_2,\cdots,c_n),\quad i=1,2,\cdots,n$$

称为 (1.1) 的 **通解**. 由隐函数方程

$$\Phi_i(t,x_1,x_2,\cdots,x_n,c_1,c_2,\cdots,c_n)=0,\quad i=1,2,\cdots,n. \tag{1.4}$$

所确定的含有 n 个独立的任意常数的函数

$$x_i(t)=\Psi_i(t,c_1,c_2,\cdots,c_n),\quad i=1,2,\cdots,n$$

若是 (1.1) 的通解，则称 (1.4) 为 (1.1) 的 **通积分**.

§1 $\mathbb{R}^n$ 上微分方程的解的存在唯一性，解的延拓

1.1 解的存在唯一性定理

在微分方程理论的发展过程中，人们有很长一段时间总是努力寻求所给方程的通解的分析表达式，这就是通常所说的初等积分法. 后来发现就绝大多数非线性方程来说，这一点是不可能办到

的. 例如, 1941 年, 法国数学家 J.Liouville 首先证明了有一个二次项的非线性方程 (即 Riccati 方程)

$$\frac{dy}{dx}=P(x)y^2+Q(x)y+R(x)$$

一般是不可能求得其通解的. 直至 19 世纪后期, H.Poincaré 开始创立了微分方程的定性理论, 即是说, 不指望求出解的分析表达式, 而是从方程自身的特性去确定其解所具有的定性性态. 本书的主题之一也就是介绍其基本的思想方法.

为了展开定性的讨论, 首要的一个问题是: 微分方程的初值问题 (1.3) 的解是否存在? 存在的话是否唯一? 这就是本节要介绍的解的存在唯一性定理. 其条件可强可弱, 结果甚多. 为简明扼要, 现介绍最基本的一个定理.

定理 1.1 *考虑初值问题 (1.3). 假设 $\mathbf{f}(t,\mathbf{x})$ 在 $(n+1)$ 维空间闭区域*

$$G:\quad |t-t_0|\le a,\quad \|\mathbf{x}-\mathbf{x}^0\|\le b$$

上连续, 且关于 $\mathbf{x}$ 满足 Lipschitz 条件 (简称李氏条件), 即存在正常数 L, 使得对任意 $(t,\mathbf{x}),(t,\mathbf{y})\in G$, 恒有

$$\|\mathbf{f}(t,\mathbf{x})-\mathbf{f}(t,\mathbf{y})\|\le L\|\mathbf{x}-\mathbf{y}\|.$$

令

$$M=\max_G\|\mathbf{f}(t,\mathbf{x})\|,\quad h=\min(a,\frac{b}{M}),$$

则初值问题 (1.3) 在区间 $|t-t_0|\le h$ 上存在唯一的解 $\mathbf{x}=\mathbf{\Phi}(t)$.

证明 证明较长, 可分为下列五个步骤: 第一步证明初值问题 (1.3) 等价于积分方程:

$$\mathbf{x}=\mathbf{x}^0+\int_{t_0}^t\mathbf{f}(s,\mathbf{x}(s))ds \tag{1.5}$$

的求解问题; 第二步在区间 $|t-t_0|\le h$ 上构造 (1.5) 的近似解序列 $\{\boldsymbol{\Phi}_k(t)\}$, 其中 $\boldsymbol{\Phi}_k(t)$ 是 n 维连续向量函数; 第三步证明函数序列 $\{\boldsymbol{\Phi}_k(t)\}$ 在 $|t-t_0|\le h$ 上一致收敛到某函数 $\boldsymbol{\Phi}(t)$; 第四步证明 $\boldsymbol{\Phi}(t)$ 是 (1.5) 的解, 也就证明了初值问题 (1.3) 的解的存在性; 最后, 第五步证明 (1.3) 的解的唯一性. 下面只考虑 $t\ge t_0$ 的情况, 易见 $t\le t_0$ 的情形可以完全类似的证明.

(一) 证明初值问题 (1.3) 与积分方程 (1.5) 的等价性.

设 $\mathbf{x}=\boldsymbol{\Phi}(t)$ 是初值问题 (1.3) 的解, 即

$$\frac{d\boldsymbol{\Phi}(t)}{dt}\equiv \mathbf{f}(t,\boldsymbol{\Phi}(t)).$$

把上式两边从 t_0 到 t 积分得

$$\boldsymbol{\Phi}(t)\equiv \mathbf{x}^0+\int_{t_0}^{t}\mathbf{f}(s,\boldsymbol{\Phi}(s))ds.$$

这说明 $\mathbf{x}=\boldsymbol{\Phi}(t)$ 是积分方程 (1.5) 的解.

反之, 设 $\mathbf{x}=\boldsymbol{\Phi}(t)$ 是积分方程 (1.5) 的连续解, 即

$$\boldsymbol{\Phi}(t)\equiv \mathbf{x}^0+\int_{t_0}^{t}\mathbf{f}(s,\boldsymbol{\Phi}(s))ds.$$

于是 $\boldsymbol{\Phi}(t)$ 可微, 从而

$$\frac{d\boldsymbol{\Phi}(t)}{dt}=\mathbf{f}(t,\boldsymbol{\Phi}(t)),\quad 且\quad \boldsymbol{\Phi}(t_0)=\mathbf{x}^0$$

即 $\mathbf{x}=\boldsymbol{\Phi}(t)$ 是初值问题 (1.3) 的解.

(二) 用 Picard 逼近法构造 (1.5) 的近似解序列 $\{\boldsymbol{\Phi}_k(t)\}$. 令

$$\begin{aligned}
&\boldsymbol{\Phi}_0(t)=\mathbf{x}^0\\
&\boldsymbol{\Phi}_1(t)=\mathbf{x}^0+\int_{t_0}^{t}\mathbf{f}(s,\boldsymbol{\Phi}_0(s))ds,\\
&\boldsymbol{\Phi}_k(t)=\mathbf{x}^0+\int_{t_0}^{t}\mathbf{f}(s,\boldsymbol{\Phi}_{k-1}(s))ds,\quad k=2,3,\cdots
\end{aligned}$$

下面证明每一 $\mathbf{\Phi}_k(t)$ 在 $t_0 \le t \le t_0 + h$ 上有定义，连续，且 $\|\mathbf{\Phi}_k(t) - \mathbf{x}_0\| \le b$. 由定理假设，显然 $\mathbf{\Phi}_1(t)$ 在 $[t_0, t_0 + h]$ 上有定义且连续. 又

$$\begin{aligned}
\|\mathbf{\Phi}_1(t) - \mathbf{x}^0\| &= \sum_{i=1}^{n}\left|\int_{t_0}^{t} f_i(s, \mathbf{\Phi}_0(s))ds\right| \\
&\le \sum_{i=1}^{n}\int_{t_0}^{t} |f_i(s, \mathbf{\Phi}_0(s))|ds \\
&= \int_{t_0}^{t} \|\mathbf{f}(s, \mathbf{\Phi}_0(s))\|ds \\
&\le M(t - t_0) \\
&\le Mh \\
&< b,
\end{aligned}$$

因此 $\mathbf{\Phi}_2(t)$ 在 $[t_0, t_0 + h]$ 上有定义，连续，且

$$\|\mathbf{\Phi}_2(t) - \mathbf{x}_0\| \le \int_{t_0}^{t} \|\mathbf{f}(s, \mathbf{\Phi}_1(s))\|ds \le M(t - t_0) \le b.$$

一般地，假设如上构造的向量函数序列当 $n = k$ 时， $\mathbf{\Phi}_k(t)$ 在 $[t_0, t_0 + h]$ 上有定义，连续，且

$$\|\mathbf{\Phi}_k(t) - \mathbf{x}^0\| \le b,$$

则 $\mathbf{\Phi}_{k+1}(t)$ 在 $[t_0, t_0 + h]$ 上有定义，连续，且

$$\|\mathbf{\Phi}_{k+1}(t) - \mathbf{x}^0\| \le \int_{t_0}^{t} \|\mathbf{f}(s, \mathbf{\Phi}_k(s))\|ds \le M(t - t_0) \le b.$$

由数学归纳法知，对一切 n, $\mathbf{\Phi}_n(t)$ 在 $[t_0, t_0 + h]$ 上有定义，连续，且 $\|\mathbf{\Phi}_n(t) - \mathbf{x}^0\| \le b$.

(三) 证明向量函数序列 $\{\boldsymbol{\Phi}_n(t)\}$ 在 $[t_0, t_0+h]$ 上一致收敛.

考虑级数

$$\boldsymbol{\Phi}_0(t) + \sum_{k=1}^{\infty}[\boldsymbol{\Phi}_k(t) - \boldsymbol{\Phi}_{k-1}(t)], \quad t \in [t_0, t_0+h]. \tag{1.6}$$

它的部分和为

$$S_n(t) = \boldsymbol{\Phi}_0(t) + \sum_{k=1}^{n}[\boldsymbol{\Phi}_k(t) - \boldsymbol{\Phi}_{k-1}(t)] = \boldsymbol{\Phi}_n(t).$$

因此, 在区间 $[t_0, t_0+h]$ 上, 向量函数序列 $\{\boldsymbol{\Phi}_n(t)\}$ 的一致收敛性等价于级数 (1.5) 的一致收敛性.

下面证明, 对一切 n, 恒有

$$\|\boldsymbol{\Phi}_n(t) - \boldsymbol{\Phi}_{n-1}(t)\| \le \frac{M}{L} \cdot \frac{[L(t-t_0)]^n}{n!}. \tag{1.7}$$

当 $n=1$ 时, 由 (二) 的证明知, (1.7) 式显然成立. 假设当 $n=k$ 时, (1.7) 式成立, 则有

$$\begin{aligned}
\|\boldsymbol{\Phi}_{k+1}(t) - \boldsymbol{\Phi}_k(t)\| &\le \int_{t_0}^{t} \|\mathbf{f}(s, \boldsymbol{\Phi}_k(s)) - \mathbf{f}(s, \boldsymbol{\Phi}_{k-1}(s))\| ds \\
&\le L\int_{t_0}^{t} \|\boldsymbol{\Phi}_k(s) - \boldsymbol{\Phi}_{k-1}(s)\| ds \\
&\le L\int_{t_0}^{t} \frac{ML^{k-1}}{k!}(s-t_0)^k ds \\
&= \frac{ML^k}{(k+1)!}(t-t_0)^{k+1}.
\end{aligned}$$

由数学归纳法知, 对一切 n, (1.7) 式均成立.

由于正项级数

$$\sum_{n=1}^{\infty} \frac{M}{L} \cdot \frac{(Lh)^n}{n!}$$

收敛, 由 Weierstrass 判别法知, 向量函数项级数 (1.6) 在 $[t_0, t_0+h]$ 上一致收敛, 记

$$\lim_{n\to\infty} \mathbf{\Phi}_n(t) = \mathbf{\Phi}(t), \quad t \in [t_0, t_0+h],$$

则 $\mathbf{x} = \mathbf{\Phi}(t)$ 在 $[t_0, t_0+h]$ 上连续, 且 $\|\mathbf{\Phi}(t) - \mathbf{x}^0\| \leq b$.

(四) 证明 $\mathbf{x} = \mathbf{\Phi}(t)$ 是积分方程 (1.5) 在 $[t_0, t_0+h]$ 上的解.

由 Lipschitz 条件

$$\|\mathbf{f}(t, \mathbf{\Phi}_n(t)) - \mathbf{f}(t, \mathbf{\Phi}_{n-1}(t))\| \leq L\|\mathbf{\Phi}_n(t) - \mathbf{\Phi}_{n-1}(t)\|$$

及 $\{\mathbf{\Phi}_n(t)\}$ 在 $[t_0, t_0+h]$ 上一致收敛到 $\mathbf{\Phi}(t)$ 知, 向量函数序列

$$\{\mathbf{f}_n(t)\} = \{\mathbf{f}_n(t, \mathbf{\Phi}_n(t))\}$$

在 $[t_0, t_0+h]$ 上一致收敛到 $\mathbf{f}(t, \mathbf{\Phi}(t))$. 因此,

$$\begin{aligned}\lim_{n\to\infty} \mathbf{\Phi}_n(t) &= \mathbf{x}^0 + \lim_{n\to\infty} \int_{t_0}^t \mathbf{f}(s, \mathbf{\Phi}_{n-1}(s))ds \\ &= \mathbf{x}^0 + \int_{t_0}^t \lim_{n\to\infty} \mathbf{f}(s, \mathbf{\Phi}_{n-1}(s))ds,\end{aligned}$$

即

$$\mathbf{\Phi}(t) = \mathbf{x}^0 + \int_{t_0}^t \mathbf{f}(s, \mathbf{\Phi}(s))ds.$$

这说明 $\mathbf{\Phi}(t)$ 是积分方程 (1.5), 也就是 (1.3), 在 $[t_0, t_0+h]$ 上的解.

(五) 证明积分方程 (1.5) 的解的唯一性.

设 $\mathbf{x} = \mathbf{\Phi}(t)$ 和 $\mathbf{x} = \mathbf{\Psi}(t)$ 是 (1.5) 的两个解, 即有

$$\mathbf{\Phi}(t) = \mathbf{x}^0 + \int_{t_0}^t \mathbf{f}(s, \mathbf{\Phi}(s))ds,$$

$$\mathbf{\Psi}(t) = \mathbf{x}^0 + \int_{t_0}^t \mathbf{f}(s, \mathbf{\Psi}(s))ds.$$

两式相减得

$$\begin{aligned}\|\mathbf{\Phi}(t)-\mathbf{\Psi}(t)\| &\leq \int_{t_0}^{t}\|\mathbf{f}(s,\mathbf{\Phi}(s))-\mathbf{f}(s,\mathbf{\Psi}(s))\|ds\\ &\leq L\int_{t_0}^{t}\|\mathbf{\Phi}(s)-\mathbf{\Psi}(s)\|ds.\end{aligned}$$

令

$$g(t)=\int_{t_0}^{t}\|\mathbf{\Phi}(s)-\mathbf{\Psi}(s)\|ds,\quad t\in[t_0,t_0+h].$$

显然 $g(t)\geq 0$, $t\in[t_0,t_0+h]$, 且有

$$g'(t)\leq Lg(t),$$

于是

$$(\mathrm{e}^{-L(t-t_0)}g(t))'\leq 0.$$

从而

$$\mathrm{e}^{-L(t-t_0)}g(t)\leq g(t_0)=0,$$

由此推出

$$g(t)\equiv 0,\quad t\in[t_0,t_0+h].$$

即 $\mathbf{\Phi}(t)\equiv\mathbf{\Psi}(t)$, $t\in[t_0,t_0+h]$. 这就证明了积分方程 (1.5), 亦即 (1.3) 的解的唯一性.

综上所述, 初值问题 (1.3) 在 $|t-t_0|\leq h$ 上存在唯一解.

证毕

注 1.1 定理 1.1 中的两个条件保证了初值问题 (1.3) 的解的存在唯一性. 若 $\mathbf{f}(t,\mathbf{x})$ 只对 $t,\mathbf{x}$ 连续, 但未必满足 Lipschitz 条件, 则初值问题 (1.3) 的解仍然存在, 但未必唯一.

例如初值问题

$$\frac{dy}{dx}=2\sqrt{y},\quad y(0)=0$$

中的函数 $f(x,y)=2\sqrt{y}$ 在原点的任何邻域中都连续，但不满足 Lipschitz 条件. 容易验证，该初值问题存在无穷多个解;

$$y_1\equiv 0 \quad 和 \quad y_2(x)=\begin{cases}0, & 0\le x\le c,\\ (x-c)^2, & c<x,\end{cases}$$

其中 c 为任意非负常数.

注 1.2 定理 1.1 中的 Lipschitz 条件一般来说较难验证. 通常可用所有 $\dfrac{\partial f_i}{\partial x_j}$ $(i,j=1,2,\cdots,n)$ 在 G 上连续来保证 $\mathbf{f}$ 关于 $\mathbf{x}$ 满足李氏条件.

1.2 解的延拓

定理 1.1 给出的初值问题 (1.3) 的解的存在唯一性定理是局部的，它只肯定了解在区间 $|t-t_0|\le h\,(h=\min(a,\dfrac{b}{M}))$ 上的存在性，且由 h 的定义知，解的存在区间将随着 $\mathbf{f}(t,\mathbf{x})$ 的定义域的扩大而缩小. 这似乎与实际问题相矛盾. 因此，自然要提出这样的问题；能否将定理 1.1 中所得到的解的存在区间延拓到更大的区间上去?

定义 1.1 *向量函数 $\mathbf{f}(t,\mathbf{x})$ 称为在开区域 $G\subseteq \mathbb{R}\times\mathbb{R}^n$ 上关于 $\mathbf{x}$ 满足* **局部 Lipschitz 条件** *(简称* **局部李氏条件**)*，若对任意的 $(t_0,\mathbf{x}_0)\in G$，存在该点的邻域 $D_0=\{(t,\mathbf{x}):|t-t_0|\le a_0,\|\mathbf{x}-\mathbf{x}_0\|\le b_0\}\subset G$ 和相应的常数 L_0，使得对任意的 $(t,\mathbf{x}_1),(t,\mathbf{x}_2)\in D_0$，恒有*

$$\|\mathbf{f}(t,\mathbf{x}_1)-\mathbf{f}(t,\mathbf{x}_2)\|\le L_0\|\mathbf{x}_1-\mathbf{x}_2\|.$$

局部李氏条件要比前述李氏条件要弱一些，但可以证明，如果 G 为有界区域 (定理 1.1 即是)，则由局部李氏条件可推出李氏条件 (证明例如见 [Zh])．因此，解的存在唯一性定理 1.1 的李氏条件也可减弱为局部李氏条件．

设 $\mathbf{x} = \mathbf{\Phi}_1(t)$ 是初值问题 (1.3) 在 $|t - t_0| \leq h$ 上的解．令 $t_1 = t_0 + h$, $\mathbf{x}_1 = \mathbf{\Phi}_1(t_1)$．若 $(t_1, \mathbf{x}_1) \in G$，则由定理 1.1 知，初值问题：

$$\frac{d\mathbf{x}}{dt} = \mathbf{f}(t, \mathbf{x}), \quad \mathbf{x}(t_1) = \mathbf{x}_1$$

在某区间 $|t - t_1| \leq h_1$ 上存在唯一的解 $\mathbf{x} = \mathbf{\Phi}_2(t)$．由唯一性知，

$$\mathbf{\Phi}^{\star}(t) = \begin{cases} \mathbf{\Phi}_1(t), & t \in [t_0 - h, t_0 + h] \\ \mathbf{\Phi}_2(t), & t \in [t_0 + h, t_1 + h_1] \end{cases}$$

是初值问题 (1.3) 在区间 $[t_0 - h, t_0 + h + h_1]$ 上的唯一解．同理，解 $\mathbf{\Phi}_1(t)$ 可以向左延拓，如此继续下去，最后可以得到一个解 $\mathbf{x} = \widetilde{\mathbf{\Phi}}(t)$，它不能向左、右方再延拓了．这样的解称为**饱和解**．它的最大存在区间必是开区间 (α, β)．否则，若右端是闭的，那么 β 是一个有限数，且 $(\beta, \widetilde{\mathbf{\Phi}}(\beta)) \in G$．从而 $\widetilde{\mathbf{\Phi}}(t)$ 仍可以向右延拓，这与 $\widetilde{\mathbf{\Phi}}(t)$ 的饱和性矛盾．

定理 1.2 *设 $\mathbf{f}(t, \mathbf{x})$ 在 $(n+1)$ 维空间区域 G 上连续，且关于 $\mathbf{x}$ 满足局部李氏条件，则初值问题 (1.3) 的解可以延拓到 G 的边界．*

证明 用反证法．假设初值问题 (1.3) 的解 $\mathbf{x} = \mathbf{\Phi}(t)$ 不能向 t 增加的方向延拓到 G 的边界，设其最大存在区间为 (α, β)，则 β 必为有限数，且解 $\mathbf{x} = \mathbf{\Phi}(t)$ 当 $t_0 \leq t < \beta$ 时必整个位于某闭区域 $G'(\subset G)$．由闭区域上连续函数的性质知，存在正数 M，使得

在区域 G' 上, $\|\mathbf{f}(t,\mathbf{\Phi}(t))\| \le M$. 对任意的 $t_1,t_2 \in [t_0,\beta)$,

$$\begin{aligned}\|\mathbf{\Phi}(t_1)-\mathbf{\Phi}(t_2)\| &= \left\|\int_{t_0}^{t_1}\mathbf{f}(s,\mathbf{\Phi}_1(s))ds-\int_{t_0}^{t_2}\mathbf{f}(s,\mathbf{\Phi}_2(s))ds\right\| \\ &= \left\|\int_{t_2}^{t_1}\mathbf{f}(s,\mathbf{\Phi}(s))ds\right\| \\ &\le \left|\int_{t_2}^{t_1}\|\mathbf{f}(s,\mathbf{\Phi}(s))\|ds\right| \\ &\le M|t_1-t_2|.\end{aligned}$$

当 $t_1,t_2\to\beta$ 时, $\mathbf{\Phi}(t_1)-\mathbf{\Phi}(t_2)\to 0$. 由向量序列收敛的 Cauchy 准则知, 极限 $\mathbf{\Phi}(\beta-0)$ 存在, 且 $(\beta,\mathbf{\Phi}(\beta-0))\in G'\subset G$. 由定理 1.1 推出, 方程 (1.1) 满足初始条件 $\mathbf{x}(\beta)=\mathbf{\Phi}(\beta-0)$ 的解在某区间 $(\beta-h^*,\beta+h^*)$ 上存在. 由解的唯一性, 初值问题 (1.3) 的解 $\mathbf{x}=\mathbf{\Phi}(t)$ 可延拓到 $(\alpha,\beta+h^*)$ 上, 这与 (α,β) 是 (1.3) 的解的最大存在区间相矛盾.

证毕

推论 1.3 设 $\mathbf{f}(t,\mathbf{x})$ 在 $\mathbb{R}^{n+1}$ 中连续, 且关于 $\mathbf{x}$ 满足局部李氏条件. 若 (1.3) 的解 $\mathbf{x}=\mathbf{\Phi}(t)$ 有界, 则其存在区间为 $(-\infty,+\infty)$.

推论 1.4 考虑右端不依赖于 t 的方程组 (下称自治系统) 的初值问题:

$$\frac{d\mathbf{x}}{dt}=\mathbf{f}(\mathbf{x}),\quad \mathbf{x}(t_0)=\mathbf{x}^0. \tag{1.8}$$

设 $\mathbf{f}(\mathbf{x})$ 在 n 维空间区域 D 上连续, 且关于 $\mathbf{x}$ 满足局部李氏条件. 若 (1.8) 的解 $\mathbf{x}=\mathbf{\Phi}(t,\mathbf{x}^0)$ 永远停留在有界区域 $D'\subset D$ 内, 则 $\mathbf{\Phi}(t,\mathbf{x}^0)$ 的存在区间为 $(-\infty,+\infty)$.

推论 1.5 设 $\mathbf{f}(\mathbf{x})$ 在 $\mathbb{R}^n$ 上连续有界, 则初值问题 (1.8) 的解的存在区间为 $(-\infty,+\infty)$.

证明 若 (1.8) 的解 $\mathbf{x} = \mathbf{\Phi}(t)$ 有界, 则由推论 1.1 知, $\mathbf{\Phi}(t)$ 的存在区间为 $(-\infty, +\infty)$.

假设 $\mathbf{\Phi}(t)$ 在 $[t_0, \beta)$ 上无界. 令 $M = \sup \|\mathbf{f}(\mathbf{x})\|$, 由定理 1.1 的证明知

$$\mathbf{\Phi}(t) = \mathbf{x}^0 + \int_{t_0}^{t} \mathbf{f}(\mathbf{\Phi}(s))ds, \quad t_0 \le t < \beta.$$

从而

$$\begin{aligned}\|\mathbf{\Phi}(t)\| &\le \|\mathbf{x}^0\| + \int_{t_0}^{t} \|\mathbf{f}(\mathbf{\Phi}(s))\|ds \\ &\le \|\mathbf{x}^0\| + M(b - t_0),\end{aligned}$$

要使 $\mathbf{\Phi}(t)$ 无界, 必有 $\beta = +\infty$. 对于 $t \le t_0$, 可以类似地证明 $\mathbf{\Phi}(t)$ 的存在区间为 $(-\infty, t_0]$.

证毕

§2 解对初值及参数的连续性和可微性

许多微分方程来源于实际问题, 而一个实际问题化为数学模型得到微分方程时, 由于测量手段、实验仪器的精密程度以及忽略一些次要因素等的影响, 所得到的微分方程与它所刻画的实际问题不可避免地会出现一些差异. 如果由于初值或微分方程中的参数的微小变化, 会引起解的剧烈变化, 那么, 所得到的微分方程的解就不足以描述它所刻划的实际问题. 为此, 需要研究初值问题的解对初值与参数的依赖性.

定理 1.6 *考虑初值问题:*

$$\frac{d\mathbf{x}}{dt} = \mathbf{f}(t, \mathbf{x}, \mu), \quad \mathbf{x}(t_0) = \mathbf{x}^0, \tag{1.9}$$

其中 $(t,\mathbf{x})\in\mathbb{R}^{n+1}$, $\mu\in\mathbb{R}^m$. 假设 $\mathbf{f}(t,\mathbf{x},\mu)$ 在区域 G:

$$|t-t_0|\le a,\quad \|\mathbf{x}-\mathbf{x}^0\|\le b,\quad \|\mu-\mu_0\|\le c$$

上连续, 且关于 $\mathbf{x}$ 满足李氏条件, 即存在常数 $L>0$, 使得对任意 $(t,\mathbf{x}_1,\mu)$, $(t,\mathbf{x}_2,\mu)\in G$, 恒有

$$\|\mathbf{f}(t,\mathbf{x}_1,\mu)-\mathbf{f}(t,\mathbf{x}_2,\mu)\|\le L\|\mathbf{x}_1-\mathbf{x}_2\|.$$

则初值问题 (1.9) 的解 $\mathbf{x}=\mathbf{\Phi}(t,\mu)$ 在区间 $|t-t_0|\le h$ 上存在且唯一, 其中

$$h=\min(a,\frac{b}{M}),\quad M=\max_G\|\mathbf{f}(t,\mathbf{x})\|.$$

进一步地, $\mathbf{\Phi}(t,\mu)$ 在区域: $|t-t_0|\le h$, $\|\mu-\mu_0\|\le c$ 上是 (t,μ) 的连续函数.

证明 对任意固定的 $\mu(\|\mu-\mu_0\|\le c)$, 由定理 1.1 知, 初值问题 (1.9) 的解 $\mathbf{x}=\mathbf{\Phi}(t,\mu)$ 在 $|t-t_0|\le h$ 上存在唯一.

类似于定理 1.1 的证明知, 初值问题 (1.9) 的 n 次逼近解 $\mathbf{\Phi}_n(t,\mu)$ 是 (t,μ) 的连续函数, 且当 $n\to\infty$ 时, $\mathbf{\Phi}_n(t,\mu)$ 在区域: $|t-t_0|\le h$, $\|\mu-\mu_0\|\le c$ 上一致收敛于 $\mathbf{\Phi}(t,\mu)$. 因而, $\mathbf{\Phi}(t,\mu)$ 也是 (t,μ) 的连续函数.

证毕

定理 1.7 设 $\mathbf{f}(t,\mathbf{x})$ 在区域 $G=\{(t,\mathbf{x}): |t-t_0|\le a, \|\mathbf{x}-\mathbf{x}^0\|\le b\}$ 上连续, 且关于 $\mathbf{x}$ 满足李氏条件, 其李氏常数为 $L>0$, 则对所有满足 $\|\eta-\mathbf{x}^0\|\le\frac{b}{2}$ 的 η, 初值问题

$$\frac{d\mathbf{x}}{dt}=\mathbf{f}(t,\mathbf{x}),\quad \mathbf{x}(t_0)=\eta \tag{1.10}$$

在区间 $|t-t_0|\le\dfrac{h}{2}$ 上存在唯一解 $\mathbf{x}=\mathbf{\Phi}(t,\eta)$, 且 $\mathbf{\Phi}(t,\eta)$ 在区域: $|t-t_0|\le\dfrac{h}{2}$, $\|\eta-\mathbf{x}^0\|\le\dfrac{b}{2}$ 上关于 (t,η) 连续.

证明 令 $\mathbf{x}=\mathbf{z}+\eta$, 则初值问题 (1.10) 化为

$$\frac{d\mathbf{z}}{dt}=\mathbf{F}(t,\mathbf{z},\eta),\quad \mathbf{z}(t_0)=0, \tag{1.11}$$

其中 $\mathbf{F}(t,\mathbf{z},\eta)=\mathbf{f}(t,\mathbf{z}+\eta)$ 在区域 G^* :

$$|t-t_0|\le a,\quad \|\mathbf{z}\|\le\frac{b}{2},\quad \|\eta-\mathbf{x}^0\|\le\frac{b}{2}$$

上连续, 且对任意的 $\mathbf{z}_1$, $\mathbf{z}_2$ ($\|\mathbf{z}_1\|\le\dfrac{b}{2}$, $\|\mathbf{z}_2\|\le\dfrac{b}{2}$), 恒有

$$\begin{aligned}\|\mathbf{F}(t,\mathbf{z}_1,\eta)-\mathbf{F}(t,\mathbf{z}_2,\eta)\|&\le\|\mathbf{f}(t,\mathbf{z}_1+\eta)-\mathbf{f}(t,\mathbf{z}_2+\eta)\|\\&\le L\|\mathbf{z}_1+\eta-(\mathbf{z}_2+\eta)\|\\&=L\|\mathbf{z}_1-\mathbf{z}_2\|.\end{aligned}$$

因此, 由定理 1.3 知, 作为 η 的参数方程, (1.11) 在区间 $|t-t_0|\le\dfrac{h}{2}$ 上存在唯一的解 $\mathbf{z}=\mathbf{\Psi}(t,\eta)$, 且 $\mathbf{\Psi}(t,\eta)$ 是 (t,η) 的连续函数. 故

$$\mathbf{x}=\mathbf{z}+\eta=\mathbf{\Psi}(t,\eta)+\eta$$

是初值问题 (1.10) 在区间 $|t-t_0|\le\dfrac{h}{2}$ 上的唯一解, 且关于 (t,η) 连续. 证毕

推论 1.8 假设 $\mathbf{f}(t,\mathbf{x},\mu)$ 在区域 G:

$$|t-t_0|\le a,\quad \|\mathbf{x}-\mathbf{x}^0\|\le b,\quad \|\mu-\mu_0\|\le c$$

上连续，且关于 $\mathbf{x}$ 满足李氏条件，其中 $\mathbf{x}\in\mathbb{R}^n$，$\mu\in\mathbb{R}^m$，则对任意的 η ($\|\eta-\eta_0\|<\frac{b}{2}$)，初值问题

$$\frac{d\mathbf{x}}{dt}=\mathbf{f}(t,\mathbf{x},\mu),\quad \mathbf{x}(t_0)=\eta$$

在区间 $|t-t_0|\le\frac{h}{2}$ 上存在唯一的解 $\mathbf{x}=\mathbf{\Phi}(t,\mu,\eta)$，其中 h 满足定理 1.6 的条件，且 $\mathbf{\Phi}(t,\mu,\eta)$ 是关于 (t,μ,η) 的连续函数.

为了以后的应用，我们不加证明地叙述如下关于解对初值及参数的可微性、解析性定理.

定理 1.9 设方程组 (1.9) 中的函数 $\mathbf{f}(t,\mathbf{x},\mu)$ 关于 t 是 $r-1$ 次连续可微的，关于 $\mathbf{x}$ 和 μ 是 r 次连续可微的，则初值问题 (1.9) 的解 $\mathbf{x}=\mathbf{\Phi}(t,t_0,\mathbf{x}^0,\mu)$ 关于 $(t,t_0,\mathbf{x}^0,\mu)$ 为 r 次连续可微.

定理 1.10 若 $\mathbf{f}(t,\mathbf{x},\mu)$ 是 $t,\mathbf{x},\mu$ 的解析函数，则初值问题 (1.9) 的解 $\mathbf{x}=\mathbf{\Phi}(t,t_0,\mathbf{x}^0,\mu)$ 是 $t,t_0,\mathbf{x}^0,\mu$ 的解析函数. 若 $\mathbf{f}(t,\mathbf{x},\mu)$ 对 t 连续，关于 $\mathbf{x},\mu$ 为解析，则 (1.9) 的解关于 $\mathbf{x}^0,\mu$ 解析.

§3 $\mathbb{R}^n$ 上的动力系统，连续流与离散流

3.1 $\mathbb{R}^n$ 上动力系统的基本性质

如前面两节，考虑右端不显含 t 的微分方程组 (以下把 $\frac{d\mathbf{x}}{dt}$ 简记为 $\dot{\mathbf{x}}$)

$$\dot{\mathbf{x}}=\mathbf{f}(\mathbf{x}),\tag{1.12}$$

其中 $\mathbf{x}\in G$，G 为 $\mathbb{R}^n$ 内的一个开区域或整个空间 $\mathbb{R}^n$. 设在 G 内，(1.12) 满足解的存在唯一性定理的条件，则对每一 $t_0\in\mathbb{R},\mathbf{x}_0\in G$，满足初值条件 $\mathbf{x}(t_0)=\mathbf{x}^0$ 的解 $\mathbf{x}=\mathbf{\Phi}(t;t_0,\mathbf{x}_0)$ 可以延拓为饱和解，即有最大存在区间 $J(\mathbf{x}^0)=(\alpha,\beta)$ (α,β 可能分

别为 $-\infty, +\infty$). 对 $t \in J(\mathbf{x}_0), \mathbf{x}_0 \in G$, $\mathbf{\Phi}$ 有定义且为连续. 如进一步设 $\mathbf{f}$ 连续可微, 则由 §2 知, $\mathbf{\Phi}$ 也是连续可微的. 把 t 看做参数, 在 $\mathbb{R}^n$ 中 $\mathbf{x} = \mathbf{\Phi}(t; t_0, \mathbf{x}_0)$ 的几何图像为一条通过 $\mathbf{x}_0$ 点的曲线, 在此曲线上再画一箭头代表 t 增加的方向, 它就称为一条 **轨线**. 从运动观点来看, t 代表时间, 则 (1.12) 在 G 中就规定了一个速度场. 轨线描述了具体质点的运动. 在每一点 $\mathbf{x} \in G$, 质点的运动速度与速度场在该点的速度相同. 因此 (1.12) 确定了 G 内的一个运动系统. 通常称 (1.12) 为一个 **自治系统** 或 **定常系统**. 因为 (1.12) 的右端 $\mathbf{f}(\mathbf{x})$ 在 G 上每一点确定了一个 n 维向量, 故也常称 (1.12) 为 G 上的一个 **向量场**. $\mathbb{R}^n$ 称为 **相空间**, 当 $n = 2$ 时称为 **相平面**.

对应地, 右端依赖于自变量 t 的微分方程组

$$\dot{\mathbf{x}} = \mathbf{f}(t, \mathbf{x}), \tag{1.13}$$

称为 **非自治系统** 或 **非定常系统**. 它在 $\mathbb{R}^n$ 内所确定的速度场是随时间 t 变化的, 即对同一点 $\mathbf{x}_0 \in \mathbb{R}^n$, 在不同时刻相应的速度一般是不同的. 因此, 它要比 (1.12) 的情况复杂得多. 例如, 自治系统通过一点 $\mathbf{x}_0$ 的轨线是唯一确定的. 而对非自治系统, 则一般有无穷多条轨线通过同一点 $\mathbf{x}_0$, 它们在不同时刻通过该点. 且以下所讨论的动力系统的重要性质非自治系统往往不具备, 所以动力系统定性理论中一般均讨论自治系统. 对 (1.13) 也往往引进新的时间 τ, 把它化为

$$\begin{cases} \dfrac{d\mathbf{x}}{d\tau} = \mathbf{f}(t, \mathbf{x}), \\ \dfrac{dt}{d\tau} = 1, \end{cases}$$

使其成为 $(n+1)$ 维 $(t, \mathbf{x})$ 空间中的自治系统. 这时 $(t, \mathbf{x})$ 空间常称为 **广义相空间**.

以下讨论自治系统 (1.12), 并假设 $\mathbf{f}(\mathbf{x})$ 在此讨论区域内连续, 且满足初值问题的解的唯一性定理条件. 设 $\mathbf{x}=\mathbf{\Phi}(t; t_0, \mathbf{x}_0)$ 是自治系统 (1.12) 满足初值条件 $\mathbf{x}(t_0)=\mathbf{x}^0$ 的解, 则它具有下列性质:

性质 1 (对时间 t 的平移性) 对任意的常数 τ, $\mathbf{x}=\mathbf{\Phi}(t+\tau; t_0, \mathbf{x}_0)$ 仍是系统 (1.12) 的解, 且 $\mathbf{x}=\mathbf{\Phi}(t-t_0; 0, \mathbf{x}_0)$ 也是满足初始条件 $\mathbf{x}(t_0)=\mathbf{x}^0$ 的解.

该性质说明自治系统 (1.12) 在相空间 $\mathbb{R}^n$ 中的轨线完全由初始值 $\mathbf{x}^0$ 确定, 而与初始时刻 t_0 无关.

性质 2 (唯一性) 过相空间 $\mathbb{R}^n$ 中的每一点 $\mathbf{x}_0$, 有且仅有系统 (1.12) 的一条轨线通过.

证明 设自治系统 (1.12) 有两条轨线 $\mathbf{x}=\mathbf{\Phi}(t; t_1, \mathbf{x}_1)$ 和 $\mathbf{x}=\mathbf{\Psi}(t; t_2, \mathbf{x}_2)$ 通过点 $\mathbf{x}_0$, 则存在时刻 T_1 和 T_2, 使得

$$\mathbf{\Phi}(T_1; t_1, \mathbf{x}_1)=\mathbf{x}_0=\mathbf{\Psi}(T_2; t_2, \mathbf{x}_2).$$

由性质 1 知, $\mathbf{\Phi}(t+T_1-T_2; t_1, \mathbf{x}_1)$ 和 $\mathbf{\Psi}(t; t_2, \mathbf{x}_2)$ 都是满足初值条件 $\mathbf{x}(T_2)=\mathbf{x}_0$ 的解. 由解的唯一性, $\mathbf{\Phi}(t; t_1, \mathbf{x}_1)$ 和 $\mathbf{\Psi}(t; t_2, \mathbf{x}_2)$ 表示相空间中的同一条轨线. 证毕

性质 3 (对时间 t 的可加性) 设 $\mathbf{\Phi}(t; 0, \mathbf{x}_0)$ 是在 $t=0$ 时从 $\mathbf{x}_0$ 出发的解, 它经过时刻 t_1 达到点 $\mathbf{x}_1$; 又在 $t=0$ 时, 从 $\mathbf{x}_1$ 出发的解在 $t=t_2$ 达到 $\mathbf{x}_2$. 则在 $t=0$ 时, 从 $\mathbf{x}_0$ 出发的解经过 t_1+t_2 时也到达 $\mathbf{x}_2$, 即

$$\mathbf{\Phi}(t_1+t_2; 0, \mathbf{x}_0)=\mathbf{\Phi}(t_2; 0, \mathbf{\Phi}(t_1; 0, \mathbf{x}_0)).$$

易知，对非自治系统 (1.13) 来说，由于 $\mathbf{f}$ 对时间 t 的依赖性，上述三条性质一般不成立.

由性质 1 知，通过点 $\mathbf{x}_0$ 的轨线与时刻 t_0 无关，因此可固定地取初始时刻 $t_0 = 0$, 又考虑到初始位置 $\mathbf{x}_0 \in G$ 可以任意，故记作 $\mathbf{x}$, 则满足初值条件 $\mathbf{\Phi}(0,\mathbf{x}) = \mathbf{x}$ 的解为 $\mathbf{\Phi}(t,\mathbf{x})$, 也常写成 $\mathbf{\Phi}_t(\mathbf{x})$. 方便起见，设 (1.12) 的一切解均在 $(-\infty,+\infty)$ 上存在，则 $\mathbf{\Phi}$ 是 $\mathbb{R} \times G \to G$ 的一个映射. $\mathbf{f}$ 连续且使 (1.12) 满足解的存在唯一性定理条件时，$\mathbf{\Phi}$ 为一连续映射；当 $\mathbf{f}$ 连续可微时，则 $\mathbf{\Phi}$ 也是连续可微的. 每一固定的 t,

$$\mathbf{\Phi}_t:\ \mathbf{x} \longmapsto \mathbf{\Phi}_{\mathbf{t}}(\mathbf{x})$$

为 G 到它自身的一个变换. $t \in \mathbb{R}$, 它构成 $G \to G$ 的一个单参数变换族，具有

I (恒同性) $\mathbf{\Phi}_0(\mathbf{x}) \equiv \mathbf{x}$;

II (可加性) $\mathbf{\Phi}_{t_1+t_2}(\mathbf{x}) = \mathbf{\Phi}_{t_1}(\mathbf{\Phi}_{t_2}(\mathbf{x})) = \mathbf{\Phi}_{t_2}(\mathbf{\Phi}_{t_1}(\mathbf{x}))$.

性质 **I** 说明 $t_0 = 0$ 对应于恒同变换, 即变换族存在单位元 $\mathbf{\Phi}_0$; 由性质 **I** 和 **II** 可推出变换 $\mathbf{\Phi}_{t_1}$ 存在逆变换 $\mathbf{\Phi}_{-t_1}$. 取 $t_2 = -t_1$, 可得 $\mathbf{\Phi}_{-t_1} = \mathbf{\Phi}_{t_1}^{-1}$. 如上定义的变换族 $\{\mathbf{\Phi}_t \mid t \in \mathbb{R}\}$ 构成了一个从 G 到 G 的 **单参数连续变换群**.

3.2 连续流与离散流

通常把微分方程组 (1.12) 称为 G 上的一个 **动力系统**, 同样也就把由它导出的 G 上的单参数变换群称为动力系统. 这时若固定 $\mathbf{x}$, 让 t 变化，则 $\mathbf{\Phi}_t$ 代表一条过 $\mathbf{x}$ 的轨线. 不同的 $\mathbf{x}$ 有不同的轨线通过，所有这些轨线的全体构成 G 上的一个 **流** (flow), 为区别于下面还要谈到的离散的情况，称它为 **连续流**.

上述动力系统与连续流的概念是由微分方程组 (1.12) 所引入的. 实际上, 完全脱离微分方程也可以引入抽象动力系统的概念. 对 n 维区域 $G \subset \mathbb{R}^n$, 若连续 (或可微) 映射 $\boldsymbol{\Phi}_t : \mathbb{R} \times G \to G$, 满足上述性质 **I** 和 **II**, 亦即 $\boldsymbol{\Phi}_0$ 是 G 上的恒同映射, 对映射的复合满足加法性质的交换律: $\boldsymbol{\Phi}_t \circ \boldsymbol{\Phi}_s = \boldsymbol{\Phi}_s \circ \boldsymbol{\Phi}_t = \boldsymbol{\Phi}_{t+s}$ ("$\circ$" 表示映射的复合), 则称 $\boldsymbol{\Phi}_t$ 为 G 上的一个 **拓扑** (或 **可微**) **动力系统**. 由它完全确定了 G 上随时间 t 演变的一个运动, 即对任一 $\mathbf{x} \in G$, $\boldsymbol{\Phi}_t(\mathbf{x})$, $t \in \mathbb{R}$ 代表一条过 $\mathbf{x}$ 的轨线, 所有这些轨线的全体即描述了 G 上的一个运动过程, 它形成一个连续流. 形象地可想象为区域 G 随着流连续移动而形成的实心流管, 见图 1.1.

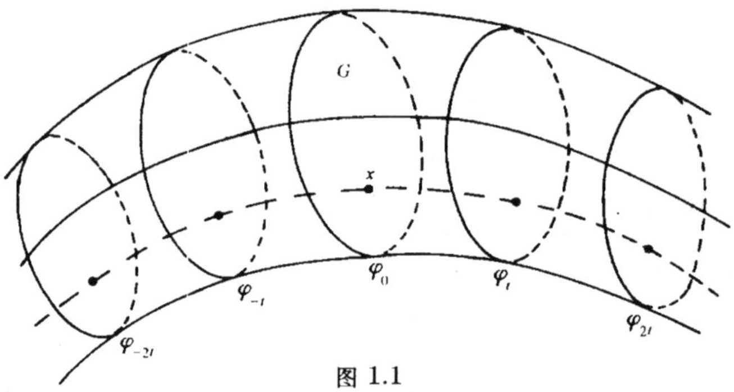

图 1.1

固定一正数 t (不妨取为 1), 考虑映射 $\boldsymbol{\Phi}_t$ 的正向和负向的迭代:

$$\cdots, \boldsymbol{\Phi}_{-2t}, \boldsymbol{\Phi}_{-t}, \boldsymbol{\Phi}_0, \boldsymbol{\Phi}_t, \boldsymbol{\Phi}_{2t}, \cdots$$

其中 $\boldsymbol{\Phi}_{-nt} = (\boldsymbol{\Phi}_t)^{-n} = \boldsymbol{\Phi}_t^{-1} \circ \boldsymbol{\Phi}_t^{-1} \circ \cdots \circ \boldsymbol{\Phi}_t^{-1}$. 这实际上是把上述连续流离散化, 对每一 $\mathbf{x} \in G$, 视点集 $\{\boldsymbol{\Phi}_{nt}(\mathbf{x})\}_{n=0,\pm1,\pm2,\cdots}$ 为过 $\mathbf{x}$ 的轨线, 如图 1.1 中由实心管内部的一条虚线上的可列多个点组成, 叫做一条离散轨线, 所有这种离散轨线的全体组成一个**离散流**. 如图 1.1 中时间 nt 处的一系列截面. 而且把这种作法引

伸，完全可以离开上述连续流 $\mathbf{\Phi}_t$，只要给出了 G 上的一个同胚映射 $\mathbf{g}$ (或 C^r 微分同胚 $\mathbf{g}$ —— 即 $\mathbf{g}$ 及其逆 $\mathbf{g}^{-1}$ 均为 C^r 可微映射， $r \geq 1$)，即可引导出 G 上的一个离散流，它是所有离散轨线的全体. 过任一 $\mathbf{x} \in G$ 的离散轨线为

$$\{\mathbf{g}^n(\mathbf{x})\} : \cdots, \mathbf{g}^{-n}(\mathbf{x}), \cdots, \mathbf{g}^{-1}(\mathbf{x}), \mathbf{x}, \mathbf{g}(\mathbf{x}), \cdots, \mathbf{g}^n(\mathbf{x}), \cdots$$

离散流也叫做 **离散动力系统**. 它是由 $\mathbf{g}$ 所引导出的，当 $\mathbf{g}$ 为同胚 (或 C^r 微分同胚) 时，就称为离散的 **拓扑** (或 C^r**可微**) **动力系统**.

例 1.1 对 $(x, y) \in \mathbb{R}^2$，定义 $\mathbf{g}(x, y) = (x/2, y/2)$. 则 $\mathbf{g}$ 就构成 $\mathbb{R}^n$ 上的一个离散的 C^∞ 动力系统 (因 $\mathbf{g}$ 的分量 $x/2, y/2$ 均为无穷次可微的). 易知它过点 $P_0 \in \mathbb{R}^2$ 的轨线分布在射线 OP_0 上，如图 1.2 中的点列 $\{P_i\}_{i \in \mathbf{Z}}$ 组成，其中 $\mathbf{Z}$ 为整数集.

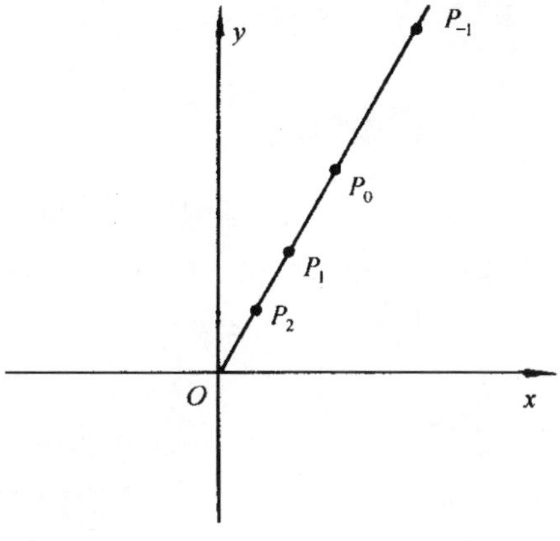

图 1.2

在许多应用问题中，都会出现以离散动力系统为其数学模型的情况. 例如著名的 Logistic 虫口模型为由一元函数

$$g(x) = \lambda x(1 - x)$$

所确定的一维离散系统，其中 λ 为实参数， x 在 $[0,1]$ 内变化，代表“虫口”的数量变化，又如 2 维 Hénon 映射

$$\mathbf{g}(x,y)=(A+By-x^2,x),$$

它是由 Hénon 在研究天体力学运动中所简化出来的模型. 尽管它本身或其分量只是二次函数，但如上加以无限次正负向迭代而形成运动之后，将会出现很复杂的动力学性态. 我们将在第六章中介绍.

动力系统的研究，其主要目标之一就是在给了非线性的向量函数 $\mathbf{f}$ (在连续流的情况) 和 $\mathbf{g}$ (离散流的情况) 之后，具体分析由它们所确定的连续或离散动力系统的轨线的大范围的性态.

§4　奇点与闭轨线，导算子，常点流的直化定理

4.1　奇点与闭轨，不动点与周期点

为了研究动力系统的轨线的大范围性态，从 H.Poincaré 开始就注意到对一些具有特殊性质的轨线的研究，如点轨线和闭轨线. 以下首先来引进与之相关的一些概念.

定义 1.2　*对 G 中定义的系统 (1.12)，如存在点 $\mathbf{x}\in G$，使 $\mathbf{f}(\mathbf{x})=0$ (或$\mathbf{f}(\mathbf{x})\neq 0$)，则称 $\mathbf{x}$ 为系统 (1.12) 的* **奇点** *(或* **常点***)；对定义于 G 上的离散动力系统 $\mathbf{g}$，如存在点 $\mathbf{x}\in G$，使 $\mathbf{g}(\mathbf{x})=\mathbf{x}$，(或 $\mathbf{g}(\mathbf{x})\neq\mathbf{x}$)，则称 $\mathbf{x}$ 为 $\mathbf{g}$ 的* **不动点** *(或* **常点***).*

由定义易见，若 $\mathbf{x}$ 为 (1.12) 的奇点，则 (1.12) 以 $\mathbf{x}$ 为初值的解 $\Phi_t(\mathbf{x})\equiv\mathbf{x}$，它对一切 $t\in\mathbb{R}$ 成立. 因此过 $\mathbf{x}$ 的轨线永远停留在该点 $\mathbf{x}$，即轨线就是一个点，它也可称做 **点轨线**. 同样，若 $\mathbf{x}$

为离散系统 $\mathbf{g}$ 的不动点，则对一切整数 n，恒有 $\mathbf{g}^n(\mathbf{x})=\mathbf{x}$，因此过 $\mathbf{x}$ 的离散轨线也永远保持在同一点，即不动点 $\mathbf{x}$ 也对应于离散系统的点轨线. 这种以一点为整条运动轨线的状态，在应用学科中称为 **平衡点** (equilibrium).

从定义可知，只要解相应的方程组 $\mathbf{f}(\mathbf{x})=0$ 或 $\mathbf{g}(\mathbf{x})=\mathbf{x}$ 即可得出奇点或不动点，作为具体的一条点轨线也就没有什么可以讨论的了. 但相对于常点来说，其重要性在于在这些点邻近轨线的性态与下面要说的常点邻近的情况大不相同. 本章 4.3 节给出的直化定理统一地描述了任何常点邻近的轨线性态，而奇点邻近则可出现各种绝然不同的复杂的轨线性态，我们将在第二章系统地加以分析研究.

定义 1.3 对系统 (1.12)，如果过 $\mathbf{x}$ 的解 $\mathbf{\Phi}(t,\mathbf{x})$ 为 t 的周期函数，即有 $T>0$ 使对一切 t，$\mathbf{\Phi}(t+T,\mathbf{x})=\mathbf{\Phi}(t,\mathbf{x})$，则称 $\mathbf{\Phi}(t,\mathbf{x})$ 为 (1.12) 的 **周期解**.

对离散系统 $\mathbf{g}$，如果在点 $\mathbf{x}\in G$，存在自然数 $N>1$，使 $\mathbf{g}^N(\mathbf{x})=\mathbf{x}$，且对一切 k，当 $1\leq k\leq N$，$\mathbf{g}^k(\mathbf{x})\neq\mathbf{x}$，则称 $\mathbf{x}$ 为 $\mathbf{g}$ 的 **N-周期点**.

显然，周期解所对应的轨线为一条闭曲线，称它为 **闭轨线**，或简称为 **闭轨**. 对离散系统的 N- 周期点 $\mathbf{x}$，过 $\mathbf{x}$ 的离散轨线包含 N 个点 $\{\mathbf{x},\mathbf{g}(\mathbf{x}),\cdots,\mathbf{g}^{N-1}(\mathbf{x})\}$，且从 $\mathbf{g}(\mathbf{x}),\cdots,\mathbf{g}^{N-1}(\mathbf{x})$ 中任一点出发的轨线都是由这 N 个点组成，称它为 $\mathbf{g}$ 的 **周期轨线**，或 **闭轨**.

第三章开始将重点讨论由 (1.12) 确定的连续流的闭轨线的性质及一些相关的问题. 第六章则较多地涉及到离散系统的不动点，周期点及相关的一些复杂性态.

4.2 导算子

如同数学分析中研究函数在一点邻近的性态是利用此函数在该点的导数所确定的线性函数来近似地代替此函数本身的基本思路一样，对于非线性动力系统的研究，取线性化也是一个基本的手段，这就要用到 **导算子** 的概念.

如对系统 (1.12), 设在它的奇点 $\mathbf{x} = \mathbf{x}^0$ 邻近 $\mathbf{f}$ 为连续可微的，则可把 (1.12) 右端的向量函数在 $\mathbf{x}^0$ 邻近展开，(1.12) 可写成

$$\begin{aligned} \dot{x}_1 =& \left.\frac{\partial f_1}{\partial x_1}\right|_{\mathbf{x}=\mathbf{x}^0}(x_1 - x_1^0) + \cdots \\ &+ \left.\frac{\partial f_1}{\partial x_n}\right|_{\mathbf{x}=\mathbf{x}^0}(x_n - x_n^0) + o(\|\mathbf{x} - \mathbf{x}^0\|), \\ &\vdots \\ \dot{x}_n =& \left.\frac{\partial f_n}{\partial x_1}\right|_{\mathbf{x}=\mathbf{x}^0}(x_1 - x_1^0) + \cdots \\ &+ \left.\frac{\partial f_n}{\partial x_n}\right|_{\mathbf{x}=\mathbf{x}^0}(x_n - x_n^0) + o(\|\mathbf{x} - \mathbf{x}^0\|). \end{aligned} \tag{1.14}$$

在 $\mathbf{x}^0$ 的小邻域内，$\|\mathbf{x} - \mathbf{x}^0\|$ 充分小，把 (1.14) 中非线性项略去，可得到线性系统

$$\begin{aligned} \dot{x}_1 &= \left.\frac{\partial f_1}{\partial x_1}\right|_{\mathbf{x}=\mathbf{x}^0}(x_1 - \mathbf{x}_1^0) + \cdots + \left.\frac{\partial f_1}{\partial x_n}\right|_{\mathbf{x}=\mathbf{x}^0}(x_n - x_n^0), \\ &\vdots \\ \dot{x}_n &= \left.\frac{\partial f_n}{\partial x_1}\right|_{\mathbf{x}=\mathbf{x}^0}(x_1 - \mathbf{x}_1^0) + \cdots + \left.\frac{\partial f_n}{\partial x_n}\right|_{\mathbf{x}=\mathbf{x}^0}(x_n - x_n^0), \end{aligned} \tag{1.15}$$

或简化为向量形式

$$\mathbf{x} = \mathbf{Df}(\mathbf{x}^0)(\mathbf{x} - \mathbf{x}^0), \tag{1.16}$$

而希望在适当条件下，用 (1.16) 在 $\mathbf{x}^0$ 邻近轨线的性态来描述 (1.12) 本身在 $\mathbf{x}^0$ 邻近的轨线的性态. 其中方阵

$$\mathbf{Df}(\mathbf{x}^0) = \begin{pmatrix} \dfrac{\partial f_1}{\partial x_1} & \cdots & \dfrac{\partial f_1}{\partial x_n} \\ \vdots & & \vdots \\ \dfrac{\partial f_n}{\partial x_1} & \cdots & \dfrac{\partial f_n}{\partial x_n} \end{pmatrix}_{\mathbf{x}=\mathbf{x}^0} \tag{1.17}$$

即称为 $\mathbf{f}$ 在 $\mathbf{x}^0$ 点的 **导算子**.

从第二章以后将会看到系统 (1.16) 对奇点邻近的性态研究的重要性. 作为导算子的一个应用，先来考虑离散系统 $\mathbf{g}$ 的不动点的稳定性.

定义 1.4 离散动力系统 $\mathbf{g}$ 的不动点 $\mathbf{x}^0$ 称为 **渐近稳定的**, 如果对 $\mathbf{x}^0$ 的每个邻域 $U(\subset W)$, 存在 $\mathbf{x}^0$ 的邻域 V, 使得 $\mathbf{g}(V) \subset U$, 且对一切的 $\mathbf{x} \in V$, 有

$$\lim_{n\to\infty} \mathbf{g}^n(\mathbf{x}) = \mathbf{x}^0.$$

$\mathbf{g}$ 的不动点 $\mathbf{x}^0$ 称为 **不稳定的**, 如果存在 $\mathbf{x}^0$ 的邻域 U, 使得对任意包含 $\mathbf{x}^0$ 的邻域 V, 总存在 $\mathbf{x}^* \in V$, 和正整数 N, 使得当 $n > N$ 时，有 $\mathbf{g}^n(\mathbf{x}^*) \notin U$.

定理 1.11 设 $\mathbf{x}^0$ 是离散动力系统 $\mathbf{g}: \mathbb{R}^n \to \mathbb{R}^n$ 的不动点. 若 $\mathbf{Dg}(\mathbf{x}^0)$ 的特征值的模都小于 1, 则 $\mathbf{x}^0$ 是渐近稳定的.

证明 由定理假设和线性代数的知识推出，存在适当的范数和正数 $\mu < 1$, 使得对任意的 $\mathbf{x} \in E$, 恒有

$$\|\mathbf{Dg}(\mathbf{x}^0)\mathbf{x}\| \le \mu \|\mathbf{x}\|.$$

又从离散动力系统和导算子的定义知，存在 $\mathbf{x}^0$ 的邻域 U^*，使得对任意的 $\mathbf{x} \in U^*$，有

$$\mathbf{g}(\mathbf{x}) = \mathbf{g}(\mathbf{x}^0) + \mathbf{Dg}(\mathbf{x}^0)(\mathbf{x} - \mathbf{x}^0) + o(\|\mathbf{x} - \mathbf{x}^0\|),$$

从而，存在 $\varepsilon_0 > 0$，使得 $\mu + \varepsilon_0 < 1$，且

$$\begin{aligned}\|\mathbf{g}(\mathbf{x}) - \mathbf{g}(\mathbf{x}^0)\| &\le \|\mathbf{Dg}(\mathbf{x}^0)(\mathbf{x} - \mathbf{x}^0)\| + o(\|\mathbf{x} - \mathbf{x}^0\|) \\ &\le (\mu + \varepsilon_0)\|\mathbf{x} - \mathbf{x}^0\|.\end{aligned}$$

对 $\mathbf{x}^0$ 的任一邻域 U，取包含 $\mathbf{x}^0$ 的邻域 $V \subset U \cap U^*$，则对任意的 $\mathbf{x} \in V$，由于

$$\|\mathbf{g}(\mathbf{x}) - \mathbf{g}(\mathbf{x}^0)\| \le (\mu + \varepsilon_0)\|\mathbf{x} - \mathbf{x}^0\| \le \|\mathbf{x} - \mathbf{x}^0\|,$$

从而 $\mathbf{g}(\mathbf{x}) \in V$，即 $\mathbf{g}(V) \subset V \subset U$. 又由于

$$\|\mathbf{g}^n(\mathbf{x}) - \mathbf{x}^0\| \le (\mu + \varepsilon)^n\|\mathbf{x} - \mathbf{x}^0\|.$$

所以 $\lim\limits_{n\to\infty} \mathbf{g}^n(\mathbf{x}) = \mathbf{x}^0$. 这就证明了不动点 $\mathbf{x}^0$ 是渐近稳定的.

证毕

4.3 常点流的直化定理

在下一章系统研究奇点邻域轨线的拓扑结构之前，本节先给出系统 (1.12) 的流在任何常点邻域的拓扑结构的共同特征，即证明如下的直化定理.

定理 1.12 *设有定义在开集 $G \subset \mathbb{R}^n$ 上的 C^r 动力系统 (1.12)，$\mathbf{x}^0 \in G$ 是它的一个常点，则存在 $\mathbf{x}^0$ 的邻域 $U(\mathbf{x}^0)$ 及其上的 C^r 微分同胚 α，它将 $U(\mathbf{x}^0)$ 内的流对应为 $\mathbb{R}^n$ 内原点邻域的一族平行直线段.*

证明 由于 $\mathbf{x}^0$ 是常点, $\mathbf{f}(\mathbf{x}^0)$ 是 $\mathbb{R}^n$ 中的非零向量, 通过非奇异线性变换 β (坐标轴的平移、旋转和伸缩), 可将 $\mathbf{x}^0$ 对应为新坐标系的原点, 且 $\mathbf{f}(\mathbf{x}^0)$ 化为列向量 $(1,0,\cdots,0)^{\mathrm{T}}$ (简记为 $(1,\vec{0})^{\mathrm{T}}$), 其中 T 表示向量的转置, $\vec{0}$ 代表 $(n-1)$ 维零向量, 而 (1.12) 可化为

$$\dot{\mathbf{x}} = \mathbf{f}_\beta(\mathbf{x}), \quad \mathbf{f}_\beta(0,\vec{0}) = (1,\vec{0})^{\mathrm{T}} \tag{1.18}$$

与此同时, $\mathbf{x}^0$ 的邻域 V, 在 β 的作用下化为

$$\beta(V) \subset \mathbb{R} \times \mathbb{R}^{n-1}, \quad \beta(\mathbf{x}^0) = \text{原点 } O,$$

参见图 1.2. 由定理 1.7 和 1.9 知, 存在 $0 = (0,\vec{0})$ 的邻域 $I_0 \times U^{n-1} \subset \beta(V)$ 和包含 0 的区间 J, 使得 (1.18) 从 $I_0 \times U^{n-1}$ 中任一点出发的解 $\mathbf{\Phi}(t)$ 在 J 上存在, 且关于其变量是 C^r 连续可微的.

进一步地,

$$\mathbf{\Phi}: \ J \times I_0 \times U^{n-1} \to \beta(V),$$

即对任意的 $(s,\vec{q}) \in I_0 \times U^{n-1}$, 其中 $\vec{q} = (q_1, q_2, \cdots, q_{n-1})$, 系统 (1.18) 过 $(s,\vec{q})$ 点有解曲线

$$\mathbf{\Phi}(t,s,\vec{q}): \quad J \to \beta(V)$$

满足

$$\mathbf{\Phi}(0,s,\vec{q}) = (s,\vec{q})^{\mathrm{T}}.$$

令 $\mathbf{\Psi}(t,\vec{q}) = \mathbf{\Phi}(t,0,\vec{q})$, 则得到映射

$$\mathbf{\Psi}: \quad J \times U^{n-1} \to \beta(V).$$

考察导算子 $\mathbf{D\Psi}(0,\vec{0})$, 因

$$\left.\frac{\partial\mathbf{\Psi}}{\partial t}\right|_{(0,\vec{0})}=\left.\frac{d\mathbf{\Phi}}{dt}\right|_{(0,0,\vec{0})}$$
$$=\mathbf{f}_\beta(\mathbf{\Phi}(0,0,\vec{0}))=\mathbf{f}_\beta(0,\vec{0})=(1,\vec{0})^{\mathrm{T}}.$$

又由于 $\mathbf{\Phi}(0,\vec{q},0)=(0,\vec{q})$, 故有

$$\left.\frac{\partial\mathbf{\Psi}}{\partial q}\right|_{(0,\vec{0})}=\left.\frac{\partial\mathbf{\Phi}}{\partial q}\right|_{(0,0,\vec{0})}=\begin{pmatrix}\vec{0}^{\mathrm{T}}\\ E_{n-1}\end{pmatrix}$$

其中 E_{n-1} 表示 $(n-1)$ 阶单位方阵. 于是导算子

$$\mathbf{D\Psi}(0,0)=E_n.$$

由反函数定理知, 在 $(0,\vec{0})$ 邻域, $\mathbf{\Psi}$ 为局部微分同胚. 取 $\mathbf{x}_0$ 的邻域

$$U(\mathbf{x}_0)=\beta^{-1}\mathbf{\Psi}(J\times U^{n-1}).$$

由于 $\beta,\mathbf{\Psi}$ 均为微分同胚, 因而 $\alpha=\mathbf{\Psi}^{-1}\beta$ 也是微分同胚, 且它

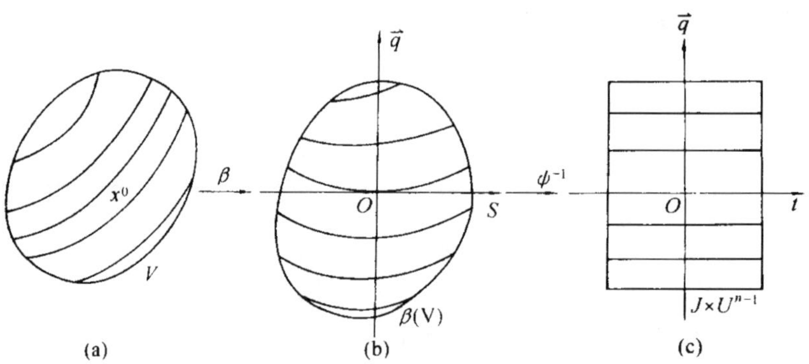

图 1.3

将 $\mathbb{R}^n$ 中 (1.12) 的常点 $\mathbf{x}^0$ 的邻域 $U(\mathbf{x}^0)$ 内的流映为 $\mathbb{R}^n$ 中开集 $J \times U^{n-1}$ 内的一族平行于 t 轴的直线段 (见图 1.3).

证毕

注 1.3 对于离散系统 $\mathbf{g}$ 的常点, 有类似结论. 只需改为: 在常点邻近的离散轨线在微分同胚 α 之下, 都相应分布在一族平行直线段上.

第二章 平面系统的奇点

考虑平面自治系统

$$\begin{aligned} \dot{x} &= P(x,y), \\ \dot{y} &= Q(x,y), \end{aligned} \tag{2.1}$$

其中 $P(x,y),Q(x,y)$ 在区域 $G\subset\mathbb{R}^2$ 内连续且使 (2.1) 满足初值问题的解的存在唯一性定理的条件.

由第一章 §4 已知，任一常点邻近的流可化为一族平行直线段，而奇点邻近的轨线性态各异. 故这一章讨论奇点附近轨线的性态. 对于系统 (2.1) 的任何奇点 (x_0,y_0)，在变换 $\bar{x}=x-x_0,\bar{y}=y-y_0$ 下，总可以化为某一新的系统的奇点 $O(0,0)$. 因此不妨设 $P(0,0)=Q(0,0)=0$，以下讨论 (2.1) 在奇点 $O(0,0)$ 邻近的性态. 进一步假设 $P(x,y),Q(x,y)$ 在原点 O 邻域内对 x,y 有足够高阶的连续偏导数，从而系统 (2.1) 可写成

$$\begin{aligned} \dot{x} &= P_m(x,y)+\Phi(x,y), \\ \dot{y} &= Q_n(x,y)+\Psi(x,y). \end{aligned} \tag{2.2}$$

其中 P_m,Q_n 分别是 x 和 y 的 m,n 次齐次多项式， $m,n\geq 1$，且 $\Phi=o(\rho^m),\Psi=o(\rho^n)$，当 $\rho=\sqrt{x^2+y^2}\to 0$ 时.

当 $m=n=1, \Phi\equiv\Psi\equiv 0$ 时，记 $P_1(x,y)=ax+by$, $Q_1(x,y)=cx+dy$, (2.1) 对应为线性系统

$$\begin{aligned}\dot{x}&=ax+by,\\ \dot{y}&=cx+dy.\end{aligned}\tag{2.3}$$

这时称奇点 $O(0,0)$ 为线性奇点. 当 Φ,Ψ 不同时为零时， O 称为非线性奇点. 不管对线性还是非线性奇点，当 $ad-bc\neq 0$ 时， O 称为 **初等奇点**; 当 $ad-bc=0$ 时， O 称为 **高阶奇点**.

§1　线性奇点，双曲奇点，奇点的稳定性

本节主要讨论二维双曲奇点 (见下面定义 2.1) 邻近的轨线性态，方法是归结于相应的线性系统的奇点的分析. 这一处理方法及主要结论也适用于 $n>2$ 的高维系统的双曲奇点. 将在有关处加以说明.

1.1　线性奇点

给定二维线性系统，用矩阵向量记号可表为

$$\dot{x}=Ax,\quad x=\begin{pmatrix}x_1\\ x_2\end{pmatrix},\quad A=\begin{pmatrix}a & b\\ c & d\end{pmatrix}\tag{2.3'}$$

其中 a,b,c,d 是实常数. 它的特征方程是

$$D(\lambda)=\begin{vmatrix}a-\lambda & b\\ c & d-\lambda\end{vmatrix}=\lambda^2-(a+d)\lambda+ad-bc=0.\tag{2.4}$$

当 $ad-bc\neq 0$ 时， O 是 (2.3′) 的唯一奇点. 根据 (2.4) 的特征根的不同情况， A 可以通过非奇异的线性变换化为下列 Jordan

标准型之一.

$$B=\begin{pmatrix}\lambda & 0\\ 0 & \mu\end{pmatrix},\quad \begin{pmatrix}\lambda & 0\\ 1 & \lambda\end{pmatrix}\quad 或\quad \begin{pmatrix}\alpha & -\beta\\ \beta & \alpha\end{pmatrix},$$

其中 λ,μ,α,β 是实数. 于是 $(2.3')$ 化为

$$\dot{y}=By,\quad y=\begin{pmatrix}y_1\\ y_2\end{pmatrix}\tag{2.5}$$

下面区分不同情况讨论之.

I. $B=\begin{pmatrix}\lambda & 0\\ 0 & \mu\end{pmatrix}$, 系统 (2.5) 的解为

$$y_1=k_1\mathrm{e}^{\lambda t},\ y_2=k_2\mathrm{e}^{\mu t}.$$

1) 当 λ,μ 是异号实根时, 除了沿坐标轴的轨线外, 其余的轨线均为广义双曲线, 以坐标轴为渐近线, 且有

$$\lim_{t\to\infty}(|y_1|+|y_2|)=+\infty$$

即轨线将远离奇点 $O(0,0)$, 称这种奇点为 **鞍点** (saddle). 当 $\lambda<0<\mu$ 时, 图 2.1(a) 给出了轨线图, 其中箭头表示 t 增加时的走向. 当 $\lambda>0>\mu$ 时, 轨线图可以由图 2.1(a) 将箭头反向而得出.

2) 当 λ,μ 是同号实根, 且 $\lambda\neq\mu$ 时, 若 $\lambda<0$ (或 $\lambda>0$), 则系统 (2.5) 的所有轨线当 $t\to+\infty(t\to-\infty)$ 时都趋于原点, 且当 $\mu<\lambda<0$, $(\mu>\lambda>0)$ 时, 在原点与 x 轴相切; 当 $\lambda<\mu<0$ $(\lambda>\mu>0)$ 时, 在原点与 y 轴相切. 这时统称奇点 O 为 **结点** (node), 当 $\lambda<0$ $(\lambda>0)$ 时为 **稳定** (**不稳定**) **的**. 图

2.1(b) 和 (c) 分别给出了当 $\mu < \lambda < 0$ 和 $\lambda > \mu > 0$ 时的轨线图. 其余情形可得到类似的图.

3) 当 $\lambda = \mu$ 时, 对应于 (2.3′) 有二重实特征根, 且 $b \neq 0$ 或 $c \neq 0$ (即特征根的初等因子为单重的). 此时由 (2.5) 得

$$\frac{dy_2}{dy_1} = \frac{y_2}{y_1}, \quad \text{故 } y_2 = ky_1 \quad \text{或 } y_1 = 0.$$

所有的轨线都是通过原点的直线, 称奇点 O 为 **临界结点** (critical node). 当 $\lambda < 0$ ($\lambda > 0$) 时为 **稳定** (**不稳定**) **的**. 图 2.1(d) 给出了 $\lambda < 0$ 时的轨线图.

II. $B = \begin{pmatrix} \lambda & 0 \\ 1 & \lambda \end{pmatrix}$. 系统 (2.5) 的解为 $y_1 = k_1 e^{\lambda t}$, $y_2 = (k_1 t + k_2)e^{\lambda t}$. 此时, y_1 轴上不含轨线, 正、负半 y_2 轴分别为轨线, 其余的轨线均与 y_2 轴相切进入或离开奇点 O, 称奇点 O 为 **退化结点** (degenerate node), 当 $\lambda < 0\,(\lambda > 0)$ 时为稳定 (不稳定) 的. 图 2.1(e) 和 (f) 分别给出了 $\lambda < 0$ 和 $\lambda > 0$ 时的轨线图.

III. $B = \begin{pmatrix} \alpha & -\beta \\ \beta & \alpha \end{pmatrix}$. 通过极坐标变换 $x = r\cos\theta$, $y = r\sin\theta$, 系统 (2.5) 化为

$$\frac{dr}{dt} = \alpha r, \qquad \frac{d\theta}{dt} = \beta \tag{2.6}$$

其解

$$r = k_1 e^{\alpha t}, \ \theta = \beta t + k_2.$$

1) 当 $\alpha \neq 0$ 时, 系统 (2.6) 的轨线是一族对数螺旋线, 称奇点 O 为 **焦点** (focus), 当 $\alpha < 0$ (> 0) 时为稳定 (不稳定) 的. 图 2.1(g) 给出了当 $\alpha < 0$ 和 $\beta > 0$ 时, 系统 (2.6) 在奇点附近的轨

线分布图，其中任一轨线均依逆时针方向盘旋逼近于 O. 其它情形可类似地讨论.

2) 当 $\alpha = 0$ 时，$r = k_1,\ \theta = \beta t + k_2$, 系统 (2.6) 具有一族闭轨线 (以 O 为心的圆，周期为 $\dfrac{2\pi}{\beta}$), 奇点 O 称为 **中心** (center). 当 $\beta > 0$ 时，其轨线如图 2.1(h).

至于一般的线性系统 (2.3), 奇点 $O(0,0)$ 附近轨线的分布完全由其特征值确定，即属于上述情形之一，图 2.1 是经适当的仿射变换之后所得到，故在原 (x_1, x_2) 平面上， y_1, y_2 轴将是适当倾斜的，且两者未必正交. 具体地，令 $T = a + d$, $D = ad - bc$, 特征方程 (2.4) 可写成

$$\lambda^2 - T\lambda + D = 0, \tag{2.7}$$

综上所述，可得到如下结论:

定理 2.1 1) 当 $D < 0$, 方程 (2.7) 有两个异号实根，则线性系统 (2.3) 的奇点 $O(0,0)$ 是鞍点;

2) 当 $D > 0$, 则有以下三种不同情形:

i) $T^2 - 4D > 0$, 则 (2.7) 有两个同号实根，奇点 O 是结点. 当 $T < 0$ (> 0), 结点是稳定 (不稳定) 的;

ii) $T^2 - 4D = 0$, 则 (2.7) 有二重实根. 若 $b \neq 0$ 或 $c \neq 0$, 奇点 O 是退化结点; 若 $b = c = 0$, 奇点 O 是临界结点，其稳定性由 T 的符号决定;

iii) $T^2 - 4D < 0$, 则 (2.7) 有一对共轭复根:

1°. 如 $T \neq 0$, 则奇点 O 是焦点. 当 $T < 0 (> 0)$ 时， O 为稳定 (不稳定) 的;

2°. 如 $T = 0$, 则奇点 O 是中心.

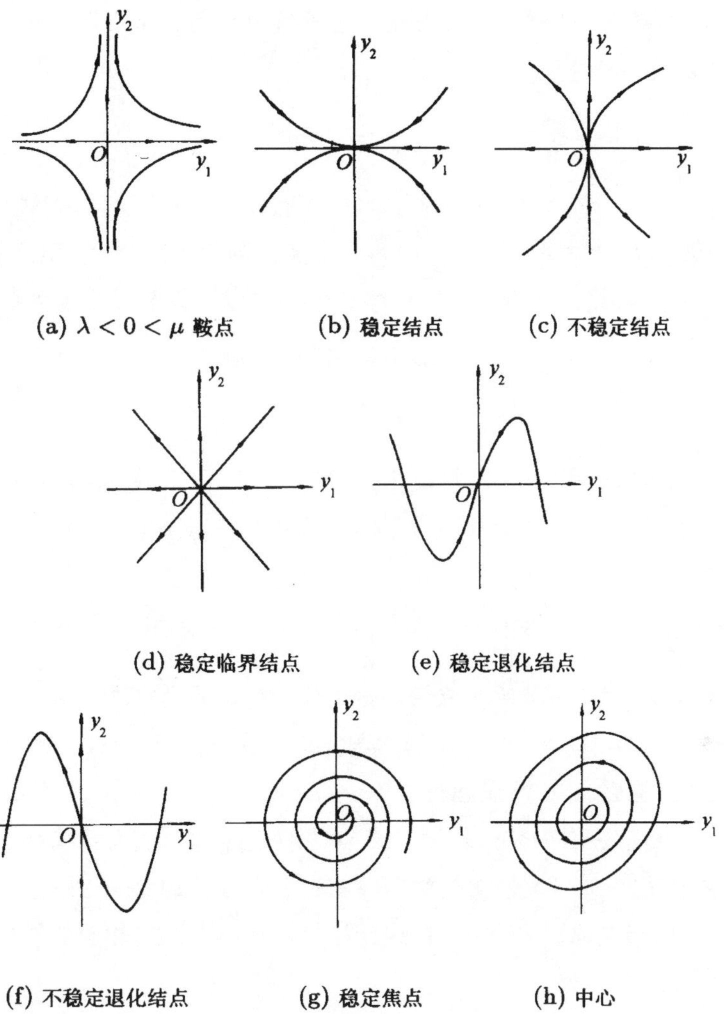

(a) $\lambda < 0 < \mu$ 鞍点　(b) 稳定结点　(c) 不稳定结点

(d) 稳定临界结点　(e) 稳定退化结点

(f) 不稳定退化结点　(g) 稳定焦点　(h) 中心

图 2.1

以上讨论了 $ad - bc \neq 0$ 的情形. 当 $ad - bc = 0$ 时, 线性系统 (2.3) 的系数成比例, 由 $\dfrac{dx_2}{dx_1} = k$ 知, 系统的轨线分布在一族平行直线上. 又因直线 $ax + by = 0$ 上的点都是奇点, 故称该

直线为 **奇线**. 此时, 系统右端添加非线性项后, 奇点性态较为复杂, 将在 §3 讨论.

1.2 非线性奇点

定义 2.1 设 $S(x_0, y_0)$ 是 (2.1) 的奇点, 若存在 S 的邻域, 使得在该邻域中无系统 (2.1) 的其它奇点, 则称奇点 S 为 **孤立的**.

以下研究孤立奇点, 把它移到坐标原点, 即考虑非线性系统

$$\begin{aligned}\dot{x} &= ax + by + \Phi(x, y),\\ \dot{y} &= cx + dy + \Psi(x, y),\end{aligned} \tag{2.8}$$

其中 a, b, c, d 是实常数, 并设 $\Phi(0,0) = \Psi(0,0) = 0$, 且 $\Phi(x,y)$、$\Psi(x,y)$ 在原点的小邻域内为连续可微的, 故当 $\rho = \sqrt{x^2+y^2} \to 0$ 时,

$$\Phi(x,y) = o(\rho), \qquad \Psi(x,y) = o(\rho). \tag{2.9}$$

定义 2.2 设 (2.8) 所相应的线性系统 (2.3) 不具有零实部特征根 (即 $a+d \neq 0$, $ad-bc \neq 0$), 则称 O 为系统 (2.8) 或 (2.3) 的 **双曲奇点**, 否则称为 **非双曲奇点**.

后面第四章中将会看到, 奇点的双曲性是系统为结构稳定的基本特征之一, 即使对维数高于 2 的系统亦是如此. 下一定理说明, 双曲奇点邻近 (2.8) 的轨线结构基本上可以由它相应的线性系统 (2.3) 来刻画.

定理 2.2 设 O 为 (2.8) 的双曲奇点, 且 (2.9) 成立, 则有如下结论:

(1) 若 O 是 (2.3) 的鞍点、结点或焦点, 则它也分别对应为系统 (2.8) 的鞍点、结点或焦点, 且在结点和焦点的情况, 奇点 O 的稳定性和线性系统 (2.3) 对应相同.

(2) 当 $\rho \to 0$ 时，进一步设：存在 $\epsilon > 0$，使得

$$\Phi(x,y) = o(\rho^{1+\epsilon}), \qquad \Psi(x,y) = o(\rho^{1+\epsilon}), \tag{2.10}$$

则当 O 是 (2.3) 的退化或临界结点时，它也相应为 (2.8) 的退化或临界结点，且稳定性与线性系统时相同.

其证明甚为繁琐，限于篇幅，这里从略. 有兴趣的读者可参见 [ZDHD] 第二章 §4.

注 2.1 在此定理条件不满足的情况下，(2.3) 加上非线性项后，奇点 O 邻近的轨线结构就可能发生变化.

平面奇点的双曲性概念以及双曲奇点邻近的轨线结构特征的结论完全可以推广到维数 $n > 2$ 的高维系统 (1.12):

$$\dot{x} = f(x), \qquad x \in \mathbb{R}^n$$

设原点 $x = 0$ 为此系统的奇点，且 f 在 O 邻近连续可微，则可写出在 O 邻近 (1.12) 对应的线性化系统

$$\dot{x} = Ax,$$

其中 $A = Df(0)$ 为 f 在 $x = 0$ 点的导算子，A 为一 n 阶方阵.

定义 2.3 若 A 的 n 个特征根均不具零实部（包括不以零为特征根的情形），则 O 为 (1.12) 的 **双曲奇点**，否则称 O 为 **非双曲奇点**. 当 O 为双曲奇点时，设 A 有 s 个实部为负的特征根，u 个实部为正的特征根，$s + u = n$. 当 $s = 0, u = n$ 时，称 O 为 **源**(source)，当 $u = 0, s = n$ 时，称 O 为 **渊**(sink).

在 $n = 2$ 的平面情况，源为不稳定焦点或结点，渊为稳定的焦点或结点. 否则，$s = u = 1$，这种双曲奇点即为鞍点，分别如图 2.1 (a), (b), (c) 和 (g) 所示.

在 $n>2$ 的高维情况, 则有如下的 Hartman-Grobman 定理 (证明略, 可参见 [Har], [LT]), 它是定理 2.2 在高维情况的推广.

定理 2.3 设 O 为 (1.12) 的双曲奇点, 则存在 O 的邻域 U 及其上的同胚映射 α, 它把 (1.12) 在 U 内的轨线图对应为线性系统 $\dot{x}=Ax$ 的轨线图.

至于线性系统的奇点 O 邻近的轨线结构图和上述 $n=2$ 时的图形基本上是一样的. 只不过把 $\mathbb{R}^2$ 理解为 $\mathbb{R}^n$. 例如图 2.1(a) 的鞍点结构, 在高维时, 则把 y_1 轴想象为 s 维子空间 $\mathbb{R}^s$, y_2 轴想象为 u 维子空间 $\mathbb{R}^u$ 即可.

1.3 奇点的稳定性

比上述定性性态的分析粗略一些, 下面讨论 (2.8) 的奇点 O 的稳定性.

定义 2.4 设 $O(0,0)$ 是系统 (2.8) 的奇点, 如对其任一邻域 U, 存在 O 的邻域 $V\subset U$, 使 (2.8) 从 V 中任一点出发的解 $x=x(t)$, $y=y(t)$ 当 $t>0$ 时, 总有 $(x(t),y(t))\in U$, 则称 O 是 (2.8) 的 **稳定奇点**. 否则称为 **不稳定奇点** (即存在 O 的邻域 $\overline{U}$, 使得对 O 的任意邻域 $\overline{V}\subset\overline{U}$, 总存在 $(x_0,y_0)\in\overline{V}$ 及正数 T, 使从 (x_0,y_0) 出发的轨线在时刻 T 跑出 $\overline{U}$). 在奇点 O 为稳定的情况, 如进一步有: 从 V 中任一点出发的轨线 $(x(t),y(t))$, 均满足

$$\lim_{t\to+\infty}(x(t),y(t))=(0,0)$$

则称奇点 O 是 **渐近稳定** 的.

由此可见, 前述线性系统的焦点、结点的稳定或不稳定, 即为这里的定义中所要求的, 且稳定的焦点或结点均为渐近稳定的. 鞍

点则为不稳定的, 中心点则是稳定而非渐近稳定的. 故双曲线性奇点要么为渐近稳定, 要么为不稳定的.

现给出判定非线性系统 (2.8) 的奇点 O 的稳定性的一个基本结论.

定理 2.4 *若系统 (2.8) 以 O 为双曲奇点, 则它的渐近稳定或不稳定性由相应的线性系统 (2.3) 确定.*

证明 为便于论证, 设在 O 的小邻域内, Φ, Ψ 二次连续可微. 下面依线性系统 (2.3) 的特征根的不同情况分别加以讨论.

1) 设 (2.3) 有相异的实特征根 λ, μ, 则经适当的非奇异线性变换, 系统 (2.8) 可化为

$$\begin{aligned}\dot{u} &= \lambda u + f_1(u, v),\\ \dot{v} &= \mu v + f_2(u, v).\end{aligned} \tag{2.11}$$

其中 f_1, f_2 是关于 u, v 的二次以上的项 (包括二次项, 下同). 取 $\rho = u^2 + v^2$, 则 $\rho = c$ $(c > 0)$ 是 (u, v) 平面上的一族同心圆. 沿 (2.11) 的轨线

$$\begin{aligned}\frac{1}{2}\frac{d\rho}{dt} &= u\frac{du}{dt} + v\frac{dv}{dt}\\ &= \lambda u^2 + \mu v^2 + \text{高于二次的项} \equiv K(u, v).\end{aligned} \tag{2.12}$$

有如下三种情况:

(i) 当 $\lambda < \mu < 0$ 时, 奇点 $O(0,0)$ 是线性部分的稳定结点, 它为渐近稳定的. 当 $u^2+v^2 > 0$, 由于 $\lambda u^2+\mu v^2 > 0$, 存在 (u, v) 平面上原点的充分小邻域 S, 使得对 S 内任一点 $(u, v)(\neq (0,0))$, 有 $K(u, v) < 0$, 从而 $\dfrac{d\rho}{dt} < 0$. 对 $O(0,0)$ 的任一邻域 U, 在 $U \bigcap S$ 中任取一个包含 $(0,0)$ 的邻域 V: $u^2 + v^2 < \delta$ (如图 2.2),

在其内 $\dfrac{d\rho}{dt} < 0$. 故 ρ 随着 t 的增加而减少. 于是, 从 V 中任一点出发的解, 当 $t \geq 0$ 时, $(x(t), y(t)) \in V \subset U$, 故 O 是稳定的.

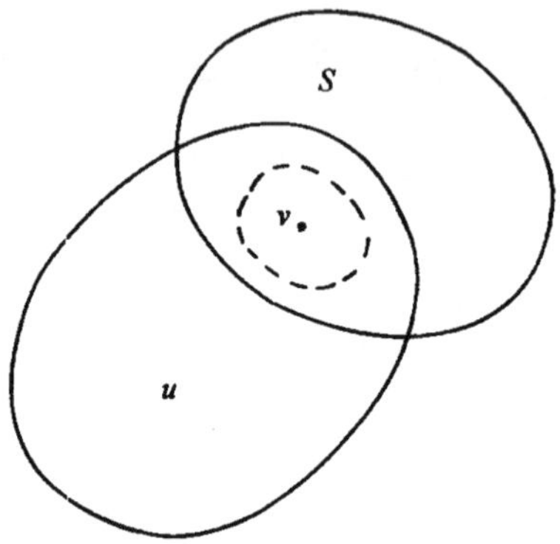

图 2.2

进一步证明 O 为渐近稳定的. 若不然, 必存在一条轨线, 使得当 $t \to +\infty$ 时, 沿着该轨线 $\rho(t)$ 不趋于 O, 从而保持在某一 $\rho = \rho_1$ 的邻域之外. 由于 $K(u, v)$ 是连续的, 在 $\rho_1 \leq \rho \leq \delta$ 上, K 必取到最大值 $-r$. 故当 $t > 0$ 时, 恒有

$$\frac{1}{2}\frac{d\rho}{dt} = K(u, v) \leq -r < 0. \tag{2.13}$$

于是 $\rho(t) - \rho(0) \leq -2rt < 0$, 即

$$\rho(t) \leq \rho(0) - 2rt < 0 \quad (\text{当 } t \text{ 足够大时}).$$

这与 $\rho(t)$ 的定义矛盾. 从而说明奇点 O 必为渐近稳定的.

(ii) 当 $0 < \lambda < \mu$ 时, 线性奇点 O 是不稳定结点. 类似于情况 (i), 易于证明 O 为 (2.8) 的不稳定奇点.

(iii) 当 $\lambda < 0 < \mu$ 时, 线性奇点为鞍点, 且不稳定. 此时, (2.12) 中的 $K(u,v)$ 在原点的充分小邻域中变号. 沿 (2.8) 的轨线对 (2.12) 再求导可得

$$\frac{1}{4}\frac{d^2\rho}{dt^2} = \lambda^2 u^2 + \mu^2 v^2 + \text{高于二次的项}.$$

在原点的充分小邻域 U_δ 中 (原点除外), $\dfrac{d^2\rho}{dt^2} > 0$. 在 U_δ 内 $(0,0)$ 的任意邻域中, 总存在 (u_0, v_0) , 使得

$$\left.\frac{d\rho}{dt}\right|_{(u_0,v_0)} = r > 0.$$

故沿着从 (u_0, v_0) 出发的轨线有 $\dfrac{d\rho}{dt} \geq r$. 从而 $\rho(t) \geq rt + u_0^2 + v_0^2$, 故存在 $T > 0$, 使得 $\rho(t) > \delta$. 这就证明了 O 是 (2.8) 的不稳定奇点.

2) 线性方程 (2.3) 有二重特征根 λ. 此时, $D = ad - bc > 0$, $T = a + d \leq 0$, $T^2 - 4D = 0$, $\lambda = T$ (二重根). 可应用下述引理, 它是稳定性理论中的一个基础性定理.

引理 2.5 *对非线性系统 (2.1), 若存在 O 邻域内的连续可微的正定函数 $V(x,y)$, 即 $V(0,0) = 0$, $V(x,y) > 0$, 当 $(x,y) \neq (0,0)$ 时, 使得 V 沿着 (2.1) 的解关于 t 的全导数*

$$\left.\frac{dV}{dt}\right|_{(2.1)} < 0 \ (\text{或} > 0), \quad (x,y) \neq (0,0)$$

则 (2.1) 的奇点 O 是渐近稳定的 (或不稳定的).

取

$$V(x,y) = (ad - bc)(x^2 + y^2) + (ay - cx)^2 + (by - dx)^2$$

易见 $V(x,y)$ 为正定函数，且不难计算得

$$\left.\frac{dV}{dt}\right|_{(2.3)} = 2(a+d)(ad-bc)(x^2+y^2),$$

$$\left.\frac{dV}{dt}\right|_{(2.8)} = 2(a+d)(ad-bc)(x^2+y^2)+o(\rho^2),$$

$$\rho^2 = x^2+y^2.$$

于是在 O 的充分小邻域中，$\left.\dfrac{dV}{dt}\right|_{(2.3)}$ 与 $\left.\dfrac{dV}{dt}\right|_{(2.8)}$ 同号. 利用引理 2.5 可知，当 $T<0\ (>0)$ 时，O 作为线性系统 (2.3) 和非线性系统 (2.8) 的奇点都是渐近稳定 (或不稳定) 的.

3) 线性方程 (2.3) 有一对共轭复根 $\alpha \pm i\beta$, $\alpha \le 0$. 取适当非奇异线性变换，可将 (2.8) 化为

$$\dot{u} = \alpha u - \beta v + \text{二次及以上的项}$$

$$\dot{v} = \beta u + \alpha v + \text{二次及以上的项}$$

令 $\rho = u^2+v^2$，则

$$\frac{d\rho}{dt} = 2\alpha(u^2+v^2) + \text{三次及以上的项}.$$

类似于上面的证明可得，当 $\alpha<0$ (或 >0) 时，系统 (2.8) 的奇点 O 是渐近稳定的 (不稳定的)．　　　证毕

和 1.2 段最后所说明的类似, 关于平面系统双曲奇点的稳定性由相应线性系统来确定的结论 (定理 2.4) 同样适用于维数 $n>2$ 的系统 (1.12).

以上分析了双曲奇点的基本定性性质, 关于零解的稳定性只是给出一个最基本的判定, 进一步的研究属于稳定性理论的内容, 这

里不再深入. 关于 (2.8) 以 O 为非双曲奇点的性态, 将在下两节进行分析. §2 讨论 (2.3) 有一对纯虚根的情况, §3 则讨论 (2.3) 有零特征根的情况.

§2　中心与焦点的判定问题

设 O 是 (2.3) 的中心, 它的特征根为一对纯虚数 $\pm i\beta$, $\beta \neq 0$. 本节来讨论非线性系统 (2.8) 在奇点 O 邻近轨线的定性性态. 先举两个例子.

例 2.1 讨论系统

$$\begin{aligned} \dot{x} &= -y - y(x^2 + y^2), \\ \dot{y} &= x + x(x^2 + y^2). \end{aligned} \tag{2.14}$$

在奇点 $O(0,0)$ 的性态.

解: O 是相应的线性系统的中心. 令 $x = r\cos\theta$, $y = r\sin\theta$, 系统 (2.14) 化为

$$\frac{dr}{dt} = 0, \qquad \frac{d\theta}{dt} = 1 + r^2.$$

其解 $r = c$ (正常数) 是以 O 为圆心的一族同心圆, 故 O 仍为非线性系统 (2.12) 的中心. 不同的是它外围闭轨线的周期将随轨线发生变化.

例 2.2 讨论系统

$$\begin{aligned} \dot{x} &= y + ax(x^2 + y^2), \\ \dot{y} &= -x + ay(x^2 + y^2). \end{aligned} \tag{2.15}$$

在奇点 $O(0,0)$ 的性态.

解: O 是相应的线性系统的中心. 令 $x=r\cos\theta$, $y=r\sin\theta$, 系统 (2.15) 化为

$$\frac{dr}{dt}=ar^3, \qquad \frac{d\theta}{dt}=-1.$$

当 $a>0$ (<0) 时, O 是 (2.15) 的不稳定 (稳定) 焦点.

上述两例表明, 当线性奇点是中心时, 加上高次项以后, 非线性系统相应的奇点可以是中心, 也可以是焦点 (可为稳定也可为不稳定). 何时为中心, 何时为焦点, 且稳定性如何? 这就是中心焦点的判定问题. 它与后面讨论的极限环问题也是紧密相连的.

先给出关于周期函数积分的一个引理, 后面将用到.

引理 2.6 设 $f(\theta)$ 是以 l 为周期的连续周期函数, 则

$$F(\theta)=\int_0^\theta f(s)ds=g\theta+\varphi(\theta) \tag{2.16}$$

其中 $\varphi(\theta)$ 仍以 l 为周期, $g=\dfrac{1}{l}\displaystyle\int_0^l f(\theta)d\theta$

证明 令

$$\varphi(\theta)=\int_0^\theta f(s)ds-\frac{\theta}{l}\int_0^l f(s)ds$$

则

$$\begin{aligned}\varphi(\theta+l)&=\int_0^{\theta+l} f(s)ds-\frac{\theta+l}{l}\int_0^l f(s)ds\\&=\int_0^\theta f(s)ds+\int_\theta^{\theta+l} f(s)ds\\&\quad-\int_0^l f(s)ds-\frac{\theta}{l}\int_0^l f(s)ds\\&=\int_0^\theta f(s)ds-\frac{\theta}{l}\int_0^l f(s)ds\\&=\varphi(\theta)\end{aligned}$$

即 $\varphi(\theta)$ 是以 l 为周期的周期函数，且 (2.16) 式成立.

证毕

2.1 判定方法一

进一步假设系统 (2.8) 的右端在 O 的小邻域内解析；相应的系统 (2.3) 有一对纯虚特征根 $\pm\mathrm{i}\beta$, 在适当的非奇异线性变换下，系统 (2.8) 可化为

$$\begin{aligned}\dot{u} &= -\beta v + U(u,v),\\ \dot{v} &= \beta u + V(u,v).\end{aligned} \tag{2.17}$$

其中 U, V 是 u, v 的幂级数，且从二次项开始. 对 $\epsilon > 0$ 足够小， U, V 在 $u^2+v^2 \le \epsilon^2$ 内收敛.

取极坐标 $u = r\cos\theta$, $v = r\sin\theta$, 系统 (2.17) 化为

$$\begin{aligned}\frac{dr}{dt} &= \cos\theta U(r\cos\theta, r\sin\theta)\\ &\quad + \sin\theta V(r\cos\theta, r\sin\theta) \equiv rR(r,\theta),\\ \frac{d\theta}{dt} &= \beta + \frac{1}{r}(\cos\theta V - \sin\theta U) \equiv \beta + Q(r,\theta).\end{aligned}$$

其中当 r 足够小时 $R(r,\theta)$ 、 $Q(r,\theta)$ 为 r 的幂级数，从 r 的一次项开始，系数为 $\cos\theta$, $\sin\theta$ 的函数，当 $r \le \epsilon$ 时为收敛的.

取 $0 < r_1 < \epsilon$, 使得当 $0 \le r \le r_1$ 时，对一切 θ, 恒有 $\beta + Q(r,\theta) \ne 0$, 为确定起见，设 $\beta > 0$, 则 $\dfrac{d\theta}{dt} > 0$. 从而消去 t 得到

$$\frac{dr}{d\theta} = \frac{rR(r,\theta)}{\beta + Q(r,\theta)} = R_2(\theta)r^2 + R_3(\theta)r^3 + \cdots, \tag{2.18}$$

其中 $R_k(\theta)$ 是 $\cos\theta$ 和 $\sin\theta$ 的函数，故 $R_k(\theta+2\pi) = R_k(\theta)$, $k = 2, 3, \cdots$.

因 $\frac{d\theta}{dt} > 0$, 故过 $(0,c)$ 的正半轨随 θ 增大而围绕 O 逆时针方向盘旋. 由解对初值的连续依赖性, 存在 $\bar{c}$, $0 < \bar{c} < r_1$, 使当 $0 \le c \le \bar{c}$ 时, 解 $r(\theta,c)$ 至少在 $[-4\pi, 4\pi]$ 上有定义, 且为解析函数. 记 $r(2\pi,c) = P(c)$, 它对应于螺旋线绕行一周后与极轴的下一交点, 如图 2.3. P 定义了 $[0,\bar{c}]$ 内的一个映射, 称为 **Poincaré**

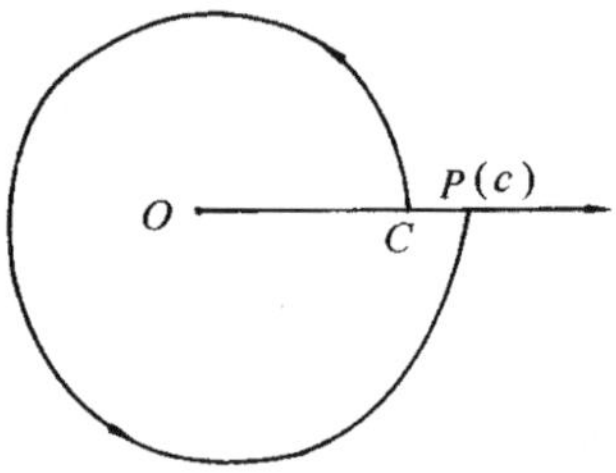

图 2.3

映射, 在奇点与周期解的研究中具有基本重要性. 显然, $P(0) = 0$ 对应于奇点 O, 而 P 的其它不动点对应于 (2.8) 的闭轨线. 为简便起见, 以下把 Poincaré 映射简记为 P- 映射. 点 $(0,c)$ 到后继点 $(0,P(c))$ 确定的函数

$$F(c) = P(c) - c$$

称为 **后继函数**. 后继函数的非零零点对应于 (2.8) 的闭轨线. 下面通过分析 P- 映射或后继函数的性质来解决 O 为中心或焦点的判定问题. 将 $r(\theta,c)$ 展开为 c 的幂级数

$$r(\theta,c) = r_1(\theta)c + r_2(\theta)c^2 + \cdots. \tag{2.19}$$

将 (2.19) 代入 (2.18), 比较 c 的同次幂系数, 可依次得到 $r_i(\theta)$,

$i=1,2,\cdots$, 所满足的方程:

$$
\begin{aligned}
&r_1'(\theta)=0,\\
&r_2'(\theta)=R_2(\theta)r_1^2\equiv F_2(\theta),\\
&r_3'(\theta)=R_3(\theta)r_1^3+2R_2r_1r_2\equiv F_3(\theta),\\
&\vdots\\
&r_n'(\theta)\equiv F_n(\theta),\\
&\vdots
\end{aligned}
\tag{2.20}
$$

和初始条件:

$$r_1(0)=1,\ r_k(0)=0,\qquad k=2,3,\cdots. \tag{2.21}$$

一般地, $F_n(\theta)$ 中除出现 $R_2,R_3,\cdots,R_n$ 外, 它只包含 $r_1,r_2,\cdots,r_{n-1}$. 故可利用初值 (2.21), 依次积分 (2.20) 以求出 $r_i(\theta),i=1,2,\cdots$. 解上述初值问题得到

$$
\begin{aligned}
&r_1(\theta)=1,\\
&r_2(\theta)=\int_0^\theta R_2(s)ds=g_2\theta+\varphi_2(\theta),\\
&g_2=\frac{1}{2\pi}\int_0^{2\pi}R_2(\theta)d\theta\\
&r_3(\theta)=\int_0^\theta(R_3(\theta)+2R_2(\theta)r_2(\theta))d\theta,
\end{aligned}
$$

依此类推.

若 $g_2=0$, 则 $r_2(\theta)=\varphi_2(\theta)$ 是 2π 周期函数. 从而 $F_3(\theta)=R_3(\theta)+2R_2(\theta)r_2(\theta)$ 也是 2π 周期函数, 由引理 2.6 得

$$r_3(\theta)=g_3\theta+\varphi_3(\theta).$$

若 $g_3=0$, 则 $r_3(\theta)=\varphi_3(\theta)$ 也是周期为 2π 的函数. 如此继续下去，出现两种可能性:

1) 一切 $g_k=0$, $k=1,2,\cdots$, 亦即所有 $r_k(\theta)$ 均为 2π 周期函数. 由 (2.19) 知, $P(c)=r(2\pi,c)=r(0,c)=c$, 对一切 $0<c\le\bar{c}$. 方程 (2.18) 通过 $(0,c)$ 的轨线均为闭轨. 从而，奇点 O 是 (2.18) 的中心.

2) 存在正整数 m, 使得 $g_1=g_2=\cdots=g_{m-1}=0$, $g_m\neq 0$. 这时

$$
\begin{aligned}
r(\theta,c) &= c+r_2(\theta)c^2+\cdots+r_{m-1}(\theta)c^{m-1} \\
&\quad +r_m(\theta)c^m+o(c^m) \\
&= c+r_2(\theta)c^2+\cdots+r_{m-1}(\theta)c^{m-1} \\
&\quad +g_m\theta c^m+\varphi_m(\theta)c^m+o(c^m).
\end{aligned}
$$

于是

$$
F(c)=P(c)-c=2\pi g_m c^m+o(c^m). \tag{2.22}
$$

若 $g_m<0$, 则当 c 充分小时, $P(c)=r(2\pi,c)<c$, 邻近 O 的轨线均向里盘旋逼近 O, 故 O 是稳定的焦点. 若 $g_m>0$, 则当 c 充分小时, $r(2\pi,c)>c$, O 是不稳定的焦点. 这就解决了解析系统的中心焦点的判定问题. 进一步引入细焦点及其阶数的概念.

为此先说明上述情况 2) 中的 m 必为奇数. 从图 2.4 知, 易将后继函数 $F(c)=r(2\pi,c)-c$ 推广到 $c'<0$, 即 $F(c')=r(0,c')-c'$. 如果在 (2.22) 中, m 为偶数, 则当 c 充分小时, $F(c)$ 定号, 与上述事实矛盾. 因此, m 必为奇数, 记 $m=2n+1$.

定义 2.5 对系统 (2.8) (或 (2.17)), 当 O 为焦点时, 称它为 **细焦点**. n 则称为此细焦点的 **阶数**, (2.22) 式中的系数 $2\pi g_m$ 称为相

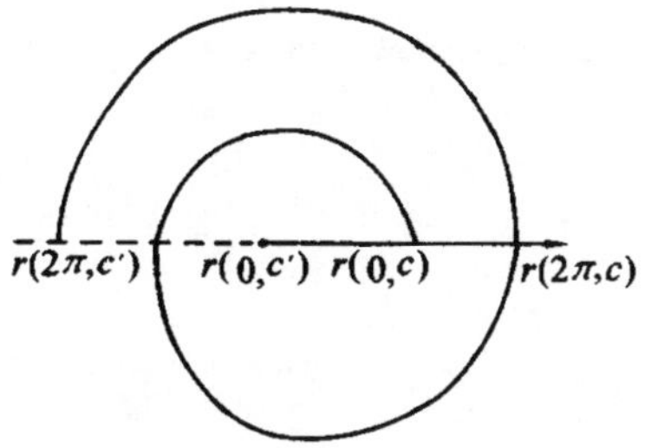

图 2.4

应阶数的 **焦点量**.

由 (2.22) 式可见, 一个细焦点的阶数越高 (即 m 越大), 则 O 邻近的螺线的螺距就越小, 故螺线越细密. 相对地, 当线性部分的特征根为 $r=\alpha\pm \mathrm{i}\beta$, 且 $\alpha\neq 0$, 则称 O 为 **粗焦点**.

例 2.3 考虑右端为二次多项式的系统

$$\begin{aligned}\dot{x}&=-y-axy-y^2,\\ \dot{y}&=x+ax^2, \qquad\qquad a\neq 0\end{aligned}\tag{2.23}$$

的原点的性态.

解: 令 $x=r\cos\theta,\ y=r\sin\theta$. 易计算得

$$\begin{aligned}\frac{dr}{dt}&=-\sin^2\theta\cos\theta r^2,\\ \frac{d\theta}{dt}&=1+(a\sin^2\theta+a\sin^2\theta\cos\theta+\sin^3\theta)r.\end{aligned}$$

用幂级数的运算得

$$\begin{aligned}\frac{dr}{d\theta}=&-\sin^2\theta\cos\theta r^2+(a\sin^2\theta\cos^4\theta\\ &+a\sin^4\theta\cos^2\theta+\sin^5\theta\cos\theta)r^3+\cdots\end{aligned}\tag{2.24}$$

对充分小的 c, 求 $\theta=0$ 时 $r=c$ 的解

$$r(\theta,c)=c+r_2(\theta)c^2+r_3(\theta)c^3+\cdots$$

其中 $r_2(0)=r_3(0)=\cdots=0$, 将 $r(\theta,c)$ 代入 (2.24) 比较 c 的同次幂系数, 得

$$\begin{aligned}\frac{dr_2}{d\theta}&=-\sin^2\theta\cos\theta\\ \frac{dr_3}{d\theta}&=a\sin^2\theta\cos^4\theta+a\sin^4\theta\cos^2\theta\\ &\quad+\sin^5\theta\cos\theta-2\sin^2\theta\cos\theta\cdot r_2(\theta),\\ &\quad\vdots\end{aligned}$$

解得

$$\begin{aligned}r_2(\theta)&=-\frac{1}{3}\sin^3\theta,\\ r_3(\theta)&=\frac{a}{8}\theta+\frac{a}{16}\sin 2\theta-\frac{a}{4}\sin\theta\cos^3\theta+\frac{5}{18}\sin^6\theta\\ &=g_3\theta+f_3(\theta),\end{aligned}$$

其中 $g_3=\dfrac{a}{8}$. 至此便可判定原点为 (2.23) 的一阶细焦点, 当 $a>0$ 时为不稳定, $a<0$ 时为稳定.

2.2 判定方法二

中心焦点的判定问题, 也可利用 Poincaré 最早建立的形式幂级数方法.

在 (2.17) 中令 $\beta t=\tau$ 仍记 $\frac{du}{d\tau}, \frac{dv}{d\tau}$ 为 $\dot{u}, \dot{v}$, 则系统化为

$$\begin{aligned}\dot{u}&=-v+\sum_{k=2}^{\infty}P_k(u,v),\\ \dot{v}&=u+\sum_{k=2}^{\infty}Q_k(u,v),\end{aligned}\tag{2.25}$$

其中 P_k, Q_k 是 u, v 的 k 次齐次多项式.

假设 (2.25) 有下列级数形式的解:

$$F(u,v)=u^2+v^2+\sum_{k=3}^{\infty}F_k(u,v),\tag{2.26}$$

其中 $F_k(u,v)$ 是待定的关于 u, v 的 k 次齐次多项式. 若能依次求出 F_k, $k=3,4,\cdots$, 使得当 $|u|,|v|$ 充分小时, 级数 (2.26) 收敛, 且

$$\left.\frac{dF}{dt}\right|_{(2.25)}\equiv 0.$$

则 (2.25) 的通积分为 $F(u,v)=c$, 易知 $c>0$ 充分小时, 它是一族围绕原点的互不相交的闭曲线, 故 O 为中心.

由

$$\begin{aligned}\left.\frac{dF}{dt}\right|_{(2.25)}&=(2u+\sum_{k=3}^{\infty}\frac{\partial F_k}{\partial u})(-v+\sum_{k=2}^{\infty}P_k(u,v))\\&\quad+(2v+\sum_{k=3}^{\infty}\frac{\partial F_k}{\partial v})(u+\sum_{k=2}^{\infty}Q_k(u,v))\\&=\sum_{k=3}^{\infty}(u\frac{\partial F_k}{\partial v}-v\frac{\partial F_k}{\partial u})+2\sum_{k=2}^{\infty}(uP_k+vQ_k)\\&\quad+\sum_{k\geq 2,m\geq 3}(P_k\frac{\partial F_m}{\partial u}+Q_k\frac{\partial F_m}{\partial v}).\end{aligned}$$

在上式右端，从三次项起，依次令同次齐次式等于零，可得到一系列等式:

$$
\begin{aligned}
&u\frac{\partial F_3}{\partial v}-v\frac{\partial F_3}{\partial u}=-2(uP_2+vQ_2),\\
&u\frac{\partial F_n}{\partial v}-v\frac{\partial F_n}{\partial u}=-2(uP_{n-1}+vQ_{n-1})\\
&\qquad -\sum_{k=3}^{n-1}(P_{n-k+1}\frac{\partial F_k}{\partial u}+Q_{n-k+1}\frac{\partial F_k}{\partial v}),\ n=4,5,\cdots
\end{aligned}
\tag{2.27}
$$

它们是关于 $F_3,F_4,\cdots$ 的偏微分方程，可用待定系数法求解，如能依次定出 $F_3,F_4,\cdots$，以至无穷，且所得级数收敛 (当 $|u|,|v|$ 甚小时)，则 O 为中心. 但直接计算是极其繁杂的，且是无限的过程. 因此，为了解决中心焦点判定问题，利用 (2.27) 的形式特点，另求简洁方法.

将 (2.27) 各式的右端依次记为 $-H_n(u,v)$，$n=3,4,\cdots$，则 H_n 是 n 次齐次式. 取极坐标 $u=r\cos\theta$，$v=r\sin\theta$，则有

$$
\begin{aligned}
u\frac{\partial F_n}{\partial v}-v\frac{\partial F_n}{\partial u}&=r\cos\theta\frac{\partial F_n}{\partial v}-r\sin\theta\frac{\partial F_n}{\partial u}\\
&=\frac{\partial F_n(r\cos\theta,r\sin\theta)}{\partial\theta}=r^n\frac{dF_n(\cos\theta,\sin\theta)}{d\theta},
\end{aligned}
$$

又 $H_n(u,v)=H_n(r\cos\theta,r\sin\theta)=r^nH_n(\cos\theta,\sin\theta)$. 方程 (2.27) 可化为仅含 θ 的式子.

$$
\frac{dF_n(\cos\theta,\sin\theta)}{d\theta}=-H_n(\cos\theta,\sin\theta),\quad n=3,4,\cdots
$$

由此，易于积分这些式子依次求得 F_n. 当 $n=3$ 时，H_3 是 $\cos\theta$, $\sin\theta$ 的三次齐次式，故

$$
\int_0^{2\pi}H_3(\cos\theta,\sin\theta)d\theta=0.
$$

从而，将 H_3 展为傅里叶级数，就有

$$\frac{dF_3}{d\theta} = -\sum_{k=1}^{3}(a_k \cos k\theta + b_k \sin k\theta).$$

于是可求出 $F_3(u,v)$, 代入 $(2.27)_{n=4}$ 的右端，可得到 $H_4(u,v)$. 如果

$$\int_0^{2\pi} H_4(\cos\theta, \sin\theta)d\theta = 0.$$

通过将 H_4 展为傅里叶级数，又可求出 F_4. 如此继续，如果到某一 n, 使

$$\int_0^{2\pi} H_n(\cos\theta, \sin\theta)d\theta \neq 0,$$

则 n 必为偶数 $2m$, 因 H_{2k+1} 为 $\cos\theta, \sin\theta$ 的奇次多项式，显然有

$$\int_0^{2\pi} H_{2k+1}(\cos\theta, \sin\theta)d\theta = 0.$$

这时，取 $F_{2m}(u,v)$, 使其满足方程:

$$\frac{dF_{2m}}{d\theta}(\cos\theta, \sin\theta) = -H_{2m}(\cos\theta, \sin\theta) + C_{2m}, \qquad (2.28)$$

其中

$$C_{2m} = \frac{1}{2\pi}\int_0^{2\pi} H_{2m}(\cos\theta, \sin\theta)d\theta.$$

因 (2.28) 右端函数的傅里叶展开式中不含常数项，故由它可以求出 $F_{2m}(u,v)$.

构造函数 $V(u,v)$

$$V(u,v) = u^2 + v^2 + F_3 + \cdots + F_{2m},$$

则 $V(u,v)$ 在 O 的适当小邻域内连续可微，且为正定函数，又

$$\left.\frac{dV}{dt}\right|_{(2.25)} = C_{2m}(u^2+v^2)^m + o((u^2+v^2)^m).$$

于是在 O 的充分小邻域内，$\left.\frac{dV}{dt}\right|_{(2.25)}$ 与 C_{2m} 同号．由引理 2.4 知，当 $C_{2m}<0$ 时，O 为稳定焦点；当 $C_{2m}>0, O$ 为不稳定焦点．

如果对一切 $n=3,4,\cdots$

$$\int_0^{2\pi} H_n(\cos\theta,\sin\theta)d\theta = 0, \tag{2.29}$$

则从 (2.27) 可以得到函数序列 $F_3,F_4,F_5,\cdots$，只要级数 (2.26) 当 $|u|,|v|$ 甚小时收敛，则通积分

$$F(u,v)=c$$

就是围绕原点的一族闭轨线，因此 O 为中心．

关于形式级数 (2.26) 的收敛性，Lyapunov 曾给出证明，但极其复杂，为了回避这一困难的定理，现借助前一判别法的结果来证明 O 为中心的结论．

反设 O 不是 (2.25) 的中心，故为焦点．不妨设为稳定焦点．由第一判别法，O 的第一个非零焦点量应为负数，设其阶数为 $2k-1$．

适当改变系统 (2.25) 的右端函数内的 P_{2k+1} 与 Q_{2k+1} 中某些项的系数，得到系统 (2.25)*，使对新系统有

$$\int_0^{2\pi} H^*_{2k+2}(\cos\theta,\sin\theta)d\theta > 0.$$

由于系统 (2.25) 与 (2.25)* 中的 P_i, Q_i $(i=1,2,\cdots,2k)$ 相同，所以对系统 (2.25)* 仍有

$$\int_0^{2\pi} H_i(\cos\theta, \sin\theta)d\theta = 0, \qquad (\text{对} \, 3 \leq i < 2k+2).$$

由前述判别法知， O 为 (2.25)* 的不稳定焦点. 另一方面，由于 P_{2k+1} 与 Q_{2k+1} 的改变不会影响直到 $2k$ 阶的焦点量，所以 O 应为系统 (2.25)* 的稳定焦点. 这一矛盾说明 O 应为 (2.25) 的中心.

§3　高阶奇点的性态

给定二维自治系统

$$\begin{aligned} \dot{x} &= ax + by + \varphi(x,y), \\ \dot{y} &= cx + dy + \psi(x,y), \end{aligned} \tag{2.30}$$

其中 a,b,c,d 是常数， $\varphi(x,y), \psi(x,y)$ 是二次以上的项. 前两节讨论了 $ad-bc \neq 0$ 的情况. 当 $ad-bc=0$ 时， O 是高阶奇点，线性部分有奇线 $ax+by=0$. 现研究在此条件下，非线性系统在奇点的性态.

更一般地，考虑如下系统

$$\begin{aligned} \dot{x} &= P_m(x,y) + \varphi(x,y), \\ \dot{y} &= Q_m(x,y) + \psi(x,y), \end{aligned} \tag{2.31}$$

其中 $m \geq 1, P_m, Q_m$ 是 m 次齐次多项式 (可以有一个恒等于零)， φ, ψ 从高于 m 次的项开始.

取极坐标 $x = r\cos\theta,\ y = r\sin\theta$, 系统 (2.31) 化为

$$\begin{aligned}\frac{dr}{dt} &= r^m(R(\theta)+o(1)),\\ \frac{d\theta}{dt} &= r^{m-1}(G(\theta)+o(1)),\end{aligned}\tag{2.32}$$

其中

$$\begin{aligned}R(\theta) &= \cos\theta P_m(\cos\theta,\sin\theta)+\sin\theta Q_m(\cos\theta,\sin\theta),\\ G(\theta) &= \cos\theta Q_m(\cos\theta,\sin\theta)-\sin\theta P_m(\cos\theta,\sin\theta)\end{aligned}\tag{2.33}$$

为 $\cos\theta,\ \sin\theta$ 的 $(m+1)$ 次齐次多项式.

系统 (2.32) 中 $G(\theta)$ 是否有零点, 以及零点个数对奇点 O 附近轨线的性态有重要影响, 下面分几种情况来讨论.

3.1 $G(\theta)$ 在 $[0,2\pi]$ 上定号

不妨设 $G(\theta)>0,\ \theta\in[0,2\pi]$. 由闭区间上连续函数的性质, 存在正常数 δ, 使得 $G(\theta)\geq\delta>0,\ \theta\in[0,2\pi]$, 因而在原点 O 的充分小邻域 U_{r_0} $(r<r_0)$ 内有

$$G(\theta)+o(1)\geq\frac{\delta}{2},\quad \theta\in[0,2\pi]$$

即 $\dfrac{d\theta}{dt}>0, \theta\in[0,2\pi]$. 这说明 O 附近的轨线当 t 增加时, 是逆时针方向旋转的 ($G(\theta)$ 恒小于零时, 为顺时针旋转).

系统 (2.32) 可化为

$$\frac{1}{r}\cdot\frac{dr}{d\theta}=\frac{R(\theta)+o(1)}{G(\theta)+o(1)},$$

积分上式得到:

$$\int_{r(\theta)}^{r(\theta+\beta)}\frac{dr}{r}=\int_\theta^{\theta+\beta}\frac{R(\theta)+o(1)}{G(\theta)+o(1)}d\theta\quad(0\leq\beta\leq2\pi).$$

即

$$\ln\frac{r(\theta+\beta)}{r(\theta)}=\int_{\theta}^{\theta+\beta}\frac{R(\theta)+o(1)}{G(\theta)+o(1)}d\theta.$$

由于

$$\lim_{r\to 0}\frac{R(\theta)+o(1)}{G(\theta)+o(1)}=\frac{R(\theta)}{G(\theta)},$$

设积分

$$I=\int_0^{2\pi}\frac{R(\theta)}{G(\theta)}d\theta<0,$$

则存在 O 的充分小邻域 U_{r_1} $(0<r_1<r_0)$, 使得在其中

$$\ln\frac{r(\theta+\beta)}{r(\theta)}<\frac{I}{2}<0.$$

因此存在正常数 $q<1$, 使

$$r(\theta+2\pi)<qr(\theta).$$

从而有

$$r(\theta+2k\pi)<q^k r(\theta),\quad k=1,2,\cdots.$$

当 $k\to+\infty$ 时 $r(\theta+2k\pi)\to 0$. 即从原点的充分小邻域中任一点出发的轨线当 $t\to+\infty$ 时将逆时针方向盘旋逼近于 O, 故奇点 O 是稳定焦点. 当 $I>0$, 奇点 O 是不稳定焦点, 当 $I=0$, 存在中心与焦点的判定问题, 对非解析系统还可能出现 **中心焦点** (即原点的任意小邻域内既有闭轨线, 又有螺线) 的情况, 这是因为 P- 映射不是解析函数, 它可以既不是恒同映射, 而在不动点零的附近又可存在一系列无穷多个不动点, 如同函数 $x\sin\frac{1}{x}$ 在 $x=0$ 邻近的性态一样.

3.2 $G(\theta) \equiv 0,\ \theta \in [0, 2\pi]$

这时称为 **奇异情形**. 可设 $R(\theta) \neq 0$ (否则 $P_m \equiv Q_m \equiv 0$, 要进一步考虑 φ, ψ 中的最低次项), 则 $R(\theta)$ 至多有 $(2m+2)$ 个零点. 下面证明, 如 θ_0 使 $R(\theta_0) \neq 0$, 则系统 (2.32) 至少有一条轨线沿着 $\theta = \theta_0$ 的方向趋于奇点 O.

因 $G(\theta) \equiv 0$, (2.32) 第二式右端从 r^m 项开始, 即

$$\frac{d\theta}{dt} = r^m(H(\theta) + o(1)).$$

因而有

$$\frac{d\theta}{dr} = \frac{H(\theta) + o(1)}{R(\theta) + o(1)}, \tag{2.34}$$

由于 $R(\theta_0) \neq 0$, 故当 $\epsilon > 0$, $r_0 > 0$ 充分小时, (2.34) 的右端函数在扇形区域 $|\theta - \theta_0| \leq \epsilon$, $0 \leq r < r_0$ (如图 2.5) 上连续. 根据微分方程解的存在性定理知, 方程 (2.34) 满足初始条件 $r(\theta_0) = 0$ 的解存在. 这就是说, 沿着 $\theta = \theta_0$ 方向至少有 (2.32) 的一条轨线进入奇点 $O(0,0)$.

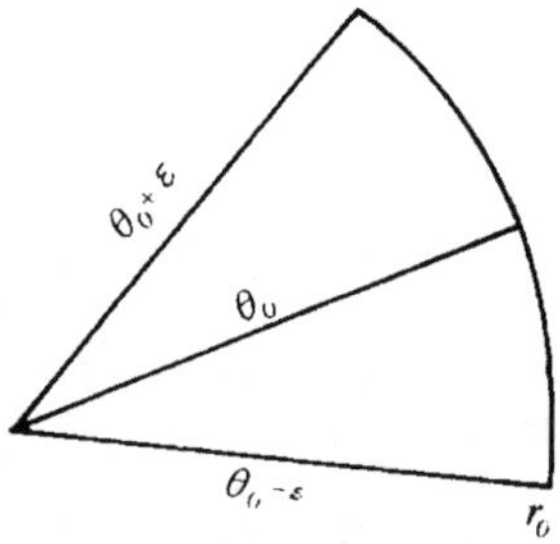

图 2.5

如 $\theta = \theta_0$ 时, $R(\theta_0) = 0$, 则沿 $\theta = \theta_0$ 方向, (2.32) 可以没有轨线, 或有多条轨线进入 O, 须进一步分析.

例 2.4 考虑下列系统

$$(1)\ \frac{dy}{dx}=\frac{y^2-x^4}{xy};\qquad (2)\ \frac{dy}{dx}=\frac{y^2-6x^2y+x^4}{xy-3x^3};$$

$$(3)\ \frac{dy}{dx}=\frac{y^2+x^4}{xy}.$$

它们都以 O 为高阶奇点, 利用变换 $y=ux$ 等, 易于求得通积分, 而画出相应的轨线图 2.6. 这时, $R(\theta)=\sin\theta, R(0)=R(\pi)=0$, 沿正、负 x 轴, 系统 (1) 无轨线进入 O, 系统 (2), (3) 则有轨线进入 O. 它们在奇点邻近轨线的分布有着很大的差别.

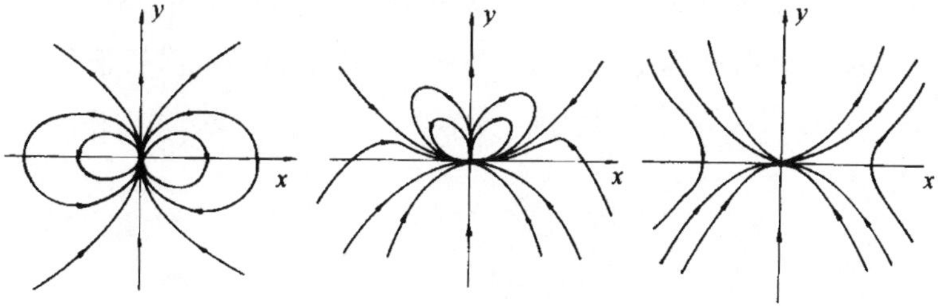

(a) (b) (c)

图 2.6

3.3 $G(\theta)$ 在 $[0,2\pi]$ 上变号

由于 $G(\theta)$ 是 $\cos\theta$, $\sin\theta$ 的 $(m+1)$ 次齐次多项式, 它在 $[0,2\pi]$ 上至多有 $(2m+2)$ 个零点.

对 $G(\theta)=0$ 的根 $\theta=\theta_0$, 作如图 2.5 的扇形 (记做 AOB), 其中 r_0, $\epsilon>0$ 足够小, 使在其内没有异于 O 的奇点, 除 $\theta=\theta_0$ 时, $G(\theta)$ 保持常号. 这样的一个扇形域称为一 **典型域**. 因 $G(\theta)=0$ 最多有 $(2m+2)$ 个根, 故 ϵ 甚小时, 所作出的 $(2m+2)$ 个典型域互不相交. 由本章 3.1 小节中的讨论可知, 在这些典型域之外,

轨线不能进入奇点 O. 故只需分别讨论每一个典型域, 看是否有轨线沿 $\theta=\theta_0$ 进入奇点 O.

定义 2.6 设原点 O 为系统 (2.1) 的孤立奇点. 若存在点序列 $P_n(r_n,\theta_n)$ 使得当 $n\to+\infty$ 时, $r_n\to 0$, $\theta_n\to\theta_0$, 且有 $\alpha_n\to 0$, 其中 α_n 是 (2.1) 在 P_n 点的场向量与该点向径的夹角 (从向径逆时针方向转向场向量), 则称 $\theta=\theta_0$ 为 (2.1) 的特征方向.

显然, 如果有轨线沿方向 $\theta=\theta_0$ 进入奇点 O, 则 $\theta=\theta_0$ 为特征方向. 但反过来, 可以举出非解析系统的例子说明, 沿着特征方向, 不一定有轨线进入奇点, 例如可参见 [ZDHD] p.61.

如果不计时间的正负方向, 系统 (2.1) 的典型域只有下列三种类型, 如图 2.7(a)-(c), 其中箭头表示 t 增加或 (减少) 的方向.

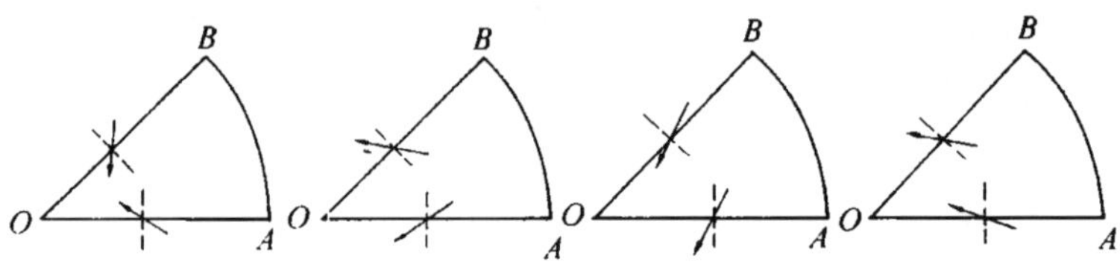

(a) I类　(b) II类　(c) III类

图 2.7

引理 2.7 当 t 增加 (或减少) 时, 系统 (2.31) 在典型域中的轨线结构有如下结论:

(1) 在 I 类典型域内, 当 $t\to+\infty$ $(-\infty)$ 时, 所有轨线都沿特征方向 $\theta=\theta_0$ 趋于 O, 如图 2.8(a);

(2) 对 II 类典型域, 在弧 AB 上存在一点或一段闭弧段, 使从其上出发的轨线当 $t\to+\infty$ $(-\infty)$ 时, 均沿特征方向 $\theta=\theta_0$ 趋于奇点 O, 如图 2.8(b)$_1$ 或 (b)$_2$.

(3) 对 III 类典型域，亦有两种可能：没有轨线在其内进入 O，如图 2.8(c)$_1$；在边界上存在一点 P，过 P 的轨线当 $t \to +\infty$ $(-\infty)$ 时，沿特征方向趋于 O，且其一侧的轨线均如此，另一侧的轨线则跑出此典型域，如图 2.8(c)$_2$.

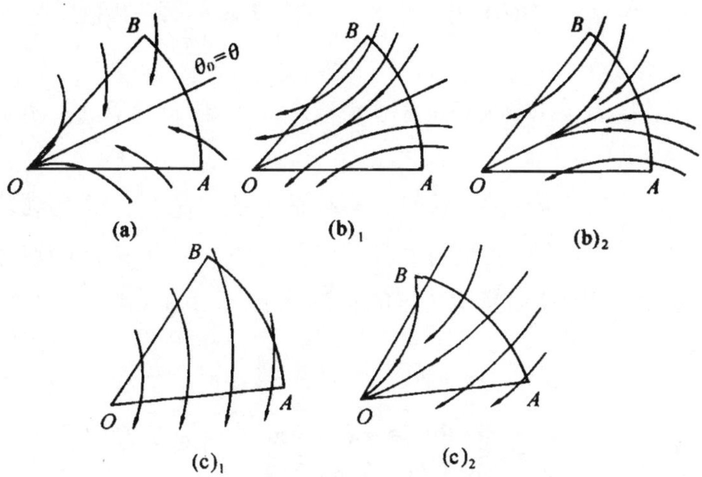

图 2.8

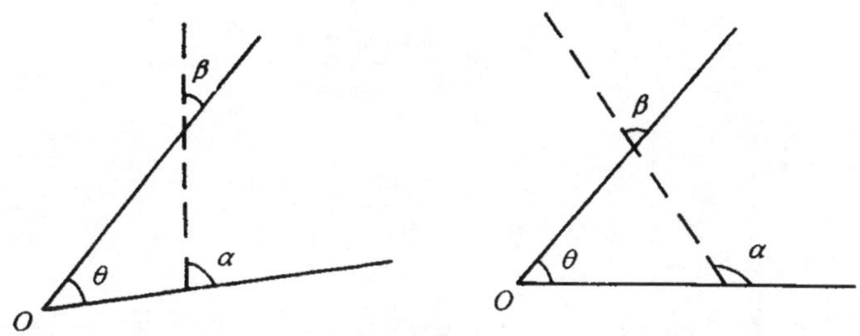

图 2.9

易于利用极限集理论证明上述结论，详情从略. 具体判定究竟出现哪一类典型域，有如下结论.

定理 2.8 设 $G(\theta_0)=0, R(\theta_0)\neq 0$, 当 θ 从小到大经过 θ_0 时, 有

(1) 若 $R(\theta)G(\theta)$ 由负变正, 则在 $\theta=\theta_0$ 处存在 I 类典型域;

(2) 若 $R(\theta)G(\theta)$ 由正变负, 则在 $\theta=\theta_0$ 处存在 II 类典型域;

(3) 若 $R(\theta)G(\theta)$ 符号不变, 则在 $\theta=\theta_0$ 处存在 III 类典型域.

证明 首先证 $\theta=\theta_0$ 是系统 (2.32) 的特征方向. 设 O 的邻域中任一点 $P(r,\theta)$ 的场向量与极轴的夹角为 α, 点 P 的向径逆时针方向转到该点的场向量所转过的角为 β 或 $\beta+\pi$ (如图 2.9).

由于

$$\tan\alpha=\frac{dy}{dx}=\frac{\sin\theta dr+r\cos\theta d\theta}{\cos\theta dr-r\sin\theta d\theta}=\frac{\tan\theta+r\dfrac{d\theta}{dr}}{1-r\tan\theta\dfrac{d\theta}{dr}},$$

所以

$$\tan\beta=\tan(\alpha-\theta)=\frac{\tan\alpha-\tan\theta}{1+\tan\alpha\tan\theta}=r\frac{d\theta}{dr}.$$

由 (2.32) 得

$$\tan\beta=\frac{G(\theta)+o(1)}{R(\theta)+o(1)}. \tag{2.35}$$

从特征方向的定义知, $\theta=\theta_0$ 是系统 (2.31) 的特征方向的必要条件是 $G(\theta_0)=0$. 反之, 若 $G(\theta_0)=0$, $R(\theta_0)\neq 0$, 取点列 (r_n,θ_0), $r_n\to 0$, 则当 $n\to\infty$ 时,

$$\tan\beta_n=\frac{G(\theta_0)+o(1)}{R(\theta_0)+o(1)}\to 0,$$

这说明 $\theta=\theta_0$ 是 (2.31) 的特征方向.

其次, 在 θ_0 处作典型域

$$S_0=\{(\theta,r)\,|\,\theta_0-\delta\le\theta\le\theta_0+\delta,\ 0\le r\le r_0\}.$$

由于 $R(\theta_0)\neq 0$, 令 $R(\theta)=R(\theta_0)+o(|\theta-\theta_0|)$, 则当 r_0, δ 充分小时, 在 S_0 内有

$$\mathrm{sgn}\left[r\frac{d\theta}{dr}\right]=\mathrm{sgn}[G(\theta)R(\theta)]=\mathrm{sgn}[G(\theta)R(\theta_0)].$$

从而, 当 θ 从小到大经过 θ_0 时,

(1) 若 $G(\theta)R(\theta)$ 由负变正, 则

$$\frac{d\theta}{dr}=\begin{cases}<0, & \theta=\theta_0-\delta,\\ >0, & \theta=\theta_0+\delta.\end{cases}$$

结合 (2.32) 知, 若 $R(\theta_0)>0$, 则随着 t 的增加 (减小), 在 $\theta=\theta_0-\delta$ 上, r 增大 (减小), θ 减小 (增大); 在 $\theta=\theta_0+\delta$ 上, r 增大 (减小), θ 增大 (减小). 若 $R(\theta_0)<0$, 则随着 t 的增加 (减小), 在 $\theta=\theta_0-\delta$ 上, r 减小 (增大), θ 增大 (减小); 在 $\theta=\theta_0+\delta$ 上, r 减小 (增大), θ 减小 (增大). 因此, S_0 是 I 类典型域, 如图 2.7(a).

(2) 若 $G(\theta)R(\theta)$ 由正变负, 则

$$\frac{d\theta}{dr}=\begin{cases}>0, & \theta=\theta_0-\delta,\\ <0, & \theta=\theta_0+\delta.\end{cases}$$

类似于 (1) 的讨论可知, S_0 是 II 型典型域, 如图 2.7(b).

(3) 若 $G(\theta)R(\theta)$ 不变号, 则在 $\theta=\theta_0+\delta$ 上恒有

$$\frac{d\theta}{dr}>0\quad 或\quad \frac{d\theta}{dr}<0,$$

S_0 是 III 类典型域，如图 2.7(c).

证毕

对 $G(\theta)=0$ 的每一个根如上进行分析，然后合在一起即可得出奇点 O 邻近的定性性态. 在情况 (2) 中，判别究竟有一条还是无数多条轨线进入 O, 通常称为第一判定问题；在情况 (2) 中，判别究竟是有无数多条轨线进入 O 还是没有轨线进入 O, 称为第二判定问题. 这都须要进一步的分析，可参见 [ZDHD] 第二章 §3.

3.4 李雅普洛夫型奇点

通常线性部分具有一个零特征根时，对应的高阶奇点称为 **李雅普洛夫 (Lyapunov) 型奇点**. 设此奇点为原点 O, 通过线性变换可把系统 (2.31) 化为

$$\begin{aligned}\dot{x}&=\varphi(x,y),\\ \dot{y}&=ax+by+\psi(x,y),\end{aligned}\tag{2.36}$$

其中 $b\neq 0$, φ, ψ 从 x, y 的二次项开始，设 $|x|$, $|y|$ 甚小时为解析. 由方程

$$ax+by+\psi(x,y)=0$$

利用隐函数定理解出 y 为 x 的函数

$$y=u(x),\quad u(0)=0.$$

引入新变量 $z=y-u(x)$, 可将 (2.36) 化为 x, z 的方程

$$\begin{aligned}\dot{x}&=\varphi(x,z+u(x))=Z(x,z),\\ \dot{z}&=bz+W(x,z).\end{aligned}\tag{2.37}$$

易知 Z, W 关于 x, z 为解析，且展开式从二次项开始. 关于 O 邻近的性态有如下结论 (证明从略):

(1) 如果 $Z(x,0)\equiv 0$, 则奇点 O 不孤立，在其邻近曲线 $y=u(x)$ 上充满奇点;

(2) 如 $Z(x,0)\not\equiv 0$, 则可表为

$$Z(x,0)=gx^m+o(x^m).$$

(a) 当 m 为奇数， $g>0$, 则 O 为不稳定结点;

(b) 当 m 为奇数， $g<0$, 则 O 为鞍点;

(c) 当 m 为偶数，则 O 为半鞍半结点 ($g<0$ 时左边为结状， $g>0$ 时右边为结状).

所述结论分别如图 2.10 所示.

例 2.5 考虑系统

$$\begin{aligned}\dot{x}&=x(x-y),\\ \dot{y}&=y-y^2-x^2\end{aligned}$$

的原点 O.

解: 由 $y-y^2-x^2=0$ 求函数 $y=u(x)$, $u(0)=0$, 令

$$u(x)=a_1x+a_2x^2+\cdots$$

代入比较系数，易知: $a_1=a_3=0$, $a_2=1$, $a_4=-1,\cdots$. 于是

$$\begin{aligned}&u(x)=x^2-x^4+\cdots\\ &\varphi(x,u(x))=x(x-u(x))=x^2-x^3+\cdots\end{aligned}$$

即 $m=2$, $g=1$, O 为鞍结点， $x=0$ 由轨线组成，结构如图 2.11.

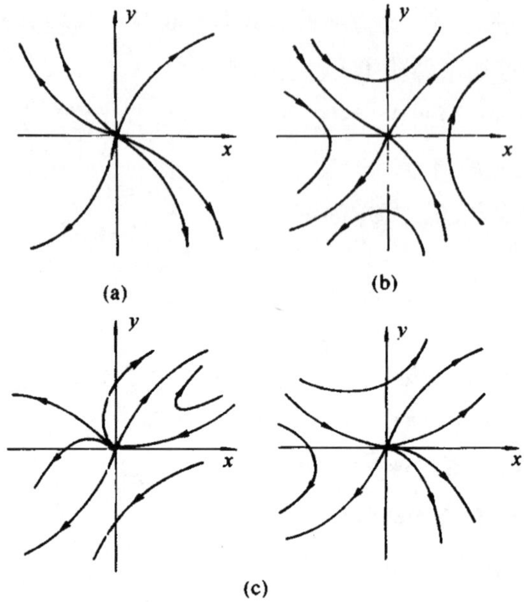

图 2.10

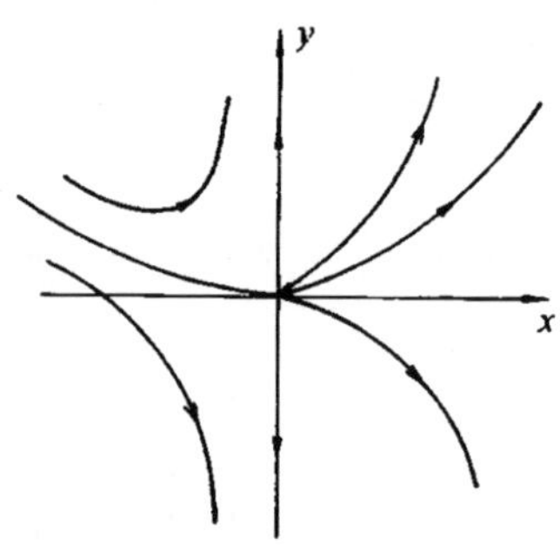

图 2.11

§4 多项式系统的无穷远奇点

前几节研究了有限平面上奇点及其邻近轨线的性态. 为了对

系统在整个平面上的性态作出全局的分析，还需要讨论轨线跑向无穷远时的渐近性态，这就要研究无穷远奇点.

H.Poincaré 通过球心投影把平面上的点对应到一个半球面上，平面上的无穷远点就对应于这个半球面的边界周围. 后人就把这一球面称为 **Poincaré 球面**.

过相平面 α ((x,y)平面) 的原点作一个与它相切的单位球面 $S: X^2+Y^2+Z^2=1$，在 (X,Y,Z) 坐标中，切点的坐标为 $(0,0,1)$，X，Y 轴相应地与 x,y 轴平行， Z 轴向下，如图 2.12. 对 α 上任一点 $M(x,y)$，球心 O 与 M 的连线必交 S 于两个对径点 M_1 与 M_1' (在下，上半球面)；反之， S 上两个对径点，只要它们不落在大圆 $X^2+Y^2=1$，$Z=0$ 上，它们的连线延长后必交 α 于一点. 圆周 $X^2+Y^2=1$，$Z=0$ 叫做 **赤道**，记做 E，所在平面 $Z=0$ 叫做 **赤道面**. 这样，除了 E 上的点外，就建立了 S 上的对径点与平面 α 上的点 (x,y) 的对应关系. 当 x^2+y^2 越大，点 (x,y) 在 S 上相应的对径点就越接近赤道. 因此，自然就把 E 上的一对对径点与 α 上平行于该对径点连线方向上的无穷远点相对应. 为使 α 上的点与 S 上的点一一对应，将 α 对应到下半开球面，而使无穷远点与赤道上的 (见图 2.12) 对径点对应.

在 (X,Y,Z) 中，点 M 的坐标为 $(x,y,1)$，M_1 的坐标为 (X,Y,Z)，显然有

$$\frac{X}{x}=\frac{Y}{y}=\frac{Z}{1},$$

或

$$x=\frac{X}{Z},\ y=\frac{Y}{Z},$$

其中 $X^2+Y^2+Z^2=1$. 故称之为齐次坐标，当 $Z=0$，$(X,Y,0)$ 对应于 (x,y) 平面上的无穷远点.

由于球面是弯曲的，曲面坐标研究起来不方便. 所以再将下半球面投影到另一个平面上去.

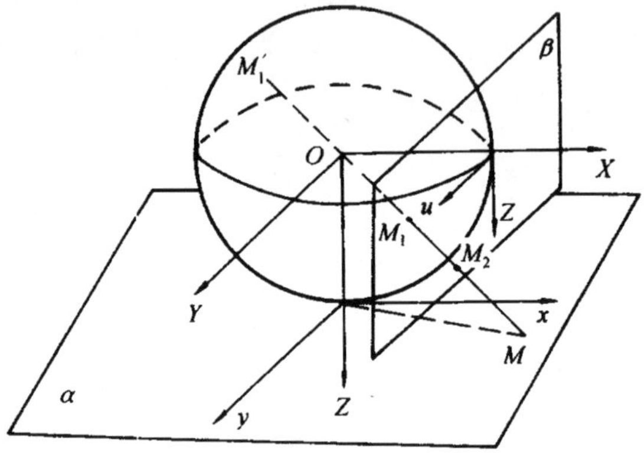

图 2.12

过 $X=1$ 作平行于 XOZ 坐标面的平面 β, 如图 2.12. 相平面 α (除去 y 轴) 上的点 $M(x,y,1)$ 与下半球面上的对应点 M_1 的连线与 β 相交于一点 $M_2(1,u,z)$. 由于 O, M_2, M 在一条直线上，故有

$$\frac{x}{1}=\frac{y}{u}=\frac{1}{z}.$$

从而，上述映射把相平面 α 上的点 (x,y) $(x\neq 0)$ 与 β 平面上的点 (u,z) 对应起来. 这就得到 Poincaré 变换式

$$x=\frac{1}{z},\ y=\frac{u}{z}\quad (z\neq 0), \tag{2.38}$$

或

$$u=\frac{y}{x},\ z=\frac{1}{x}\quad (x\neq 0). \tag{2.39}$$

在 Poincaré 变换下，系统 (2.1) 化为

$$\begin{aligned}
\frac{du}{dt} &= zQ\left(\frac{1}{z}, \frac{u}{z}\right) - uzP\left(\frac{1}{z}, \frac{u}{z}\right), \\
\frac{dz}{dt} &= -z^2 P\left(\frac{1}{z}, \frac{u}{z}\right).
\end{aligned} \tag{2.40}$$

当 $z \neq 0$ 时，系统 (2.34) 在平面 β 上的轨线就是系统 (2.1) 在 (x, y) 平面上的轨线的投影.

为了研究平面 α 上无穷远处的性态，就必须考虑 $z = 0$ 的情况，需设法消去 (2.40) 中的分母. 以下的方法只适用于 (2.1) 为多项式系统的情况，即设 $P(x, y), Q(x, y)$ 为 x, y 的互质 (或称为不可约) 多项式时，在 (2.40) 中取公分母为 z^m, 则得

$$\frac{du}{dt} = \frac{P^*(u, z)}{z^m}, \quad \frac{dz}{dt} = \frac{Q^*(u, z)}{z^m}, \tag{2.41}$$

其中 m 是正整数，且 $P^*(u, z)$ 和 $Q^*(u, z)$ 仍是不可约多项式. 作变换

$$z^m d\tau = dt,$$

系统 (2.41) 化为

$$\begin{aligned}
\frac{du}{d\tau} &= P^*(u, z), \\
\frac{dz}{d\tau} &= Q^*(u, z).
\end{aligned} \tag{2.42}$$

当 $z \neq 0$ 时，它与 (2.40) 和 (2.41) 是等价的. 而 $z = 0$ 时，系统 (2.42) 也有定义. 只是要注意，当 m 为奇数时，在上半球面上，$d\tau$ 与 dt 反号，此时系统 (2.42) 与 (2.40) 的轨线走向恰好相反.

在上述变换下，相平面 α 上除了 y 轴上两个无穷远点以外的所有其它无穷远点对应于 β 平面中 u 轴上的点 $(z = 0)$. 从而,

研究相平面 α 中的无穷远处的轨线性态，只要研究系统 (2.42) 在奇点 $(u^*,0)$ 附近的性态即可，其中 $(u^*,0)$ 满足

$$P^*(u^*,0)=Q^*(u^*,0)=0.$$

奇点 $(u^*,0)$ 对应于 α 平面上 $y=u^*x$ 方向的一对无穷远点，即称为 (2.1) 的一对 **无穷远奇点**.

为了研究 y 轴方向的一对无穷远点，代替平面 β, 过球面 S 上 $(0,1,0)$ 点作它的切平面 β', 类似于上述办法，在 β' 平面上建立坐标系 (v,z). 作 Poincaré 变换

$$x=\frac{v}{z},\ y=\frac{1}{z}\quad (z\neq 0)$$

或

$$v=\frac{x}{y},\ z=\frac{1}{y}\quad (y\neq 0)$$

和时间 t 的变换

$$z^m d\tau=dt,$$

系统 (2.1) 可化为

$$\begin{aligned}\frac{dv}{d\tau}&=\tilde{P}(v,z),\\ \frac{dz}{d\tau}&=\tilde{Q}(v,z).\end{aligned}\tag{2.43}$$

为了研究 y 轴方向的一对无穷远点的性态，只要分析 (2.43) 的奇点 (0,0) 即可.

再将赤道和下半球面垂直投影到相平面 α 上去，得到一个单位闭圆盘 K, 这样就把相平面 α 映射到 K 上，一对无穷远点则对应到 K 的边界 S_0 上的一对对径点. (u,z) 平面上点 $(u_0,0)$ 的邻域在 $z>0$ 和 $z<0$ 中的两个部分，分别对应于圆周 S_0 上一

对对径点 (除去 y 轴) 的位于圆盘内的两个半邻域, 如图 2.13(a). (v,z) 平面上的原点 $(0,0)$ 的邻域在 $z>0$ 和 $z<0$ 的两个部分分别对应于 S_0 在 y 轴上一对对径点的两个位于圆盘内的半邻域, 如图 2.13(b).

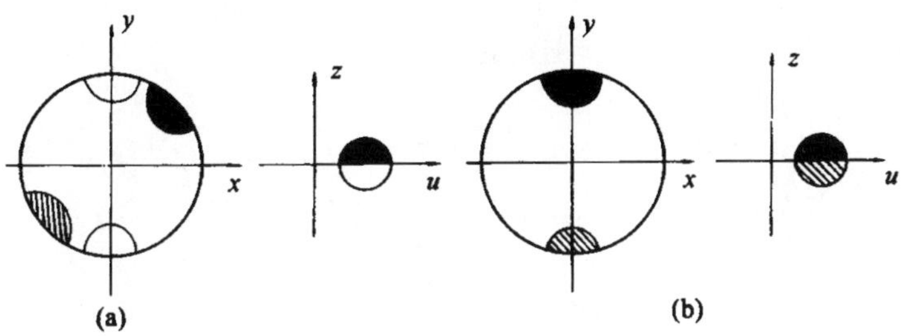

图 2.13

为了便于记忆, 一般地可作齐次坐标变换

$$x=\frac{v}{z},\ y=\frac{u}{z}\quad (z\neq 0).$$

对非 y 轴方向的无穷远点, 令 $v=1$, 然后对 (2.42) 的奇点 $(u^*,0)$ 加以分析; 对 y 轴方向的无穷远点, 令 $u=1$, 然后就 (2.43) 的奇点 $(0,0)$ 分析即可. 对 $(v^*,0), v^*\neq 0$, 则不必再作, 因为显然有 $v^*=\dfrac{1}{u^*}$, 与已分析过的 (2.42) 的对应奇点是一致的.

例 2.6 考虑系统

$$\begin{aligned}\dot{x}&=2x(1+x^2-2y^2),\\ \dot{y}&=-y(1-4x^2+3y^2),\end{aligned}\tag{2.44}$$

和

$$\begin{aligned}\dot{x}&=x(3-x-ny),\\ \dot{y}&=y(-1+x+y)\end{aligned}\tag{2.45}$$

在无穷远奇点的性质.

解: 作 Poincaré 变换

$$x = \frac{v}{z},\ y = \frac{u}{z} \quad (z \neq 0),$$

系统 (2.44) 和 (2.45) 分别化为

$$\begin{aligned} \dot{v}z - v\dot{z} &= \frac{2v}{z}(z^2 + v^2 - 2u^2), \\ \dot{u}z - u\dot{z} &= -\frac{u}{z}(z^2 - 4v^2 + 3u^2), \end{aligned} \tag{2.46}$$

和

$$\begin{aligned} \dot{v}z - v\dot{z} &= v(3z - v - nu), \\ \dot{u}z - u\dot{z} &= u(-z + v + u). \end{aligned} \tag{2.47}$$

为了求不在 y 轴上的无穷远奇点, 令 $v = 1$, (2.46) 和 (2.47) 分别化为

$$\begin{aligned} \dot{z} &= -\frac{2}{z}(z^2 + 1 - 2u^2), \\ z\dot{u} &= -\frac{u}{z}(z^2 - 4 + 3u^2) - \frac{2u}{z}(z^2 + 1 - 2u^2), \end{aligned} \tag{2.48}$$

和

$$\begin{aligned} \dot{z} &= -3z + 1 + nu, \\ z\dot{u} &= u(-z + 1 + u) + u(-3z + 1 + nu). \end{aligned} \tag{2.49}$$

在 (2.48) 和 (2.49) 中分别令 $dt = z^2 d\tau$ 和 $dt = zd\tau$, 得到

$$\begin{aligned} \frac{dz}{d\tau} &= -2z(z^2 + 1 - 2u^2), \\ \frac{du}{d\tau} &= 2u - 3uz^2 + u^2, \end{aligned} \tag{2.50}$$

和

$$
\begin{aligned}
&\frac{dz}{d\tau} = z(1 - 3z + nu), \\
&\frac{du}{d\tau} = 2u - 4uz + (n+1)u^2.
\end{aligned}
\tag{2.51}
$$

系统 (2.50) 在 u 轴 ($z = 0$) 上有唯一奇点 (0,0), 它是鞍点. 因此, 系统 (2.44) 有唯一的不在 y 轴方向的无穷远奇点 (1,0,0), 它也是一个鞍点. 系统 (2.51) 当 $n+1 \neq 0$ 时在 u 轴 ($z = 0$) 上有两个奇点 $C(0,0)$ 和 $D(-\dfrac{2}{n+1}, 0)$, (2.51) 在奇点 C 和 D 的线性近似方程的系数矩阵分别是

$$
\begin{pmatrix} 2 & 0 \\ 0 & 1 \end{pmatrix} \text{ 和 } \begin{pmatrix} -2 & 8(n+1)^{-1} \\ 0 & 1 - 2n(n+1)^{-1} \end{pmatrix}.
$$

因而, 由上一节的讨论易知, 奇点 C 为不稳定结点; 奇点 D 当 $n > 1$ 时为稳定结点, 当 $-1 < n < 1$ 时为鞍点, 当 $n < -1$ 时仍为稳定结点, 当 $n = 1$ 时, 奇点 D 为李雅普诺夫型奇点. 作变换

$$
\bar{u} = u + \frac{2}{n+1}, \; z = z,
$$

系统 (2.51) 化为

$$
\begin{aligned}
&\frac{dz}{d\tau} = z(-3z + \bar{u}), \\
&\frac{d\bar{u}}{d\tau} = 2\bar{u}^2 - 2\bar{u} - 4z\bar{u} + 4z.
\end{aligned}
\tag{2.52}
$$

为求 $2\bar{u}^2 - 2\bar{u} - 4z\bar{u} + 4z = 0$ 的满足 $\bar{u}(0) = 0$ 的解 $\bar{u} = \bar{u}(z)$, 令

$$
\bar{u} = a_1 z + a_2 z^2 + a_3 z^3 + \cdots,
$$

代入上述代数方程，比较系数解得 $\bar{u} = 2z + \cdots$，再代入 (2.52) 的第一个方程，得

$$\frac{dz}{d\tau} = -z^2 + \text{高次项}.$$

由上一节最后的结论知，D 是一个鞍结点.

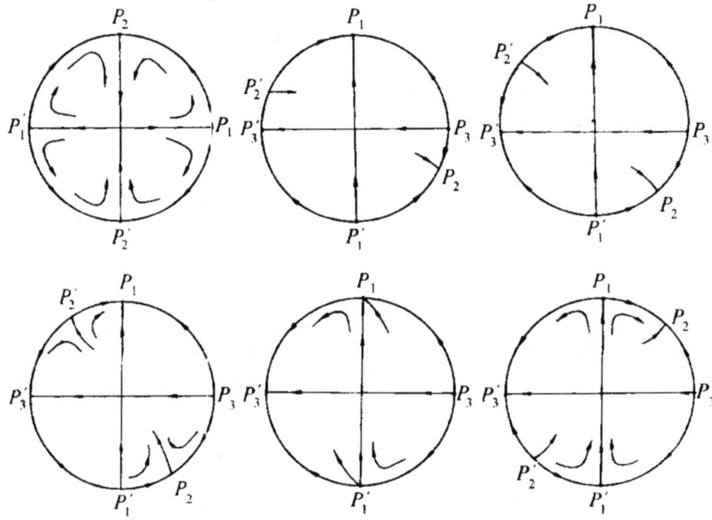

图 2.14

为了讨论 y 轴上的无穷远奇点，在 (2.46) 和 (2.47) 中，令 $u = 1$ 并分别取 $dt = z^2 d\tau$，和 $dt = z d\tau$，得到

$$\begin{aligned} \frac{dz}{d\tau} &= z(z^2 - 4v^2 + 3), \\ \frac{dv}{d\tau} &= -v + 3vz^2 - 2v^3, \end{aligned} \tag{2.53}$$

和

$$\begin{aligned}&\frac{dz}{d\tau}=z(-1+z-v),\\&\frac{dv}{d\tau}=-(n+1)v+4zv-2v^2.\end{aligned}\tag{2.54}$$

(2.53) 的奇点 (0,0) 是鞍点; 而 (2.54) 的奇点 (0,0) 当 $n>-1$ 时为稳定结点, 当 $n<-1$ 时为鞍点, 当 $n=-1$ 时为鞍结点.

总之, 系统 (2.44) 有两个无穷远奇点 $P_1(1,0,0)$ 和 $P_2(0,1,0)$, 它们都是鞍点. 如图 2.14(a). 系统 (2.45) 的无穷远奇点当 $n>1$ 时有两个稳定结点 $P_1(0,1,0)$ 和 $P_2(1,-\dfrac{2}{n+1},0)$, 一个不稳定结点 $P_3(1,0,0)$, 如图 2.14(b)$_1$; 当 $n=1$ 时, 有一稳定结点 P_1, 一鞍结点 P_2 和一不稳定结点 P_3, 如图 2.14(b)$_2$; 当 $-1<n<1$ 时有一稳定结点 P_1, 一鞍点 P_2 和一不稳定结点 P_3, 如图 2.14(b)$_3$; 当 $n=-1$ 时有一鞍结点 P_1 (与 P_2 重合) 和一不稳定结点 P_3, 如图 2.14(b)$_4$; 当 $n<-1$ 时有一鞍点 P_1, 一稳定结点 P_2 和一不稳定结点 P_3, 如图 2.14(b)$_5$.

其中 (a) 的对径点的轨线方向相同, (b) 的对径点的轨线方向相反 (因为 $dt=zd\tau$, 当 $z<0$ 时 t 与 τ 反号). 特别地, 图 2.14(b)$_2$ 中 P_2 的邻域是结状域, 而鞍状域在另一半.

§5 奇点的指标

本节引入奇点的指标这一概念, 它可以很好地反映出奇点的几何拓扑特征, 对于闭轨线的研究也是一个有力的工具.

给定平面上的连续向量场

$$(P(x,y),Q(x,y)),\quad (x,y)\in\mathbb{R}^2.\tag{2.55}$$

设 N 是 $\mathbb{R}^2$ 上逐段光滑的定向闭曲线, 且其上不含向量场 (2.55)

的奇点.

定义 2.7 当动点 (x,y) 沿 N 逆时针方向连续变化转动一周时，向量场回到原位. 这时向量场旋转了整数圈（旋转的角度为 2π 的整数倍：$2\pi j$)，所旋转的圈数的代数和 j 称为向量场 (2.55) 沿 N 的**旋转度**.

例 2.7 设 O 是向量场 (2.55) 的稳定的临界结点 (或鞍点)，N 是一条包围 O 的单闭曲线，其内没有异于 O 的奇点，如图 2.15. 问向量场 (2.55) 沿 N 的旋转度是多少？

解: 当动点 (x,y) 从 A 出发，沿 N 逆时针方向转一周时，向量场 (2.55) 也逆时针 (顺时针) 方向转一圈，如图 2.15. 因而，当 O 是临界结点 (鞍点) 时，向量场 (2.55) 沿 N 的旋转度为 $+1$ (-1).

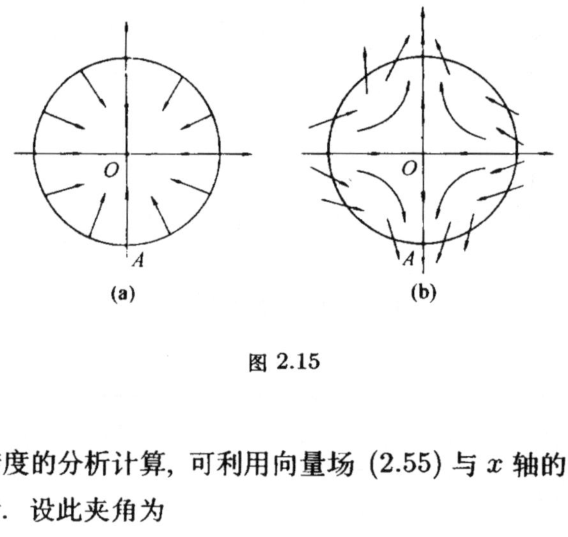

图 2.15

旋转度的分析计算，可利用向量场 (2.55) 与 x 轴的夹角的变化来进行. 设此夹角为

$$\theta = \arctan \frac{Q(x,y)}{P(x,y)}.$$

从而, 向量场 (2.55) 沿 N 的旋转度

$$j=\frac{1}{2\pi}\oint_N d\arctan\frac{Q}{P}=\frac{1}{2\pi}\oint_N\frac{PdQ-QdP}{P^2+Q^2}.$$

对于由连续向量场 (2.55) 所确定的二维自治系统 (2.1), 有如下结论.

定理 2.9 如果在闭曲线 N 围成的闭区域 D 上无系统 (2.1) 的奇点, 则向量场 (2.55) 沿 N 的旋转度为零.

证明 在旋转度 j 的计算公式中, 被积函数在 D 上连续可微, 且为全微分, 故积分为零. 即

$$j=\frac{1}{2\pi}\oint_N\frac{PdQ-QdP}{P^2+Q^2}=0.$$

证毕

定理 2.10 (Hopf 定理) 若闭曲线 Γ 为 (2.1) 的闭轨线, 则向量场 (2.55) 沿 Γ 的旋转度为 1.

证明 为方便起见, 平面上的点用 $z=(x,y)$ 表示, 向量场用 $f=(P,Q)$ 表示, 旋转度记为 $J_f(\Gamma)$. 取单位向量场

$$u(z)=\frac{f(z)}{\|z\|},$$

其中 $\|\cdot\|$ 表示模, 例如 $\|z\|=\sqrt{x^2+y^2}$. 显然

$$J_u(\tau)=J_f(\tau).$$

现证 $J_u(\tau)=1$ 即可.

通过坐标轴平移和时间 t 的伸缩变换, 可使闭轨线 Γ 位于第一象限, 且与正 x 轴相切于点 x_0,Γ 的周期 $\tau=1$, 如图 2.16(a).

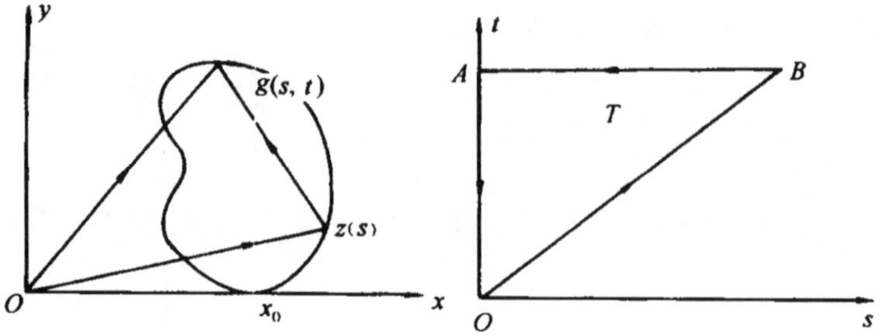

图 2.16

在辅助 (s,t) 平面上取三角形区域

$$T=\{(s,t)\in\mathbb{R}^2,\ 0\le s\le t\le 1\},$$

并在其上定义单位向量场 g 如下：

$$\begin{aligned}&g(s,t)=\frac{z(t)-z(s)}{\|z(t)-z(s)\|},\quad 0\le s<t\le 1,\ (s,t)\neq(0,1);\\&g(s,s)=u(z(s)),\qquad\qquad 0\le s\le 1\ (\text{即在 } OB \text{ 上});\\&g(0,1)=-u(x_0).\end{aligned}$$

易证，$g(s,t)$ 在 T 上连续，且处处不为零，即无奇点. 由定理 2.8 知，向量场 g 沿闭曲线 $OBAO$ 的旋转度为零.

当动点在 t 轴上从 O 移动到 A 时，向量场 g 从水平向右逆时针方向转到水平向左，在 AB 上从 A 移动到 B 时，g 又从水平向左逆时针方向转到水平向右. 因此，向量场 g 应从 O 转到 2π 角度. 沿 OB，$g(s,s)=u(x(s))$，$0\le s\le 1$. 由 O 到 B，向量 g 的变化相对于动点在 P 上从 x_0 逆时针转一周回到 x_0，所转过的角度等于沿 OAB 所转过的角度，故等于 2π. 因此，向量场 (2.55) 沿闭轨线的旋转度为 1.

证毕

由上述两定理可得到如下重要推论.

推论 2.11 系统 (2.1) 的闭轨线内必含有奇点.

推论 2.12 闭曲线 N 与 N_1 所围成的环形区域 D 内若不包括 (2.1) 的奇点, 则 (2.1) 沿 N 和 N_1 的旋转度相等.

证明 直观地: 让闭曲线 N 连续形变到 N_1, 旋转度 j 也应连续变化, 但 j 是整数, 故不能改变, 即 j 始终是常数. 分析地证: 在环形区域 D 中用一条辅助线段 AB 将两闭曲线连接起来, 如

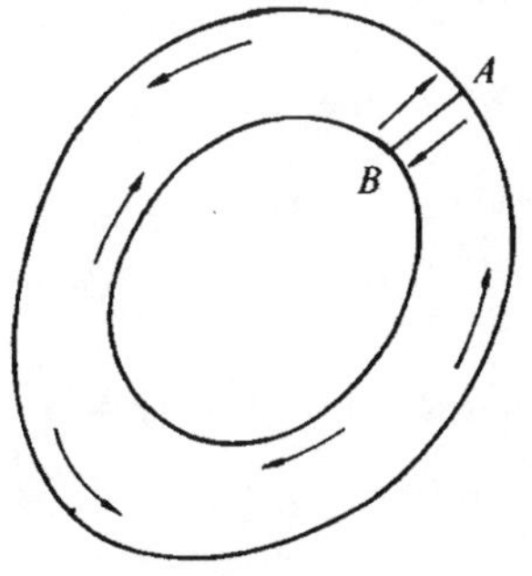

图 2.17

图 2.17. 沿箭头方向从 A 移动到 A, 所经过的曲线 $\overline{N}$, 它的内部无奇点. 故

$$\oint_{\overline{N}} \frac{PdQ - QdP}{P^2 + Q^2} = 0.$$

又

$$\oint_{\overline{N}} \frac{PdQ - QdP}{P^2 + Q^2} = \left(\oint_N + \int_A^B + \oint_{N'} + \int_B^A \right) \frac{PdQ - QdP}{P^2 + Q^2},$$

所以

$$j_N = \oint_N \frac{PdQ - QdP}{P^2 + Q^2} = \oint_{N'} \frac{PdQ - QdP}{P^2 + Q^2} = j_{N_1}.$$

证毕

现给出奇点指标的定义.

定义 2.8 设 (x_0, y_0) 是系统 (2.1) 的奇点, 作闭曲线 N 使其上不含奇点, 内部包含唯一奇点 (x_0, y_0). 把向量场 (2.55) 沿 N 的旋转度定义为奇点 (x_0, y_0) 的 **指标**.

注 由推论 (2.11) 可知, 此定义不依赖于曲线 N 的选取.

定理 2.13 系统 (2.1) 的结点 (包括退化结点、临界结点), 焦点和中心的指标为 $+1$, 鞍点的指标为 -1.

证明 在临界结点和鞍点时. 例 2.6 已从几何直观上给出证明. 现用分析的方式证明. 不妨设奇点为 $O(0,0)$. 对应的系统为

$$\begin{aligned} \dot{x} &= ax + by + P_2(x,y) = P(x,y), \\ \dot{y} &= cx + dy + Q_2(x,y) = Q(x,y), \end{aligned}$$

其中 $ad - bc \neq 0$, $P_2(x,y)$, $Q_2(x,y)$ 是从二次项开始的多项式或幂级数, $O(0,0)$ 是双曲奇点.

以 O 为圆心, δ 为半径作圆周 N_δ. 令 $x = \delta\cos\theta$, $y = \delta\sin\theta$, 则

$$\begin{aligned} j_\delta &= \frac{1}{2\pi} \int_0^{2\pi} \frac{PdQ - QdP}{P^2 + Q^2} \\ &= \frac{1}{2\pi} \int_0^{2\pi} \frac{A(\theta)dB(\theta) - B(\theta)dA(\theta) - \delta F(\delta,\theta)d\theta}{A^2(\theta) + B^2(\theta) + \delta G(\delta,\theta)}, \end{aligned}$$

其中 $A(\theta) = a\cos\theta + b\sin\theta$, $B(\theta) = c\cos\theta + d\sin\theta$, $F(\delta,\theta)$, $G(\delta,\theta)$ 是以 $\cos\theta$, $\sin\theta$ 的多项式为系数的关于 δ 的幂级数, 且当 $\delta \to 0$ 时, $F(\delta,\theta) = O(1)$, $G(\delta,\theta) = O(1)$. 由奇点指标的定

义知，对任意的 δ (N_δ 内只含有唯一奇点 O),$j_\delta = j_0$ (奇点 O 的指标). 又在 $[0,2\pi]$ 内， $A^2(\theta)+B^2(\theta)\neq 0$. 因此，当 δ 充分小时，被积函数关于 δ 连续. 于是 $\lim\limits_{\delta\to 0} j_\delta = j_0$. 即奇点 $O(0,0)$ 的指标

$$
\begin{aligned}
j_0 &= \frac{1}{2\pi}\int_0^{2\pi}\frac{A(\theta)dB(\theta)-B(\theta)dA(\theta)}{A^2(\theta)+B^2(\theta)}\\
&= \frac{ad-bc}{2\pi}\int_0^{2\pi}\frac{d\theta}{A^2(\theta)+B^2(\theta)}.
\end{aligned}
$$

由于指标 j_0 是整数，故当 a,b,c,d 连续变化，而 $ad-bc\neq 0$ 时， j_0 始终不变. 当 $ad-bc>0$ 时，若 $ad>0$, 取 $b=c=0$, $a=d$ 得 $j_0=\dfrac{ad}{2\pi}\displaystyle\int_0^{2\pi}\frac{d\theta}{ad}=1$. 若 $ad\leq 0$, 必有 $-bc>0$, 取 $a=d=0$, $b=-c$ 得 $j_0=1$. 当 $ad-bc<0$ 时，若 $ad<0$, 取 $b=c=0$, $a=-d$, 得到 $j_0=-1$; 若 $ad\geq 0$, 必有 $-bc<0$, 取 $a=d=0$, $b=c$, 则亦有 $j_0=-1$.

由于 $ad-bc>0$, 对应着奇点 O 是结点 (包括退化结点，临界结点), 焦点或中心的情形； $ad-bc<0$, 对应着奇点 O 是鞍点.

证毕

初等奇点按指标可分为两类：鞍点 (saddle) 与非鞍点 (anti-saddle), 西方学者常运用这一名称.

推论 2.14 闭轨线内若有唯一奇点，则一定是非鞍点.

当 $ad-bc=0$ (包括线性项不出现的情况) 时， O 为高阶奇点. 一般说，它的指标可以取任何整数值，在某种程度上也反映了奇点邻近轨线的复杂性态.

定理 2.15 设闭曲线 N 上无系统 (2.1) 的奇点，且 N 内包含有限个孤立奇点，则向量场 (2.55) 关于 N 的旋转度等于 N 包围的

所有奇点的指标之和.

证明 设 N 包含有限个奇点, 如图 2.18 中为三个奇点. 在每一个奇点外围作一个小的闭曲线, 使其内只含一奇点, 且互不相交, 并用线段或曲线将每个闭曲线与 N 连结起来. 如从 A 点出发沿箭头方向运动再回到 A, 走过的路线就构成一条闭曲线 N'. 且其内部无奇点.

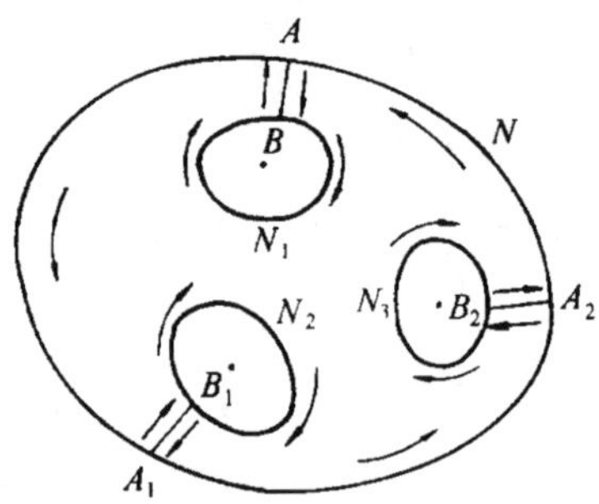

图 2.18

从而

$$\oint_{N'} d\arctan\frac{Q}{P}=0.$$

又在 AB, A_1B_1, A_2B_2 上的线积分为零. 因此

$$\oint_N d\arctan\frac{Q}{P}=\left(\oint_{N_1}+\oint_{N_2}+\oint_{N_3}\right)d\arctan\frac{Q}{P}.$$

由指标定义知, 向量场 (2.55) 沿 N 的旋转度等于它所包围的所有奇点的指标之和.

证毕

例 2.8 现从几何直观上证明系统

$$\begin{aligned}\dot{x}&=x^2-y,\\ \dot{y}&=y\end{aligned}\tag{2.56}$$

的奇点 $O(0,0)$ 的指标为零.

证明 奇点 O 的特征根为 $\lambda_1=0,\ \lambda_2=1$, 它是李雅普诺夫型奇点. 由第 3 节最后的结论知, O 是鞍结点. 对原系统作小摄动

$$\begin{aligned}&\dot{x}=x^2-y-\epsilon,\quad (\epsilon>0),\\&\dot{y}=y.\end{aligned}\tag{2.57}$$

它有一鞍点 $A(-\sqrt{\epsilon},0)$, 指标为 -1, 和一结点 $B(\sqrt{\epsilon},0)$, 指标为 $+1$. 任取一包含 A,B 的闭曲线 N, 由定理 2.14 知, 系统 (2.57) 关于 N 的旋转度为 0. 当 $\epsilon\to 0$ 时, A 与 B 重合为鞍结点 O. 因此 O 的指标为 0.

证毕

最后, 简要介绍一下 **Bendixson** 公式.

(a) (b) (c)

图 2.19

定义 2.9 在奇点 O 的充分小邻域 $S_\delta(O)$ 中, 若存在某扇形区域 G, 使得系统 (2.1) 从其中任一点出发的轨线有:

(a) 当 $|t|\to+\infty$ 时, 轨线一端进入奇点, 另一端离开 $G\bigcap S_\delta(O)$, 则称 G 为抛物扇形, 如图 2.19(a);

(b) 当 $|t|\to+\infty$ 时, 轨线两端都进入 O, 则称 G 为椭圆扇形, 如图 2.19(b);

(c) 当 $|t| \to +\infty$ 时，轨线的两端都离开 $G \bigcap S_\delta(O)$，则称 G 为双曲扇形，如图 2.19(c).

定理 2.16 对于二维系统 (2.1)，设 $P(x,y), Q(x,y)$ 在原点 O 的邻域中是 x, y 的解析函数，且 O 是 (2.1) 的孤立奇点. 令 h, e 和 p 分别是系统 (2.1) 在原点 O 的充分小邻域中的双曲扇形、椭圆扇形和抛物扇形的个数，J 是奇点 O 的指标，则有下列 Bendixson 公式

$$J = 1 + \frac{e-h}{2}.$$

用此公式，可以证明例 2.4 中的三个系统在奇点 O 的指标分别为 $J_0^{(1)} = 2$，$J_0^{(2)} = 2$，$J_0^{(3)} = 0$.

第三章　平面系统的极限环

除了奇点以外，另一类特殊的轨线就是闭轨. 而在第二章中我们已经看到，平面系统具有中心时，就出现了一系闭轨，即使是很简单的线性系统，例如 $\dot{x} = -y, \dot{y} = x$，也会出现这种情况. 本章主要研究的对象是一种特殊的闭轨线，它在线性系统中不会出现，而是某些非线性系统所特有的，这就是极限环. 为此，先看下列例子.

例 3.1　考虑平面系统

$$\begin{aligned} \dot{x} &= -y + \mu x(x^2 + y^2 - 1), \\ \dot{y} &= x + \mu y(x^2 + y^2 - 1), \end{aligned} \tag{3.1}$$

其中 $\mu > 0$ 为实数. 对它利用极坐标显然更为有利. 令 $x = r\cos\theta$, $y = r\sin\theta$, 则 (3.1) 化为

$$\begin{aligned} \dot{r} &= \mu r(r^2 - 1), \\ \dot{\theta} &= 1. \end{aligned} \tag{3.2}$$

这是两个 θ, r 分离的一阶方程，都易于积分. 由 $\dot{\theta} = 1$ 积分得 $\theta = t + c$, c 为任意常数. 说明 θ 随 t 的增大而增大，即所有轨线均绕原点逆时针无限旋转. 至于 r 随 t 的变化规律，可由 (3.2) 的第一个方程积分得到，但表达式并不是很简单的. 我们宁可用如下

定性方法来分析. 先设 $\mu>0$. 由方程易见 $\dot{r}=0$, 当 $r=0,1$ 时; $\dot{r}>0$, 当 $r>1$ 时; $\dot{r}<0$, 当 $r<1$ 时. 说明系统有两个特殊的解 $r=0$ 和 $r=1$. 前者对应于奇点 $(0,0)$. 解 $r=1,\theta=t+c$ 则对应于一条闭轨, 其它轨线均非闭, 而是螺线, 当初值点在圆 $r=1$ 之外, 即 $r>1$ 时, r 随 t 增大而增大, 故螺线向外盘旋; 当初值点在 $r<1$ 内时, r 随 t 增大而减小, 螺线向内盘旋, 得出轨线图 3.1(a). 对 $\mu<0$, 则 $\dot{r}$ 的符号与上述相反, 故 t 增大时轨线的盘旋向外与向内也反过来, 得图 3.1(b). 不管 $\mu>0$ 或 $\mu<0$ 时, (3.1) 均以 $r=1$ 为一条孤立的闭轨线, 它两侧的轨线均为绕其盘旋的螺线. 这条特殊的闭轨线就称为 **极限环**. $\mu>0$ 时两侧轨线正向远离它, $\mu<0$ 时为两侧轨线正向趋向于它.

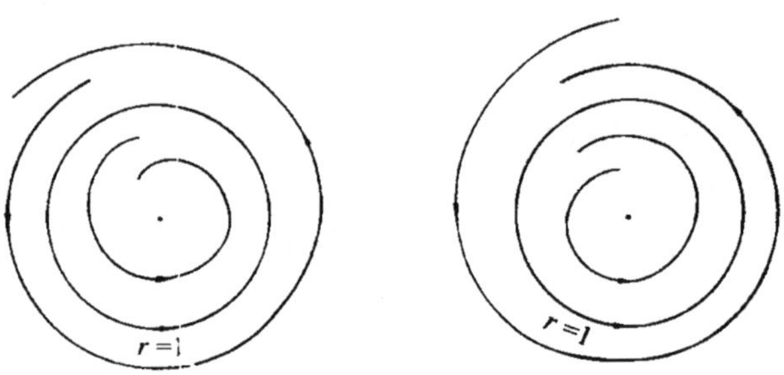

(a) (b)

图 3.1

例 3.2 电子学振动中的 van der Pol 方程

$$\ddot{x}+\mu(x^2-1)\dot{x}+x=0.$$

依实际意义, 参数 $\mu>0$. 引入变量 $y=\dot{x}$, 可将上述二阶方程化

为如下平面系统

$$\begin{aligned}\dot{x} &= y,\\ \dot{y} &= -x + \mu(1-x^2)y.\end{aligned} \tag{3.3}$$

后面将用定性方法证明，对每一 $\mu > 0$, 系统 (3.3) 存在唯一的一条闭轨线. 当然这条闭轨线所对应的周期解 $x = \varphi(t)$, $y = \psi(t)$ 的分析表达式是得不出的, 但可用种种数值方法求出它的近似. 当 μ 很小时, 此闭轨很接近圆 $x^2 + y^2 = 4$ (在第五章中证明这一点). 而 μ 越大时，从数值结果可以看出其图形越显怪异. 但轨线的定性结构和图 3.1(b) 相似，除这一闭轨外，其它轨线当 $t \to +\infty$ 时都盘旋逼近此闭轨. 在实际的电学振动中, 这条闭轨代表了一个稳定的周期运动. 从其它任何初始位置 (不在此闭轨上) 出发的振动，当 $t \to +\infty$ 时都趋向于这一稳定的周期振动. 可以说，这一事实是现代电器工作的一个基本原理.

在物理、力学、工程、生态以至于经济等许多应用领域，极限环都有着明确的实际意义. 本书以下也会举出一些例子说明这一点, 这充分说明了极限环在应用方面的重要意义. 而在平面定性理论中, 极限环的存在与否, 唯一性及个数等等的研究对于非线性系统的轨线的大范围性态的分析也是至关重要的. 因此本章将系统地加以阐述.

与此密切相关, 著名数学家 D.Hilbert 在 1900 年的首届国际数学家大会上提出了有名的 23 个数学问题，其中的第 16 问题的后半部分就是围绕极限环的，它是说：对于给定的 n 次多项式微分系统

$$\begin{aligned}\dot{x} &= P_n(x,y),\\ \dot{y} &= Q_n(x,y),\end{aligned}$$

其中 P_n, Q_n 为 x, y 的实系数 n 次多项式，在 (x, y) 平面上此系统最多有多少个极限环？它们的位置分布如何？长期以来，这一问题吸引了许多数学家的兴趣，其困难程度也困扰着人们. 为了解决这一难题，已出现了大量的研究论文，其中也不乏很优秀的成果，在很大程度上促进了定性理论的发展. 但这一问题离彻底解决还有很大距离，即使当 $n = 2$ 这个最简单的非线性情况 (这时微分系统简称为 **二次系统**)，极限环的最多个数问题仍悬而未决. 关于这方面的部分研究工作，我们将在有关处适当给予介绍.

§1 极限环的重次与稳定性

考虑平面自治系统

$$\begin{aligned} \dot{x} &= P(x, y), \\ \dot{y} &= Q(x, y). \end{aligned} \tag{3.4}$$

设 P, Q 在区域 $G \subset \mathbb{R}^2$ 上为 C^r 函数，为了便于下面讨论的展开，有时须设 r 足够大，甚或 P, Q 为解析的. 首先给出以下定义.

定义 3.1 系统 (3.4) 的孤立闭轨线 L 称为 **极限环**，亦即存在 L 的环状邻域 U，使在 U 内 (3.4) 不存在异于 L 的闭轨线. 若 U 内的其它轨线当 $t \to +\infty$(或 $t \to -\infty$) 时都盘旋逼近于 L，则称 L 为 **稳定** (或 **不稳定**)；若 U 内 L 两侧的轨线一侧当 $t \to +\infty$ 时逼近于 L，另一侧的轨线当 $t \to -\infty$ 时逼近于 L，则称 L 为 **半稳定极限环**.

若在 L 的任何环状邻域内既有非闭轨线，又有异于 L 的闭轨线，则称 L 为 **复合环** (当 P, Q 为解析函数时，由下面的推导易

于说明 (3.4) 不存在复合环); 若有一系闭轨线充满一个环状区域 (也包括一系闭轨围绕一中心的情况), 则称此一系闭轨为 **周期环**.

为了研究极限环 L 邻近的轨线的性态, 如同上一章判别中心焦点时的做法, 在 L 邻近我们设法引入 Poincaré 映射或后继函数. 为此在 L 上任取一点 P, 它必为 (3.4) 的常点, 过 P 作一线段 l, 使它不与 L 相切, 例如可取 L 在 P 处的法线段, 由于 (3.4) 右端所定义的向量场 (P,Q) 关于 (x,y) 的连续性, 只要 l 适当短, 则在 l 上每一点的切向均不与 (P,Q) 相切. 这样的线段 l 就称为 (3.4) 的 **无切线段**.

今在 l 上 P 点邻近, 利用 (3.4) 的轨线确定一个点映射, 如下:

对 l 上的任一点 M, 只要足够接近 P, 由解对初始位置的连续依赖性知 (3.4) 的正半轨必保持在 L 的邻近, 因而与 l 将再次相交于 P 邻近的一点 M', 如图 3.2 (a) (其中设 L 为正定向). 如此确定的 l 上由点 M 到 M' 的映射就称为 L 邻近的 **Poincaré 映射** (简记为 P–映射).

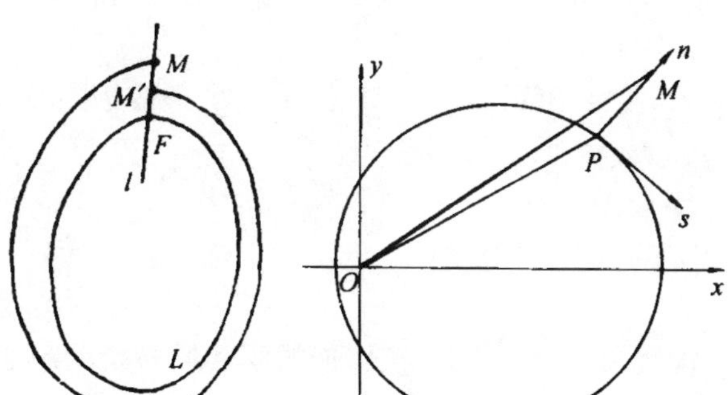

图 3.2

为便于以下分析计算，取 l 为 L 在 P 点的法线段，并在其上从 P 出发取定一有向距离 n, 即若 M 在外法线上 ,n 为正；若 M 在内法线上则 n 为负. P–映射 可表为 $f: n \longmapsto f(n)$, 其中 $f(n)$ 为点 M' 到 P 点的有向距离. 如讨论中心焦点问题时一样，称函数

$$d(n) = f(n) - n$$

为 L 的 **后继函数**, 设 $P, Q \in C^r$ 时，它也是 C^r 类函数.

显然 $d(0) = 0$, 即 $n = 0$ 为 $f(n)$ 的不动点，它对应于闭轨线 L, 更一般地，对 L 的邻域，过 l 上的点 M_0 (对应于 $n = n_0$) 出发的轨线为闭轨 L_0 的充要条件是 $d(n_0) = 0$, 即或 n_0 为 f 的不动点，它也包括 $n_0 = 0$ 时 L_0 即为 L 这一特殊情况. 由 $d'(n_0)$ 的符号可确定 L_0 的稳定性，易证下列结论:

设 $d(n_0) = 0$, $d'(n_0) < 0$(或 > 0) 则 L_0 为稳定 (或不稳定) 极限环. 若 $d'(n_0) = 0$, 则要继续考虑 $d''(n_0)$ 的符号，一般地，若有正整数 $k \le r$, 使

$$d(n_0) = d'(n_0) = \cdots = d^{(k-1)}(n_0), \ d^{(k)}(n_0) \neq 0,$$

则称 L_0 为 k **重极限环**. $k = 1$ 时称 L_0 为 **单重极限环**. 由后继函数的 Taylor 展开式

$$d(n) = \frac{1}{k!} d^{(k)}(n_0)(n - n_0)^k + o((n - n_0)^k)$$

可以看出，重数 k 越大，则 L_0 邻近的螺线的螺距就越小，即越密集，就像细焦点的阶数越高的情况一样. 同时若 $d^k(n_0) \neq 0$, k 为奇数，则和 $k = 1$ 的情况一样 ,$|n - n_0|$ 充分小时， $d(n)$ 随 $n > n_0$ 和 $n < n_0$ 而改变符号，故两侧稳定性相同. 即有：若

$d^k(n_0) < 0$ (或 > 0) 则 L_0 为稳定 (或不稳定) 的 k 重环. 但若 k 为偶数, 则 L_0 两侧的稳定性相反, 因此偶重环必为半稳定环.

通过上面的讨论可以看出, $d'(n_0)$(或第一个不等于零的 $d^{(k)}(n_0)$) 的符号确定了 L_0 的稳定性及重数. 而后继函数 $d(n)$ 是由 (3.4) 的轨线确定的. 因此下面将通过较复杂的计算, 用 P, Q 及其导数来决定 $d'(n_0)$ 的符号. 为简单起见, 考虑 $n_0 = 0$ 即闭轨 L 的情况.

设 L 是方程 (3.4) 的负定向闭轨线 (正定向时类似), 其方程为

$$x = \varphi(s), \quad y = \psi(s),$$

其中 s 是从 L 上某固定点量起, 沿负定向到点 (x, y) 的弧长. 设 L 的弧长为 T, 则 $\varphi(s), \psi(s)$ 是以 T 为周期的周期函数. 在 L 的足够小环状邻域内可如下建立局部坐标 (s, n). 对此邻域内任一点 M, 作 L 的法线与 L 相交于点 P, s 即为 P 到固定点的弧长 ,n 为线段 MP 的有向长度, 当 M 在 L 的外邻域时 ,n 取正值; 当 M 在 L 的内邻域时 ,n 取负值. 为了导出 (s, n) 之下的微分方程, 现给出点 M 的坐标 (x, y) 与 (s, n) 的关系. 由图 3.2(b) 知

$$\begin{aligned}\overrightarrow{OM} &= \overrightarrow{OP} + \overrightarrow{PM} \\ &= (\varphi(s)\ \overrightarrow{i} + \psi(s)\ \overrightarrow{j}\,) + n(-\psi'(s)\ \overrightarrow{i} + \varphi'(s)\ \overrightarrow{j}\,)\end{aligned}$$

于是

$$x = \varphi(s) - n\psi'(s), \quad y = \psi(s) + n\varphi'(s), \tag{3.5}$$

而 $P_0 = P(\varphi(s), \psi(s))$, $Q_0 = Q(\varphi(s), \psi(s))$, 将 (3.5) 代入方程

(3.1) 得

$$\frac{dy}{dx}=\frac{\psi'(s)+\varphi'(s)\dfrac{dn}{ds}+n\varphi''(s)}{\varphi'(s)-\psi'(s)\dfrac{dn}{ds}-n\psi''(s)}$$

$$=\frac{Q(\varphi(s)-n\psi'(s),\psi(s)+n\varphi'(s))}{P(\varphi(s)-n\psi'(s),\psi(s)+n\varphi'(s))}.$$

由此解出

$$\frac{dn}{ds}=\frac{Q\varphi'-P\psi'-n(P\varphi''+Q\psi'')}{P\varphi'+Q\psi'}=F(s,n),\tag{3.6}$$

其中

$$\varphi''(s)=-\frac{Q_0}{(P_0^2+Q_0^2)^2}[P_0^2Q_{x0}+P_0Q_0(Q_{y0}-P_{x0})-Q_0^2P_{y0}],$$

$$\psi''(s)=\frac{P_0}{(P_0^2+Q_0^2)^2}[P_0^2Q_{x0}+P_0Q_0(Q_{y0}-P_{x0})-Q_0^2P_{y0}],$$

$P_{x0},P_{y0},Q_{x0},Q_{y0}$ 表示 P,Q 的偏导数在 $n=0$ 的值.

由于 φ,ψ 是 s 的周期函数, 因而 (3.6) 是以 n 为未知函数, s 为自变量的周期系数非线性方程. 显然 $F(s,0)=0$, 在 $s=0$ 时, 从 $n=0$ 出发的解是 $n\equiv 0$, 即为极限环 L. 当 P,Q 关于 x,y 有连续一阶偏导数时, $F(s,n)$ 关于 n 有一阶连续偏导数. 于是, (3.6) 可化为

$$\frac{dn}{ds}=F_n'(s,n)|_{n=0}\cdot n+o(n),\tag{3.7}$$

其中

$$F_n'(s,n)\Big|_{n=0}=\frac{P_0^2Q_{y0}-P_0Q_0(P_{y0}+Q_{x0})+Q_0^2P_{x0}}{(P_0^2+Q_0^2)^{\frac{3}{2}}}$$

$$\equiv H(s),$$

易知 $H(s)$ 为方程 (3.4) 的轨线 L 的正交轨线在 P 点的曲率. 方程 (3.7) 的一次近似方程为

$$\frac{dn}{ds}=H(s)\cdot n$$

它在 $s=0$ 时, 从 $n=n_0$ 出发 (即 $n(0)=n_0$) 的解 $n=n(s,n_0)$ 为

$$n=n_0e^{\int_0^s H(s')ds'}. \tag{3.8}$$

设闭轨线 L 的弧长为 l, 则 $H(s)$ 沿闭轨线 L 的积分

$$\begin{aligned}\int_0^l H(s)ds&=\int_0^T\frac{1}{P_0^2+Q_0^2}\\&\quad\cdot[P_0^2Q_{y0}-P_0Q_0(P_{y0}+Q_{x0})+Q_0^2P_{x0}]dt\\&=\int_0^T\Bigg[P_{x0}+Q_{y0}\\&\quad-\frac{P_0^2P_{x0}+P_0Q_0(P_{y0}+Q_{x0})+Q_0^2Q_{y0}}{P_0^2+Q_0^2}\Bigg]dt\\&=\int_0^T(P_{x0}+Q_{y0})dt-\frac{1}{2}\oint_\Gamma\frac{d(P_0^2+Q_0^2)}{P_0^2+Q_0^2}\\&=\int_0^T(P_{x0}+Q_{y0})dt.\end{aligned} \tag{3.9}$$

定理 3.1 若沿着方程 (3.4) 的闭轨线 L 的曲线积分

$$\oint_L(\frac{\partial P}{\partial x}+\frac{\partial Q}{\partial y})dt<0\ (>0\ ),$$

则 L 是稳定 (或不稳定) 的极限环.

证明 设闭轨线 L 的周期为 T, 长度为 l. 对 (3.7) 从 0 到 l 积分

$$\int_0^l\frac{dn}{n}=\int_0^l H(s)ds+\int_0^l\frac{o(n)}{n}ds,$$

则有

$$n(l,n_0)=n_0e^{\int_0^l H(s)ds}e^{\int_0^l \frac{o(n)}{n}ds}.$$

从而，后继函数

$$d(n_0)=n(l,n_0)-n_0=n_0[e^{\int_0^l H(s)ds}e^{\int_0^l \frac{o(n)}{n}ds}-1].$$

显然 $d(0)=0$, 而

$$d'(0)=\lim_{n_0\to 0}\frac{d(n_0)-d(0)}{n_0}=e^{\int_0^l H(s)ds}-1.$$

由 (3.8) 及 (3.9) 式知，当

$$\int_0^T\left(\frac{\partial P}{\partial x}+\frac{\partial Q}{\partial y}\right)dt<0\ (或>0).$$

时，有 $d'(0)<0\ (>0)$. 因此， L 是稳定 (不稳定) 的极限环.

证毕

由于 (3.9) 在判断极限环的稳定性中起着重要的作用, 我们称

$$\frac{1}{T}\int_0^T\left(\frac{\partial P}{\partial x}+\frac{\partial Q}{\partial y}\right)dt \quad 即 \quad \frac{1}{T}\oint_L\left(\frac{\partial P}{\partial x}+\frac{\partial Q}{\partial y}\right)dt$$

为极限环 L 的 **指数** 或 **特征指数** (它实际上就是 P–映射 的特征指数), 记做 γ_0.

当 $\gamma_0\neq 0$ 时， L 是单重极限环. 当 $\gamma_0=0$ 时， L 可能是多重极限环、复合环或周期环等. 在 P,Q 为适当高次连续可微的条件下，可进一步计算 (3.7) 右端关于 n 的二次或二次以上的项，以得出 $d''(0),d^{(3)}(0)$ 等的表达式. [Tk] 曾给出有关计算结果，例如 $d''(0)$ 是 P,Q 以及它们直到二阶偏导数的一个复杂的组合式沿 L 的曲线积分，详见原文. 因为表达式极其复杂，故对于定

性分析意义不大. 但从近似计算的角度, 则可用它来判定 L 是否恰为二重极限环 (只需计算出 $d''(0) \neq 0$), 例如 [YL] 文中曾作过这种尝试.

§2 极限环的不存在性、存在性判别法

2.1 不存在极限环的判别法

首先介绍几个关于系统 (3.4) 不存在闭轨线的判别法则.

定理 3.2 (Poincaré 切性曲线法) 设 $F(x,y) = C$ 为一曲线族, 且 $F(x,y) \in C^1(G)$, 而 F 沿着方程 (3.1) 的轨线关于 t 的全导数

$$\frac{dF}{dt} = \frac{\partial F}{\partial x} \cdot \frac{dx}{dt} + \frac{\partial F}{\partial y} \cdot \frac{dy}{dt} = P\frac{\partial F}{\partial x} + Q\frac{\partial F}{\partial y} \tag{3.10}$$

在 G 中保持常号, 且曲线族 $F(x,y) = C$ 与 (3.4) 的轨线相切的曲线

$$P\frac{\partial F}{\partial x} + Q\frac{\partial F}{\partial y} = 0$$

(称之为 (3.4) 的切性曲线) 中不含系统 (3.4) 的整条轨线, 则方程 (3.1) 不存在全部位于 G 内的闭轨线与只含一个奇点的奇闭轨线.

证明 用反证法. 假设方程 (3.4) 有位于 G 中的闭轨线或只含一个奇点的奇闭轨线 L. 对 (3.10) 式沿着 L 按 t 增加的方向积分一周, 得到

$$\oint_L \frac{dF}{dt}dt = \oint_L (P\frac{\partial F}{\partial x} + Q\frac{\partial F}{\partial y})dt.$$

由 $F(x,y)$ 的单值性知，上式左边等于零，而右边的被积函数在 L 上常号且不恒等于零，因而右边的积分不等于零，矛盾.

证毕

定理 3.3 (Bendixson)　假设方程 (3.4) 的发散量 $\dfrac{\partial P}{\partial x}+\dfrac{\partial Q}{\partial y}$ 在单连通区域 G 中保持常号，且不在 G 的任何子区域中恒等于零，则 (3.4) 不存在全部位于 G 中的闭轨线与只含有有限个奇点的奇闭轨线.

证明　用反证法. 首先假设 (3.4) 有位于 G 中的闭轨线 L，它的内部区域记为 S. 因 G 是单连通域，由 Green 公式得

$$\iint\limits_{S}\left(\frac{\partial P}{\partial x}+\frac{\partial Q}{\partial y}\right)dxdy=\int_{L}(Pdy-Qdx). \tag{3.11}$$

从定理假设知，上式左端不等于零，而右端等于零 (因在 L 上处处有 $Pdy=Qdx$)，矛盾.

其次，设 L 是奇闭轨线. 由于在奇点处，$\dfrac{dy}{dx}$ 无定义，因而 L 的切线方向在这些点可能不连续. 为简单起见，不妨设 L 上只有一个奇点 O，如图 3.3. 以光滑弧 $\gamma=\overset{\frown}{AB}$ (虚线) 代替 $\overset{\frown}{AOB}$ 弧

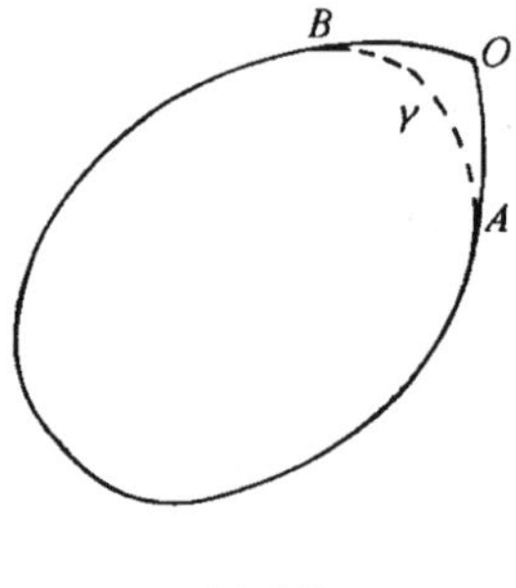

图 3.3

段，得到一条闭曲线 L'，它的内部区域为 S'，在其上应用 Green

公式得

$$\iint\limits_{S'}(\frac{\partial P}{\partial x}+\frac{\partial Q}{\partial y})dxdy=\oint_{L'}Pdy-Qdx$$

$$=\int_{\gamma}(-Q,P)\cdot ds,$$

其中 ds 表示 γ 的弧单位元，"·" 表示向量的内积. 当 γ 与 $\overline{AOB}$ 弧段充分接近时，上式左端的积分值就与 (3.11) 式左端的积分值充分接近；而右端的积分的绝对值可以小于任一事先给定的正数 ε (由于在 O 点， $P=Q=0$ 以及 P,Q 连续)，矛盾.

证毕

推论 3.4 *在方程 (3.4) 的闭轨线或只含有限个奇点的奇闭轨线 L 的内部区域 S 上的积分*

$$\iint\limits_{S}(\frac{\partial P}{\partial x}+\frac{\partial Q}{\partial y})dxdy\equiv 0.$$

定理 3.5 (Dulac) *假设 G 是单连通区域， $P(x,y)$, $Q(x,y)\in C^1(G)$, 且存在函数 $B(x,y)\in C^1(G)$, 使得*

$$\frac{\partial}{\partial x}(BP)+\frac{\partial}{\partial y}(BQ)$$

在 G 中保持常号，且不在 G 的任何子区域上恒等于零. 则方程 (3.4) 不存在位于 G 中的闭轨线与只含有有限个奇点的奇闭轨线.

只需在定理 3.3 的证明中分别用 BP 和 BQ 代替 P 和 Q 即可得到本定理的证明. 我们称函数 $B(x,y)$ 为 **Dulac 函数**.

例 3.3 考虑系统

$$\dot{x}=2xy+x^3,\quad \dot{y}=-x^2+y-y^2+y^3. \tag{3.12}$$

由于

$$\frac{\partial P}{\partial x}+\frac{\partial Q}{\partial y}=\frac{\partial}{\partial x}(2xy+x^3)+\frac{\partial}{\partial y}(-x^2+y-y^2+y^3)$$
$$=1+3(x^2+y^2)>0.$$

故系统 (3.12) 在全平面没有闭轨线和只含有有限个奇点的奇闭轨线.

例 3.4 考虑平面自治系统

$$\begin{aligned}\dot{x}&=y,\\ \dot{y}&=-ax-by+cx^2+dy^2,\end{aligned}\tag{3.13}$$

其中 $b\neq 0$, a,c,d 是任意常数.

由于

$$\frac{\partial P}{\partial x}+\frac{\partial Q}{\partial y}=-b+2dy.$$

当 $d=0$ 时, 由 Bendixson 方法知, 系统 (3.13) 在全平面无闭轨线或奇闭轨线. 当 $d\neq 0$ 时, 系统 (3.13) 的发散量变号, 因而 Bendixson 方法在此失效. 取 Dulac 函数

$$B(x,y)=\mathrm{e}^{-2dx},$$

则有

$$\frac{\partial(BP)}{\partial x}+\frac{\partial(BQ)}{\partial y}=-b\mathrm{e}^{-2dx}\neq 0.$$

所以, 系统 (3.13) 在全平面没有闭轨线或奇闭轨线.

注意, 当 $b=0$ 时, 系统 (3.13) 是可积的, 它有通积分

$$\frac{1}{2}y^2+\frac{1}{2}ax^2-\frac{1}{3}cx^3=C',\ \text{当 } d=0 \text{ 时},$$

或

$$y^2+\frac{c}{d}x^2+(\frac{c}{d^2}-\frac{9}{d})x+\frac{1}{2d^2}(\frac{c}{d}-a)=C'e^{2dx},\ \text{当 } d\neq 0\text{时}.$$

其中 C' 为任意常数. 因而, 系统 (3.13) 当 $b=0$ 时可能有闭轨线.

选取适当的 Dulac 函数以判定具体系统不存在闭轨线是一很有效的方法, [Ye1] 中有不少复杂的例子.

定理 3.6 *若* $\frac{\partial P}{\partial x}+\frac{\partial Q}{\partial y}\equiv 0$, *即方程*

$$Pdy-Qdx=0$$

是全微分方程, 则系统 (3.4) 无极限环.

证明 设系统 (3.4) 的通积分为

$$\Phi(x,y)=C,$$

且存在常数 C^*, 使得 $\Phi(x,y)=C^*$ 对应于 (3.4) 的一个极限环 L. 对任一异于 L 的轨线 $\Phi(x,y)=C$, 则 $C\neq C^*$, 即 $C-C^*$ 是确定的非零常数. 当 $t\to+\infty$(或 $-\infty$) 时, 该轨线不能趋于 L. 否则, 由连续性将导致 $C=C^*$, 矛盾.

证毕

2.2 极限环的存在性

首先给出系统 (3.4) 存在极限环的两个基本的结果, 其证明留待下章介绍极限集理论时给出.

定理 3.7 *设 R 是一环形区域, 其内部及边界上不含 (3.4) 的奇点, 且当 t 增加时, 系统 (3.4) 的轨线与 R 的边界相交时, 都进*

入 (或跑出) R, 则 R 内至少存在系统 (3.4) 的一条稳定 (或不稳定) 的极限环.

定理 3.8 如果系统 (3.4) 的轨线在单连通区域 D 的边界上总是自外向内 (或自内向外), 又在 D 内只有系统 (3.4) 的不稳定 (或稳定) 的焦点或结点, 则 D 内至少存在系统 (3.4) 的一条稳定 (或不稳定) 的极限环.

对具体系统如能构造出满足上述条件的环域, 即可得知该系统存在极限环. 上述结论通常称为 **环域定理**.

例 3.5 证明 van der Pol 方程

$$\frac{dx}{dt}=y,\quad \frac{dy}{dt}=-x+\mu(1-x^2)y \tag{3.14}$$

当 $\mu>0$ (<0) 时存在稳定 (不稳定) 的极限环.

证明 系统 (3.14) 有唯一的奇点 $O(0,0)$, 当 $\mu>0$ (<0) 时, 它是不稳定 (稳定) 的焦点或结点. 由定理 3.8 知, 只需作出一条适当的外境界线. 下面就 $\mu>0$ 的情况来作出含 O 的单闭曲线 L, 使系统 (3.14) 的轨线与 L 相交时, 都从 L 的外部进入内部 (对于 $\mu<0$, 可通过变换 $\overline{x}=-x$, $\overline{t}=-t$ 化为 $\mu>0$ 的情况).

系统 (3.14) 的水平等倾线由曲线

$$Q(x,y)=-x+\mu(1-x^2)y=0$$

构成, 它有三条单连通分支 L_1,L_2,L_3, 相应以 $x=\pm1$, $y=0$ 为渐近线 (如图 3.4).

为了构造环域的外境界线, 我们借助微分不等式理论, 在不同的区域内, 通过把方程 (3.14) 中 $\dfrac{dy}{dx}$ 的右端略去某一项以得到可积的方程. 求出相应的可积方程的积分曲线段, 把它们以及某些等

倾线上的适当弧段连接起来以构成所需的外境界线. 具体做法如下:

在正 y 轴上取一点 $A(0,y_0)$, 考虑方程

$$\frac{dx}{dt}=y,\quad \frac{dy}{dt}=\mu(1-x^2)y. \tag{3.15}$$

过 A 的轨线 $y=\mu x-\frac{1}{3}\mu x^3+y_0$, 它与 $x=1$ 交于点 $B(1,y_1)$, 其中 $y_1=\frac{2}{3}\mu+y_0>y_0$. 在 $\widehat{AB}$ 上,

$$\frac{-x+\mu(1-x^2)y}{y}-\frac{\mu(1-x^2)y}{y}=-\frac{x}{y}<0,$$

即 $\left.\frac{dy}{dx}\right|_{(3.14)}<\left.\frac{dy}{dx}\right|_{(3.15)}$. 于是系统 (3.14) 的轨线若与 $\overline{AB}$ 相交, 必从左向右穿过 $\overline{AB}$, 如图 3.4 所示.

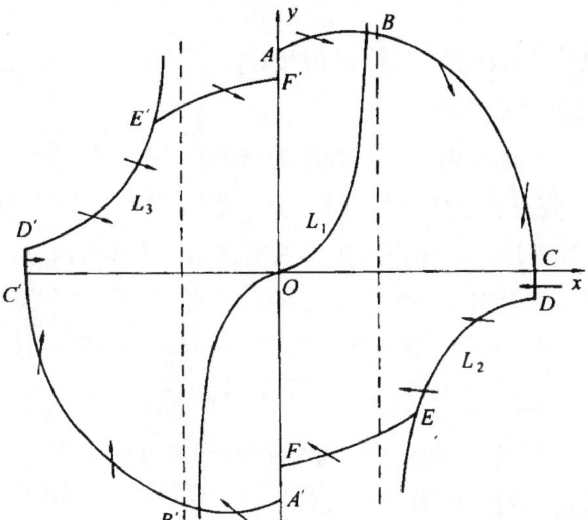

图 3.4

再过 B 作以原点为中心的圆弧 (即方程 $\frac{dx}{dt}=y, \frac{dy}{dt}=-x$ 的轨线), 它交正 x 轴于点 C, 在 $\overset{\frown}{BC}$ 弧上,

$$\frac{-x+\mu(1-x^2)y}{y}-(-\frac{x}{y})=\mu(1-x^2)y<0, \text{(当 } y>0 \text{ 时)}$$

从而系统 (3.14) 的轨线与 $\overset{\frown}{BC}$ 相交时都从左上方穿到右下方. 过 C 作铅直线段与水平等倾线 L_2 交于点 D, 在 $\overline{CD}$ 段上 (3.14) 的轨线从右向左穿过它.

在 L_2 上 D 的左下方取一点 E, 考虑方程

$$\frac{dx}{dt}=y, \quad \frac{dy}{dt}=-x+\mu y$$

过 E 的轨线, 它交 y 轴于 F. 由于

$$\frac{-x+\mu(1-x^2)y}{y}-\frac{-x+\mu y}{y}=-\mu x^2<0,$$

系统 (3.14) 的轨线与 $\overset{\frown}{EF}$ 弧相交时, 都从右方穿到左方 (在 L_2 上 $\overset{\frown}{DE}$ 段亦具此性质).

这样在右半平面已作出外境界线弧段 $\overline{ABCDEF}$, 当 y_0 增大时, D 在 L_2 上向右移, 故 $|y_0|$ 减小. 而 $|y_E|$ 也可取得适当小, 在 $\overset{\frown}{EF}$ 弧段上, $|y_F|-|y_E|$ 为有限值. 因此可取 y_0 足够大, 使 $y_0>|y_F|$, 这时 A 关于 O 点的对称点 A' 应在 F 点的下方.

由于方程 (3.14) 关于 O 点为中心对称, 故把 $\overline{ABCDEF}$ 关于 O 作中心对称, 得到弧段 $\overline{A'B'C'D'E'F'}$, 连同 y 轴上的线段 $\overline{A'F}$ 及 $\overline{F'A}$ 组成的单闭曲线就可作为外境界线, (3.14) 的轨线穿过它时均由外跑向其内部. 由定理 3.8 知 (3.14) 在其内至少有一个稳定极限环 ($\mu>0$ 时). 以后将证明, 这也是 (3.14) 的

唯一极限环.

证毕

2.3 Liénard 系统极限环的存在性

本段考虑比 van der Pol 方程更广泛的二阶非线性方程:

$$\ddot{x}+f(x)\dot{x}+g(x)=0. \tag{3.16}$$

它在变换 $\dot{x}=y$ 下，可化为二维系统

$$\dot{x}=y,\quad \dot{y}=-g(x)-f(x)y. \tag{3.17}$$

而在变换

$$F(x)=\int_0^x f(s)ds,\quad y=\dot{x}+F(x) \tag{3.18}$$

下，方程 (3.16) 可化为

$$\dot{x}=y-F(x),\quad \dot{y}=-g(x). \tag{3.19}$$

通常，方程 (3.16)、(3.17) 和 (3.19) 都称为 **Liénard 方程**. 而称变换 (3.18) 为 **Liénard 变换**.

本段之所以介绍 Liénard 方程，一方面是其本身在实际中有很多重要的应用 (如非线性振动理论等). 另一方面，许多多项式系统可以通过适当的变换化为 Liénard 方程，再利用关于 Liénard 方程的结果来研究多项式系统极限环的存在性及数目等. 后面将通过具体例子介绍如何把多项式系统化为 Liénard 方程，并研究它的极限环的存在性、唯一性等.

定理 3.9 (A.V.Dragilev) 设系统 (3.19) 满足条件:

(1) $xg(x)>0$, 当 $x\neq 0$; $G(x)=\int_0^x g(s)ds$ 满足 $g(\pm\infty)=+\infty$;

(2) 当 $|x|$ 充分小, 且 $x\neq 0$ 时, $xF(x)<0$,

(3) 存在常数 $M>0$, 及 k_1, k_2 $(k_1>k_2)$, 使得

$$F(x)>k_1,\ x>M;\quad F(x)<k_2,\ x<-M.$$

则系统 (3.19) 至少存在一条稳定的极限环.

证明 这里改用黄克成 [Hu] 的较简单的证明. 本定理借助定理 3.7, 通过构造适当的环形区域来证明. 首先构造内境界线, 令

$$\lambda(x.y)=\frac{y^2}{2}+G(x),$$

它关于系统 (3.19) 的全导数

$$\begin{aligned}\frac{d\lambda}{dt}&=\frac{\partial\lambda}{\partial x}\frac{dx}{dt}+\frac{\partial\lambda}{\partial y}\frac{dy}{dt}\\&=y(-g(x))+g(x)(y-F(x))\\&=-g(x)F(x).\end{aligned}$$

由条件 (1) 知, $\lambda(x,y)=C$ $(C>0)$ 表示一族包含原点的闭曲线, 又由条件 (2) 知, 在原点的充分小邻域内, $\dfrac{d\lambda}{dt}>0$. 因此, 系统 (3.19) 的轨线与位于原点的充分小邻域内的闭曲线 $\lambda(x,y)=C$ 相交时, 都从内部穿到外部. 这就构成了环形区域的一条内境界线.

其次构造外境界线. 不妨设 $k_1>0$, $k_2<0$, 令

$$\lambda_1(x,y)=\frac{(y-k_1)^2}{2}+G(x),$$

$$\lambda_2(x,y)=\frac{(y-k_2)^2}{2}+G(x).$$

则有

$$\frac{d\lambda_1}{dt}=g(x)(k_1-F(x)),\quad \frac{d\lambda_2}{dt}=g(x)(k_2-F(x)).$$

取 $y_0>0$, 使 $y_0>k_1$, $-y_0<k_2$, 且对区域

$$\{(x,y):\ -M\le x\le M,\ y\ge y_0\}$$

中的一切点有

$$y-F(x)>0,\ \frac{-g(x)}{y-F(x)}<\frac{k_1-k_2}{2M}. \tag{3.20}$$

而对区域

$$\{(x,y):\ -M\le x\le M,\ y\le -y_0\}$$

中的一切点有

$$y-F(x)<0,\ \frac{-g(x)}{y-F(x)}<\frac{k_1-k_2}{2M}.$$

取

$$l=\max\{\frac{(y_0-k_2)^2}{2},\ \frac{(-y_0-k_1)^2}{2}\}.$$

不妨设 $k_1>-k_2>0$, 则有 $l=\dfrac{(y_0+k_1)^2}{2}$.

构造闭曲线 $\Gamma=\widehat{ABCDA}$, 如图 3.5, 其中 $\widehat{AB}$ 为闭曲线 $\lambda_1(x,y)=l+G(M)$ 位于直线 $x=M$ 右方的部分, $\widehat{CD}$ 为闭曲线 $\lambda_2(x,y)=l+G(-M)$ 位于直线 $x=-M$ 左方的部分, AD,BC 是直线段. 由曲线 Γ 的作法知,

$$|\overline{O_1B}|=|\overline{O_2C}|,\ |\overline{O_1A}|=|\overline{O_2D}|,$$
$$y_C<y_B=-y_0,\ y_A>y_D>y_0.$$

在定理的条件 (3) 之下, 在曲线弧 $\widehat{AB},\widehat{CD}$ 上, 分别有 $\dfrac{d\lambda_1}{dt}<0$, $\dfrac{d\lambda_2}{dt}<0$. 线段 AD,BC 的斜率为 $\dfrac{k_1-k_2}{2M}$, 且 (3.19) 的轨

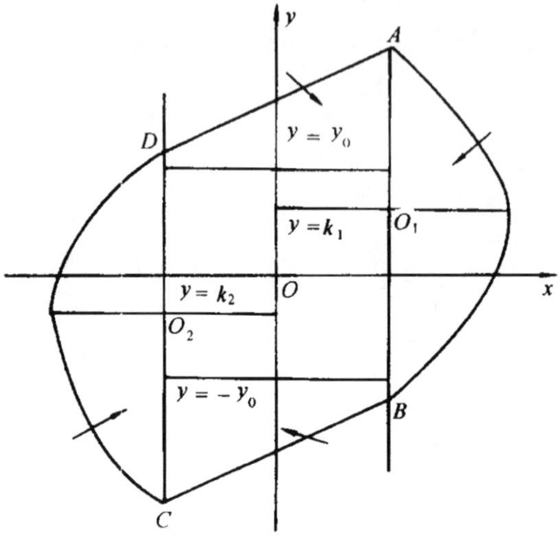

图 3.5

线与线段 AD, BC 相交时，其斜率满足 (3.20) 式. 因此，系统 (3.19) 的轨线与曲线 Γ 相交时，必从 Γ 的外部进入内部，这就构成了定理 3.7 中环形区域的外境界线. 由定理 3.7 知，本定理的结论成立.

证毕

关于 Liénard 方程闭轨线的存在性的证明方法很多，结果也十分丰富. 其中结果最好的当属 Filippov 的，他在几乎最弱的条件下证明了 Liénard 方程闭轨线的存在性.

首先引入 Filippov 变换

$$\begin{aligned} z_1 = z_1(x) = \int_0^x g(\xi)d\xi, \\ \int_0^x f(\xi)d\xi = F(x) = F_1(z_1), \quad x > 0. \end{aligned} \tag{3.21}$$

$$z_2 = z_2(x) = \int_0^x g(s)ds,$$
$$\int_0^x f(s)ds = F(x) = F_2(z_2), \quad x < 0.$$

在此变换下，方程 (3.19) 当 $x > 0$ 和 $x < 0$ 时分别等价于下列方程：

$$\begin{aligned} \frac{dz}{dy} &= \frac{dz}{dx} \cdot \frac{dx}{dy} = F_1(z) - y, \quad z > 0, \\ \frac{dz}{dy} &= \frac{dz}{dx} \cdot \frac{dx}{dy} = F_2(z) - y, \quad z > 0. \end{aligned} \tag{3.22}$$

Filippov 变换的思想在于：通过变换 (3.21) 将方程 (3.19) 的左右半平面的轨线都化为方程 (3.22) 在 (z, y) 平面中右半平面的轨线. 再对 (3.22) 的两个方程应用比较定理以确定 (3.22) 的轨线的相对位置，最后回到 (x, y) 平面就可以构造出所需的环形区域的外境界线.

定理 3.10 (Filippov)　*假设 Liénard 方程 (3.19) 满足条件*

(1) $xg(x) > 0,\ x \neq 0;\quad G(\pm\infty) = \pm\infty;$

(2) *存在* $\delta > 0,\ 0 < a < \sqrt{\delta}$, *使得当* $z \in (0, \delta)$ *时,*

$$F_1(z) \leq F_2(z),\ \text{但} F_1(z) \not\equiv F_2(z),$$
$$F_1(z) \leq a\sqrt{z}, \quad F_2(z) > -a\sqrt{z};$$

(3) *存在* $z_0 > \delta$, *使得*

$$\int_0^{z_0} (F_1(z) - F_2(z))dz > 0,$$

且当 $z > z_0$ *时，有*

$$F_1(z) \geq F_2(z),\ F_1(z) > -a\sqrt{z},\ F_2(z) < a\sqrt{z},$$

则方程 (3.19) 至少存在一条稳定的极限环.

该定理的证明较为复杂, 这里从略, 有兴趣的读者可参阅 [Ye1].

§3 旋转向量场理论

前两节介绍了一些平面自治系统极限环的存在性和稳定性的结果. 实际问题中产生的微分方程总会含有适当的参数, 且系统的轨线会随参数的变化而变化. 考虑含参数 α 的平面自治系统

$$\begin{aligned} \frac{dx}{dt} &= P(x,y,\alpha), \\ \frac{dy}{dt} &= Q(x,y,\alpha). \end{aligned} \tag{3.23}$$

这一节讨论当参数 α 变化时, (3.23) 的极限环随之而变化的情况. 一般来说, 问题甚为复杂. 而当 (3.23) 在每一点所确定的向量 (P,Q) 随 α 变化均向同一方向转动时, 极限环随 α 的变化而单调地运动, 因此规律性较易掌握. 下面就来较系统地介绍这方面的主要结论.

旋转向量场这一概念最早于 1953 年由 G.F.Duff 引入, 后经 G.Seifert, L.M.Perko 和陈翔炎等加以改进, 推广为广义旋转向量场理论. 首先介绍 Duff 的工作.

考虑含参数的系统 (3.23), 假设它只有孤立奇点, 且 $P, Q, \dfrac{\partial P}{\partial \alpha}$ 和 $\dfrac{\partial Q}{\partial \alpha}$ 是 x, y 和 α 的连续函数, 使 (3.23) 满足初值解的唯一性条件. 把 (3.23) 所确定的平面向量场 $(P(x,y,\alpha), Q(x,y,\alpha))$ 记为 $F(\alpha)$.

定义 3.2 (Duff) *若当 α 在 $[0,\ T](T>0)$ 中变动时, 向量场*

$F(\alpha)$ 的奇点保持不动, 而在一切常点处, 恒有

$$\begin{vmatrix} P & Q \\ \dfrac{\partial P}{\partial \alpha} & \dfrac{\partial Q}{\partial \alpha} \end{vmatrix} > 0 \quad (\text{或} < 0), \tag{3.24}$$

且对一切 (x, y), 存在正函数 $k(x, y)$, 使得

$$\begin{aligned} P(x, y, \alpha + T) &= -kP(x, y, \alpha), \\ Q(x, y, \alpha + T) &= -kQ(x, y, \alpha), \end{aligned} \tag{3.25}$$

(设 T 为使 (3.25) 成立的最小正数). 则称 $F(\alpha)$ 关于 $\alpha \in [0, 2T)$ 构成一 **旋转向量场的完全族**.

定义的几何解释: 记向量场 $F(\alpha)$ 与 x 轴的交角为 θ, 则在一切常点处, 恒有 $\theta = \arctan \dfrac{Q}{P}$, 故

$$\frac{\partial \theta}{\partial \alpha} = \frac{1}{P^2 + Q^2} \begin{vmatrix} P & Q \\ \dfrac{\partial P}{\partial \alpha} & \dfrac{\partial Q}{\partial \alpha} \end{vmatrix} > 0 \ (\text{或} < 0).$$

这表明向量场 $F(\alpha)$ 在一切常点处的向量当 α 增加时, 总是逆时针 (或顺时针) 方向旋转的. 又由条件 (3.24) 和 (3.25) 知, 对满足 $0 < |\alpha_1 - \alpha_2| < T$ 的任意两个 α_1, α_2, 恒有

$$0 < |\theta(x, y, \alpha_1) - \theta(x, y, \alpha_2)| < \pi. \tag{3.26}$$

而对任意的 $\alpha \in [0, T)$, $\theta(x, y, \alpha + T) = \theta(x, y, \alpha) + \pi$, 即当参数由 α 增大 T 时, 常点处的向量恰好转到了相反方向, 当参数继续增加到 $\alpha + 2T$ 时, 向量则转了一周又回到 $F(\alpha)$ 的方向 (当然向量长度可能会改变). "完全族" 就是指 α 在 $2T$ 的变化过程中, 各点处的向量连续旋转一圈, 完全充满各个方向.

例 3.6 对满足初值问题的解的存在唯一性定理条件的任一微分方程组

$$\frac{dx}{dt} = P(x,y),$$
$$\frac{dy}{dt} = Q(x,y),$$

作出含参数 α 的方程组

$$\begin{aligned}\frac{dx}{dt} &= P\cos\alpha - Q\sin\alpha,\\ \frac{dy}{dt} &= P\sin\alpha + Q\cos\alpha\end{aligned} \tag{3.27}$$

容易验证，当 α 在 $[0,\pi)$ 中变动时，向量场 (3.27) 构成了旋转向量场的完全族，且在任一常点处，向量所转过的角度恰好等于参数 α 的值，而向量的长度始终保持不变，故称 (3.27) 为 **均匀旋转向量场族**.

定理 3.11 *在旋转向量场族 $F(\alpha)$ 中奇点的指标不随 α 的变化而改变.*

证明 因 $F(\alpha)$ 随 α 而连续变化，故 O 关于 $F(\alpha)$ 的指标亦随 α 而连续变化. 但指标为一整数值，故当 α 变化时它只能维持不变.

证毕

定理 3.12 (闭轨线不相交定理) *若 $\alpha_1 \neq \alpha_2$，则 $F(\alpha_1)$ 与 $F(\alpha_2)$ 的闭轨线互不相交.*

证明 设 $F(\alpha_1)$ 和 $F(\alpha_2)$ 分别有闭轨线 Γ_{α_1} 和 Γ_{α_2}，它们相交于两点 A, B，如图 3.6 所示. 当 α 由 α_1 变到 α_2 时，A, B 两点处的向量的旋转方向将相反. 这与定义 3.2 相违.

证毕

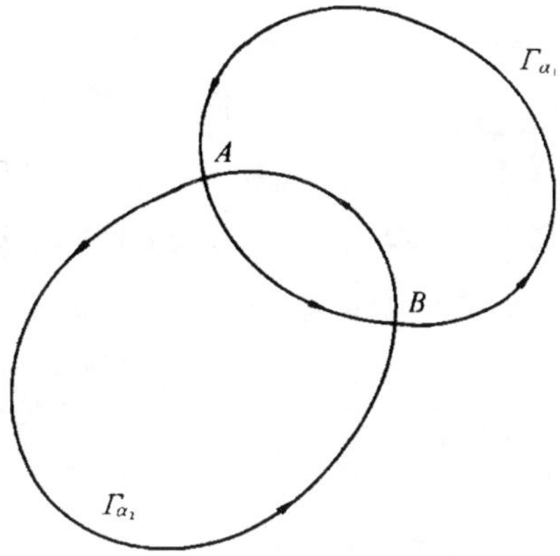

图 3.6

下面讨论系统 (3.23) 在旋转向量场的完全族 $F(\alpha)$ 中的极限环随 α 的变化情况，为确定起见，设 $\dfrac{\partial\theta}{\partial\alpha}>0$.

定理 3.13 设 $\alpha=0$ 时，向量场 $F(\alpha_0)$ 存在正 (或负) 定向的外稳定环 Γ_{α_0}, 则对充分小的任一 $\epsilon>0$, 存在 $\alpha_1<\alpha_0$ (或 $\alpha_1>\alpha_0$), 使得:

(1) 对每一 $\alpha\in[\alpha_1,\alpha_0)$ (或 $\alpha\in(\alpha_0,\alpha_1]$)，在 Γ_{α_0} 的外邻域中至少存在 $F(\alpha)$ 的一个外稳定环 Γ_α 和一个内稳定环 Γ'_α (它们可以重合为一稳定环);

(2) 存在 Γ_{α_0} 的外 $\delta\,(\le\epsilon)$ 邻域, 使它被 $F(\alpha)$, $\alpha\in[\alpha_1,\alpha_0)$ ($\alpha\in(\alpha_0,\alpha_1]$) 的闭轨线所充满;

(3) 当 $\alpha>\alpha_0$ ($\alpha<\alpha_0$) 时， Γ_{α_0} 的外 ϵ 邻域中无闭轨线.

证明 就 Γ_{α_0} 为正定向的情况来证. 显然, 对 ϵ 充分小, 且 $|\alpha-\alpha_0|\ll 1$, 在 Γ_{α_0} 的外 ϵ 邻域中无 $F(\alpha)$ 的奇点, 亦无 $F(\alpha_0)$ 的其它闭轨. 如图 3.7, 对点 $P\in\Gamma_{\alpha_0}$, 在 Γ_{α_0} 过 P 的外法线 l 上取点 Q_0, 只要 $|PQ_0|$ 足够小， $F(\alpha_0)$ 的轨线绕 Γ_{α_0} 盘旋一周再次与 l 交于 P 、 Q_0 之间的一点 Q_{α_0}. 对 $\alpha<\alpha_0$, 每一点向量均

顺时针转动，故 $F(\alpha)$ 过 Q_0 的轨线如图中虚线，由解对参数的连续依赖性知：存在 α_1，$\alpha_0-\alpha_1$ 足够小，使对 $\alpha\in[\alpha_1,\alpha_0)$，图中虚轨线又一次与 l 相交，且交点 Q_{α_1} 在 Q_{α_0} 与 Q_0 之间，且 l 上 $F(\alpha)$ 的向量穿过方向如图 3.7 的箭头所示. 以 Γ_{α_0} 为内边界，虚轨线 $Q_0Q_{\alpha_1}$ 及线段 $\overline{Q_0Q_{\alpha_1}}$ 为外边界围成一环域，其内必存在 $F(\alpha)$，$(\alpha\in[\alpha_1,\alpha_0))$ 的一个外稳定环和一个内稳定环 (由定理 3.6)，即得 (1) 的结论.

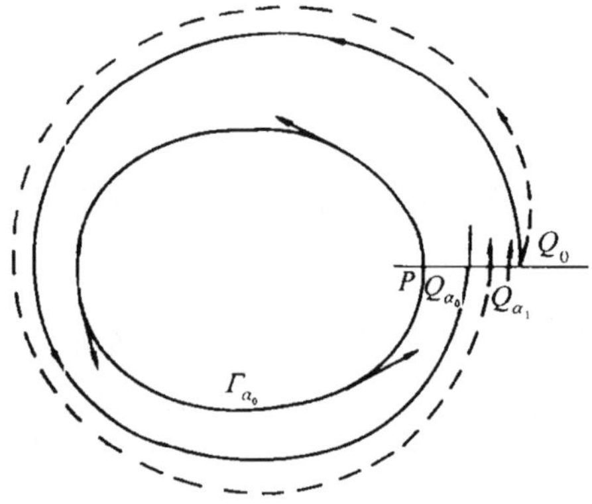

图 3.7

再证 (2)，由上，设 $F(\alpha_1)$ 的最靠近 $F(\alpha_0)$ 的内稳定环为 Γ_{α_1}，它与 l 的交点为 P_1. 则对任一点 $M\in\overline{PP_1}$，$F(\alpha_0)$ 过 M 的轨线再次与 l 交于 P，M 之间的 M_0(因 Γ_{α_0} 为稳定)，$F(\alpha_1)$ 过 M 的轨线则再次与 l 交于 M，P_1 之间的 M_1(因 Γ_{α_1} 为内稳定)，如图 3.8. 由连续性可知，存在 $\alpha\in(\alpha_0,\alpha_1)$ 使 $F(\alpha)$ 过 M 的轨线转一圈后仍与 l 交于 M，即得 $F(\alpha)$ 的闭轨线. 让 M 连续地向 P 移动，即得 (2) 的结论.

利用 (2) 的结论及不相交定理即可得出 (3). 证毕

注 3.1 类似结论可对正 (或负) 定向的内稳定环得出，只需改对

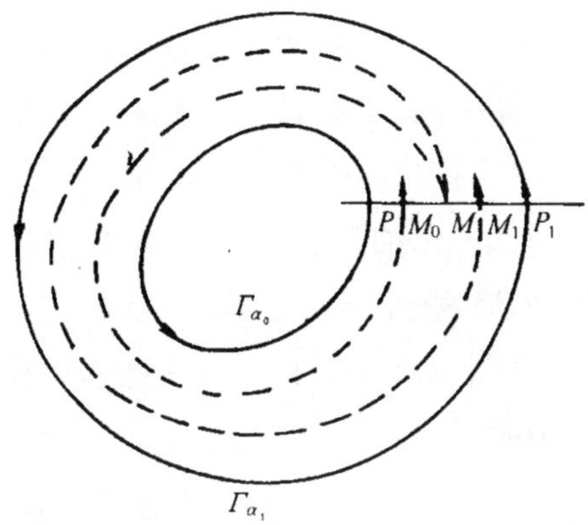

图 3.8

其内侧邻域，及 $\alpha > \alpha_0$(或 $< \alpha_0$) 来讨论. 同样地，若 $\dfrac{\partial\theta}{\partial\alpha} < 0$，即 α 增大时向量场顺时针旋转，则在相应结论中把邻域的内、外侧调换一下，或把 α 向 α_0 两边的变动方向改换一下即可.

注 3.2 结论 (1) 较为累赘，主要原因是在 α 向 α_0 一侧变动时，在 Γ_{α_0} 的相应一侧小邻域内可能出现多于一个极限环，对于非解析系统，确可举出这样的例子，可参见 [Ye 1], §3. 但对于解析系统 (3.23)(即 P, Q 关于 x, y, α 均为解析)，则利用 Γ_{α_0} 邻近的后继函数为解析，因而零点为孤立 (要么恒为零) 这一性质，即可断言结论 (1) 中 Γ_{α_0} 一侧小邻域中只有 $F(\alpha)$ 的唯一极限环.

结合注 3.1 中所说的各种情况，即可得出解析旋转向量场中极限环随参数变化而单调运动的如下简明结论.

定理 3.14 *设 (3.23) 为解析系统，关于 α 为旋转向量场的完全族，且 $F(\alpha_0)$ 有稳定 (或不稳定) 极限环 Γ_{α_0}，则当 α 向 α_0 一侧变动时，Γ_{α_0} 不消失，且向其适当一侧连续地单调扩大或缩小.*

具体地说，Γ_{α_0} 随 α 变动时究竟是扩大还是缩小，这要由

Γ_{α_0} 的定向和稳定性、 α 的变动方向以及 $F(\alpha)$ 的旋转方向来确定, 如 [Ye 1] 中就列出了表格来说明. 实际上, 从后面关于极限环分支 (见第四、五章) 的讨论中许多具体例子可见, 在 α 变动过程中, 极限环往往是由一个细焦点产生, 然后逐步单调扩大, 因此可以很容易地判断出极限环的运动方向.

如果 $F(\alpha_0)$ 具有半稳定环, 则对其两侧邻近分别运用注 3.1 中的说明, 易于得出如下结论.

定理 3.15 当 α 向 α_0 的一侧变动时, $F(\alpha_0)$ 的半稳定环 Γ_{α_0} 分裂为内外侧的各一个稳定和不稳定环, 随 α 继续变化而背向运动; 当 α 向 α_0 的另一侧变动时, 极限环消失, 亦即在 Γ_{α_0} 的两侧邻近将不再存在 $F(\alpha)$ 的任何闭轨.

同样地, α_0 的哪一侧分裂为二, 各自的稳定性如何, 哪一侧消失, 具体由 Γ_{α_0} 的定向、两侧稳定性及 α 增大时 $F(\alpha)$ 的旋转方向而定, 在具体问题中也可容易地作出判断.

再说明一点, 旋转向量场完全族的条件 (3.24) 和 (3.25) 是比较苛刻的, 许多具体系统往往不能满足. 为此, [Ch1] 引入了 **广义旋转向量场**, 它放弃了条件 (3.25)(不要求是完全族), 又把 (3.24) 放宽为: 在 (3.23) 极限环可能存在的区域内

$$\frac{\partial\theta}{\partial\alpha}=\frac{1}{P^2+Q^2}\begin{vmatrix} P & Q \\ \frac{\partial P}{\partial\alpha} & \frac{\partial Q}{\partial\alpha}\end{vmatrix}\geq 0 \qquad (\text{或}\ \leq 0),$$

其中使等号成立的点称为 **逗留点**, 即在这些点处, $F(\alpha)$ 的向量可不随 α 的变化而转动, 但要求这样的逗留点不充满整条闭轨线 (或设逗留点集不含闭分支, 以便于验证), 在这种广义旋转向量场中, 定理 3.11—3.15 的结论仍成立. 这一点对以后的应用是很重要的.

总之，在解析的广义旋转向量场 $F(\alpha)$ 之下，可以简明地说：随参数 α 连续地变化， $F(\alpha)$ 的极限环连续单调地运动，所有这种极限环的全体应覆盖了平面上的一个环状区域，在其内外境界上必存在 $F(\alpha)$ 的奇点，证明可参见 [Ye 1].

在后面的许多例子中可以看到，这种环域的内边界常常由一点组成，它是 $F(\alpha)$ 的一个指标为 1 的奇点，而外边界由一些鞍点或鞍结点 (可能为无穷远奇点) 及它们的分界线组成，即为前面所提到的奇闭轨线. 为了说明极限环最后演变为这种奇闭轨的过程，就需考虑 $F(\alpha)$ 的鞍点分界线随参数 α 改变时的变化情况. 由于向量场中的向量随 α 变化时均向同一方向旋转，故这些分界线也单调地向同一方向旋转，如图 3.9. 设 α 增大时向量均顺时针旋转 (即设 $\dfrac{\partial\theta}{\partial\alpha} < 0$)，过奇点 N 的两条分界线在 $\alpha = \alpha_0$ 时如图中实轨线， $\alpha > \alpha_0$ 时它们正向旋转，如图中虚线所示.

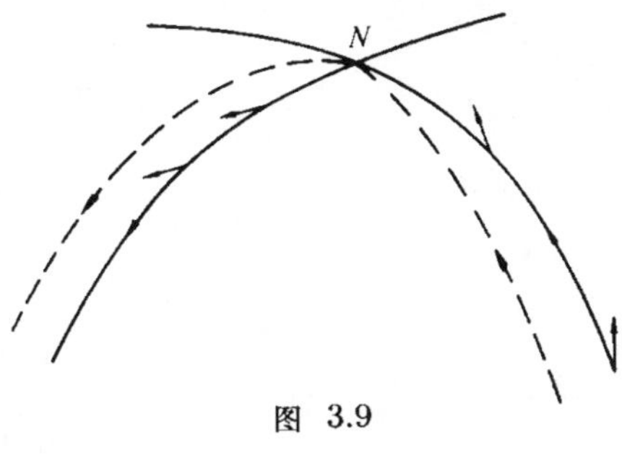

图 3.9

例 3.7 考虑系统

$$
\begin{aligned}
\dot{x} &= -y + dx + xy + y^2, \\
\dot{y} &= x.
\end{aligned} \tag{3.28}
$$

它有两个有限远奇点： $O(0,0)$ 为焦点 ($|d| < 2$ 时)，$N(0,1)$ 为鞍点. $d = 0$ 时，用第二章 §2 的方法易判定 O 为不稳定的一

阶细焦点，且易证它没有闭轨线. 轨线结构如图 3.10(a) 所示. 由 $\begin{vmatrix} P & Q \\ P'_\alpha & Q'_\alpha \end{vmatrix} = -x^2 \leq 0$ 可知 (3.28) 关于 d 构成广义旋转向量场. 当 d 由零变为负数时， O 改变为稳定而在其外出现一不稳定极限环 L_d(易用环域定理证明此事)，随着 d 减小， L_d 单调向外扩大，同时 N 包向 O 外的两条分界线也逆时针转动而相互接近. 设 $d = d_0 < 0$ 时 L_d 扩大到通过鞍点 N，此时两条分界线正好重合而形成过 N 的分界线环，如图 3.10(b). 此分界线环及奇点 O 围成一广义的环域，它就是 $d_0 < d < 0$ 时的极限环 L_d 所覆盖的区域，内境界为奇点 O，外境界上则有奇点 N.

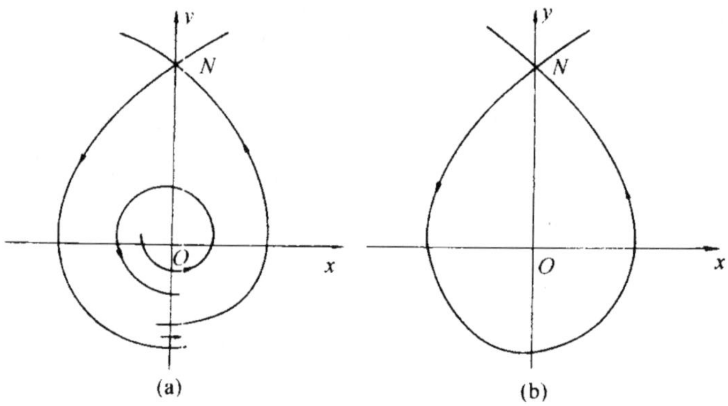

图 3.10

注 3.3 当然在 d 减小的过程中也不排斥如下的可能性：在某一 $d^* < 0$ 时，在 L_d 外突然出现一个半稳定环 (它为内稳定外不稳定)，当 $d < d^*$ 时它分裂为 $L''_d \supset L'_d$ 两个环， L''_d 为不稳定， L'_d 为稳定. 随 d 继续减小时 L''_d 扩张， L'_d 缩小在又一 $d = d^{**}$ 时 L'_d 与 L_d 重合为一半稳定环而后消失 (这两次半稳定环的出现正如定理 3.15 所说的情况). 甚或还可能在 L''_d 外再次出现半稳定

环而后分裂为二的情况. 也就使得 O 外围极限环的个数变化出现很复杂的状态. 这正是旋转向量场理论的一个不足之处, 它不能排除向量场旋转过程中随时突然跳出半稳定环而后分裂为二的可能性. 下面一节利用极限环的唯一性定理易证 (3.28) 最多只有一个极限环, 从而就可排除上述跳出半稳定环再分裂为 L'_d, L''_d 的可能性.

§4　极限环的唯一性

关于一般平面自治系统极限环的唯一性的结果甚少, 主要研究集中在 Liénard 方程. 本节简要介绍几个对平面多项式系统极限环唯一性的证明较为有用的关于 Liénard 方程极限环的唯一性的结果. Liénard 方程极限环的唯一性最早是由 Liénard 所证明, 后经不断的改进和发展, 得到很多好的结果. 以下均假设所讨论的函数在给定的区间上连续且满足初值问题解的唯一性条件.

定理 3.16 *考虑 Liénard 系统*

$$\dot{x} = -\varphi(y) - F(x), \quad \dot{y} = g(x) \tag{3.29}$$

其中 $F(x) = \int_0^x f(s)ds$, 假设 $f(x), g(x), \varphi(y)$ 连续可微, 且

(a) $\varphi(0) = 0$, $\varphi'(y) > 0$;

(b) $xg(x) > 0$, 当$x \neq 0$ 时; $G(\pm\infty) = +\infty$;

(c) $f(0) < 0$, $f(x)/g(x)$ 分别在 $(-\infty, 0)$ 和 $(0, +\infty)$ 内不下降, 且当 $0 < |x| \ll 1$ 时, $f(x)/g(x) \neq$ 常数.

则系统 (3.29) 至多有一个极限环, 若存在必为稳定的.

利用此定理, 易证 van der Pol 方程

$$\ddot{x} + \mu(x^2 - 1)\dot{x} + x = 0,$$

的极限环是唯一的. 取 Liénard 变换 $y = -\dot{x} - \mu(\frac{x^3}{3} - x)$, 则方程化为

$$\dot{x} = -y - \mu(\frac{x^3}{3} - x), \quad \dot{y} = x.$$

则 $f(x) = \mu(x^2 - 1)$, $g(x) = x$, $\varphi(y) = y$. 易验证它满足定理 3.16 的条件 ($\mu > 0$), 故得极限环的唯一性.

对于例 3.7, 引入变换 $u = y$, $v = x - dy - \frac{1}{2}y^2$, $t = -\tau$, 可将 (3.28) 化为 Liénard 方程

$$\frac{du}{d\tau} = -v - F(u), \quad \frac{dv}{d\tau} = g(u),$$

其中 $F(u) = du + \frac{u^2}{2}$, $g(u) = u - u^2$, 其闭轨线只能出现在区域 $u < 1$ 中, 在此区域内易于验证定理 3.16 的条件均成立, 故 (3.28) 至多只有一个极限环.

这一定理由张芷芬于 1958 年给出, 例如见 [ZDHD], 它对不少多项式微分系统有广泛的应用. 后 L.A.Cherkac 等又把它推广为下述 (见 [CR]) 定理.

定理 3.17 *考虑系统*

$$\dot{x} = -\varphi(y) - F(x), \quad \dot{y} = g(x) \tag{3.30}$$

假设

(1) $xg(x) > 0$, *当* $x \neq 0$ *时*;

(2) $y\varphi(y) > 0$, *当* $y \neq 0$ *时*; *且* $\varphi(y)$ *单调增加*;

(3) $f(0) < 0\ (> 0)$, *且存在实数* α, β, *使得*

$$f_1(x) \equiv f(x) + g(x)[\alpha + \beta F(x)]$$

有单零点 $x_1 < 0 < x_2$, *且当* $x \in [x_1, x_2]$ *时*, $f_1(x) \leq 0\ (\geq 0)$;

(4) 在 $[x_1, x_2]$ 之外, 函数 $f_1(x)/g(x)$ 不减少 (不增加);

(5) 所有的闭轨线都包含 x 轴上的区间 $[x_1, x_2]$;

则系统 (3.30) 至多有一个极限环, 若存在必为稳定的 (不稳定的).

证明 只证 $f(0) < 0$ 的情形. 由定理假设, 显然 $O(0,0)$ 是系统 (3.30) 的唯一奇点. 取正定函数

$$\lambda(x,y) = G(x) + \int_0^y \varphi(s)ds,$$

当 $x \neq 0$, $|x| << 1$ 时, $\lambda(x,y)$ 关于系统 (3.30) 的全导数

$$\frac{d\lambda}{dt} = g(x)\frac{dx}{dt} + \varphi(y)\frac{dy}{dt} = -g(x)F(x) > 0,$$

即在原点的充分小邻域内, $\lambda(x,y)$ 沿着系统 (3.30) 的轨线随着 t 的增加而增加, 从而 $O(0,0)$ 是不稳定奇点.

假设系统 (3.30) 存在两个极限环 $\Gamma_2 \supset \Gamma_1 \supset O$, 且 Γ_1 是最靠近 O 的极限环, Γ_2 是最靠近 Γ_1 的极限环. 易于证明, 沿着闭轨线 Γ_i, 有

$$\oint_{\Gamma_i} g(x)dt = \oint_{\Gamma_i} dy = 0,$$

$$\oint_{\Gamma_i} g(x)\varphi(y)dt = \oint_{\Gamma_i} \varphi(y)dy = 0,$$

$$\oint_{\Gamma_i} g(x)[\varphi(y) + F(x)]dt = -\oint_{\Gamma_i} g(x)dx.$$

从而

$$\oint_{\Gamma_i} g(x)F(x)dt = 0.$$

于是沿着系统 (3.30) 的发散量 $-f(x)$ 的积分为

$$h_i = -\oint_{\Gamma_i} f(x)dt = -\oint_{\Gamma_i} f_1(x)dt, \quad i = 1, 2.$$

下证 $h_2 < h_1$. 如图 3.11, 分弧段来比较 h_1, h_2 中的积分. 在 $\overset{\frown}{DA}$, $\overline{D'A'}$ 段上, x 可分别表为 y 的单值函数 $x_1(y)$, $x_2(y)$, $y \in (y_D, y_A)$, 且 $x_1(y) < x_2(y)$. 故

$$\int_{D'A'} f_1(x)dt - \int_{DA} f_1(x)dt$$
$$= \int_{y_D}^{y_A} \left[\frac{f_1(x_2(y))}{g(x_2(y))} - \frac{f_1(x_1(y))}{g(x_1(y))}\right] dy \geq 0.$$

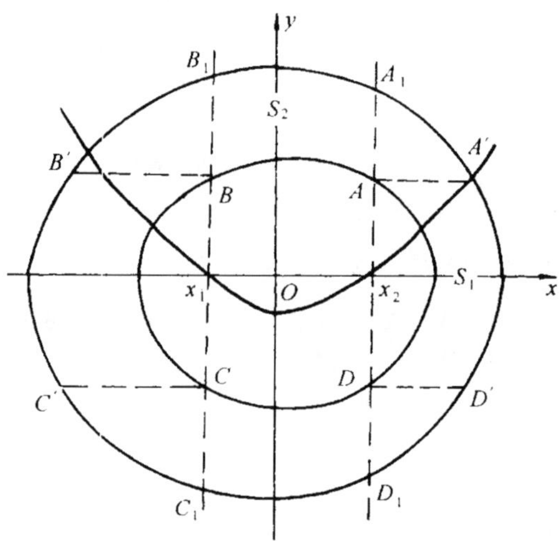

图 3.11

类似地, 对 $\overset{\frown}{AB}$, $\overset{\frown}{A_1B_1}$ 段, y 可表为 x 的单值函数 $y_1(x)$, $y_2(x)$, $x \in (x_B, x_A)$, 且 $y_1(x) < y_2(x)$.

$$\int_{A_1B_1} f_1(x)dt - \int_{AB} f_1(x)dt$$
$$= -\int_{x_B}^{x_A} \left[\frac{f_1(x)}{\varphi(y_2(x)) + F(x)} - \frac{f_1(x)}{\varphi(y_1(x)) + F(x)}\right] dx$$
$$\geq 0.$$

同理可证

$$\int_{B'C'} f_1(x)dt - \int_{BC} f_1(x)dt \geq 0,$$

$$\int_{C_1D_1} f_1(x)dt - \int_{CD} f_1(x)dt \geq 0.$$

又由条件 (3)(4) 可以推出，在区间 $[x_1, x_2]$ 之外， $f_1(x) > 0$, 从而

$$\int_{A'A_1} f_1(x)dt > 0, \quad \int_{B_1B'} f_1(x)dt > 0,$$

$$\int_{C'C_1} f_1(x)dt > 0, \quad \int_{D_1D'} f_1(x)dt > 0,$$

综合上述各式可得 $h_2 < h_1$.

由于 O 是不稳定奇点， Γ_1 必为内侧稳定的. 故 $h_1 \leq 0$, 于是 $h_2 < 0$. 故 Γ_2 必为稳定的极限环. 若能证明 Γ_1 不是半稳定的，从而也是稳定的，则就导出了矛盾.

假设 Γ_1 是半稳定环，且 $\beta \geq 0$ ($\beta < 0$ 的情形可类似地证明). 构造方程

$$\frac{dx}{dt} = -\varphi(y) - \overline{F}(x), \quad \frac{dy}{dt} = g(x), \tag{3.31}$$

其中

$$\overline{F}(x) = \begin{cases} F(x), & x \leq x_2, \\ F(x) + \displaystyle\int_{x_0}^{x} \gamma(\xi - x_2)g(\xi)d\xi, & x > x_2. \end{cases}$$

系统 (3.31) 在 $x \leq x_2$ 的半平面中与 (3.30) 完全一致，而在半平面 $x > x_2$ 中关于参数 γ 构成广义旋转向量场. 因而系统 (3.31) 在全平面构成了广义旋转向量场. 故对充分小的 $\gamma > 0$ ($\gamma < 0$),

系统 (3.31) 在 Γ_1 外侧存在不稳定环 (稳定环) Γ_1', 在 Γ_1 内侧存在稳定环 (不稳定环) Γ_1^*. 又易验证, 函数 $\overline{F}(x)$ 及其导数仍满足本定理的一切条件. 因此 $-\oint_{\Gamma_1^*}\overline{f}(x)dt > -\oint_{\Gamma_1'}\overline{f}(x)dt$, 其中 $\overline{f}(x)=\overline{F}'(x)$, 这与它们的稳定性相矛盾. 因此, Γ_1 和 Γ_2 同为稳定环, 不可能. 所以系统 (3.30) 至多有一个极限环, 若存在必为稳定的.

证毕

从本定理可以推出一个非常实用的结论 (参见 [Co1]).

定理 3.18 考虑系统

$$\dot{x}=y-F(x),\qquad \dot{y}=-g(x) \tag{3.32}$$

假设 f, g 在区间 (α,β) 上连续可微, 其中 $\alpha<0<\beta$, 且满足

(a) $xg(x)>0$, $x\neq 0$;

(b) 存在 $x_0\in(\alpha,0)$ (或 $x_0\in(0,\beta)$), 使得

$$f(x)>0,\ x\in(\alpha,x_0);\quad f(x)<0,\ x\in(x_0,\beta);$$

(c) $[f(x)/g(x)]'>0$ (或 <0), $x\in(\alpha,x_0)\bigcup(0,\beta)$ (或 $x\in(\alpha,0)\bigcup(x_0,\beta)$);

则系统 (3.32) 在带域 $\{(x,y):\ \alpha<x<\beta,\ -\infty<y<+\infty\}$ 内至多存在一个极限环, 若存在必为稳定的 (不稳定的).

下面的唯一性结果在研究平面多项式系统极限环的唯一性时也是十分有用的.

定理 3.19 ([Co2], [Co3]) 考虑 Liénard 系统

$$\dot{x}=F(x)-y,\qquad \dot{y}=g(x),\quad F(x)=\int_0^x f(s)ds \tag{3.33}$$

其中 $f(x)$, $g(x)$ 在区间 (α,β) 上连续可微, $\alpha<0<\beta$, 且满足

(1) $xg(x)>0$, $x\neq 0$;

(2) 存在 $x_0<0$, 使得 $(x-x_0)f(x)>0$;

(3) 方程组

$$F(x_1)=F(x_2),\quad f(x_1)/g(x_1)=f(x_2)/g(x_2)$$

至多有一组解 ξ_1, ξ_2, 且满足 $\alpha<\xi_1<x_0$, $0<\xi_2<\beta$;

(4) 存在 $\xi_0<x_0$, 使得 $F(\xi_0)=0$, 且 $f(x)F(x)/g(x)$ 在 (α,ξ_0) 中是单调减函数;

或

(4′) $f(x)F(x)/g(x)$ 在 $(0,\beta)$ 中为单调减函数, 且

$$\lim_{x\to\alpha^+}F(x)\leq\lim_{x\to\beta^-}F(x);$$

则系统 (3.33) 至多有一条闭轨线, 若存在必为稳定的单重极限环.

注 3.4 在条件 (1)(2) 及 (3′) 方程组

$$F(x_1)=F(x_2),\quad f(x_1)/g(x_1)=f(x_2)/g(x_2),$$

或

$$F(x_1)=F(x_2),\quad G(x_1)=G(x_2)$$

在区域 $\{(x_1,x_2):\ \alpha<x_1<x_0,\ 0<x_2<\beta\}$ 内无解之下, 也可证明 (3.33) 不存在闭轨线 (参见 [ZC]).

下面举例说明如何通过适当变换将多项式系统化为 Liénard 方程, 再利用上述结果来证明多项式系统极限环的存在性、唯一性.

例 3.8 证明二次系统

$$\begin{aligned}\dot{x} &= \delta x - y + lx^2 - \delta xy + y^2,\\ \dot{y} &= x(1 + ax - y),\end{aligned} \tag{3.34}$$

当 $a\delta(2l-1) \neq 0$ 时，在奇点 $O(0,0)$ 外围最多有一个极限环 (参见 [Co3]).

证明 由于 $y=1$ 是无切直线，故系统 (3.34) 若有围绕 O 的极限环，则必位于直线 $y=1$ 的下方. 取 Dulac 函数 $B(x,y)=(1-y)^k$,

$$\begin{aligned}&\frac{\partial}{\partial x}(BP) + \frac{\partial}{\partial y}(BQ)\\ &= [\delta(1-y)^2 + (2l-1-k)x(1-y) - kax^2](1-y)^{k-1}.\end{aligned}$$

若令 $k = 2l-1$, 则

$$\frac{\partial}{\partial x}(BP) + \frac{\partial}{\partial y}(BQ) = [\delta(1-y)^2 - (2l-1)ax^2](1-y)^{k-1},$$

当 $a\delta(2l-1) < 0$ 时，上式定号，故 (3.34) 不存在包围 O 的极限环. 若令 $k = 1-2l$, 则

$$\begin{aligned}&\frac{\partial}{\partial x}(BP) + \frac{\partial}{\partial y}(BQ)\\ &= [\delta(1-y)^2 + 2(2l-1)x(1-y) + (2l-1)ax^2](1-y)^{k-1},\end{aligned}$$

当 $0 \leq (2l-1)^2 < a\delta(2l-1)$ 时，上式 [ ] 中的判别式小于零，故上式定号，这时 (3.34) 也不存在包围 O 的极限环. 下面只需在条件 $(2l-1)^2 > a\delta(2l-1) > 0$ 下来讨论. 不妨设 $\delta > 0$ ($\delta < 0$ 可以类似地讨论)，于是

$$0 < \delta < \frac{2l-1}{a}.$$

对 (3.34) 作变换

$$\xi = \frac{x}{1-y}, \quad \eta = \frac{y}{1-y}, \quad \frac{d\tau}{dt} = 1-y$$

则 (3.34) 可化为

$$\begin{aligned} \dot{\xi} &= \delta\xi + (1+l)\xi^2 + a\xi^3 - y, \\ \dot{\eta} &= (1+\eta)(\xi + a\xi^2). \end{aligned} \tag{3.35}$$

因 (3.34) 的围绕 O 的极限环位于直线 $y=1$ 和 $1+ax-y=0$ 的下方，故只需在区域 $1+\eta>0$ 和 $1+a\xi>0$ 中证明极限环的唯一性. 对 (3.35) 作变换

$$\xi = \overline{x}, \quad \eta = e^{\overline{y}} - 1$$

仍以 x, y 代替 $\overline{x}$, $\overline{y}$, 则 (3.35) 可化为 Liénard 方程:

$$\dot{x} = -F(x) - \varphi(y), \quad \dot{y} = g(x), \tag{3.36}$$

其中

$$F(x) = -[\delta x + (1+l)x^2 + ax^3]$$

$$g(x) = x + ax^2, \quad \varphi(y) = e^y - 1$$

显然 $\varphi(y)$ 满足定理 3.18 的条件 (a), 又当 $1+ax>0$ 时, 条件 (b) 成立. 由于 $f(x) = -[\delta+2(1+l)x+3ax^2]$, 故 $f(0) = -\delta < 0$, 且

$$\left(\frac{f}{g}\right)' = [\delta + 2a\delta x + a(2l-1)x^2]\Big/ g^2(x) > 0,$$

因为上式分子中的判别式小于零. 故由定理 3.16 知, 系统 (3.34) 在条件 $(2l-1)^2 > a\delta(2l-1) > 0$ 下至多有一个围绕 O 的极限环, 若存在必为稳定的. 证毕

例 3.9(见 [Zha1]) 证明二次系统 $(\mathrm{III})_{m=0}$:

$$\begin{aligned}\dot{x} &= -y + \delta x + lx^2 + ny^2,\\ \dot{y} &= x(1 + ax - y),\end{aligned} \tag{3.37}$$

在条件 $a < 0,\ l > 1/2,\ 0 < n < 1,\ \delta < 0$ 下至多有一个极限环.

首先经过一系列变换:

$$\overline{x} = y - kx,\ \overline{y} = y,\ k^2 d\overline{t} = dt,$$

其中 k 是方程 $nk^3 + (1 + l)k - a = 0$ 的唯一负根;

$$\overline{\xi} = \overline{x},\ y = f_0(\overline{x}) - f_1(\overline{x})\overline{y},$$

其中

$$\begin{aligned}&f_0(\overline{x}) = k(\delta k - 1)\overline{x} + (a - kl)\overline{x}^2,\\ &f_1(\overline{x}) = -k(k^2 - \delta k + 1) + (2a - k - 2lk)x;\\ &\widetilde{x} = \xi,\ \widetilde{y} = y\big/[f_1(\xi)]^q,\ d\widetilde{t} = [f_1(\xi)]^q d\overline{t},\\ &q = (a - 2lk)\big/(2a - k - alk).\end{aligned}$$

将 (3.37) 化为

$$\begin{aligned}\dot{x} &= y,\\ \dot{y} &= -g(x) - f(x)y,\end{aligned} \tag{3.38}$$

其中仍以 $x,\ y,\ t$ 表示 $\widetilde{x},\ \widetilde{y},\ \widetilde{t}$, 且

$$f(x) = B(x)\big/[f_1(x)]^{1+q}, \quad g(x) = r(x)H(x)\big/[f_1(x)]^{1+2q}.$$

而 $B(x)$, $r(x)$ 和 $H(x)$ 是二次多项式函数. 可验证 $f(x)$, $g(x)$ 满足定理 3.18 的条件. 从而得出 (3.37) 的极限环的唯一性. 详细证明较繁, 从略. 有兴趣的读者可参见 [Zha].

又如 [Co3] 中利用定理 3.19 证明了有无穷远退化奇点的二次系统

$$\dot{x} = y + cx^2, \quad \dot{y} = -x + \delta y + mxy + nx^2$$

极限环的唯一性.

关于 Liénard 方程极限环的存在性与唯一性, 有许多好的结果, 这里只是介绍了其中的一部分. 进一步可参看 [Ye1], [Ye2] 和 [LWZD] 等.

最后介绍一个多连通域中极限环的唯一性定理.

定理 3.20 *在环域 D 内, 若 $\dfrac{\partial P}{\partial x} + \dfrac{\partial Q}{\partial y} \geq 0$, 且不在 D 的任何子区域内恒等于零, 则系统 (3.4) 在 D 内至多有一条闭轨线.*

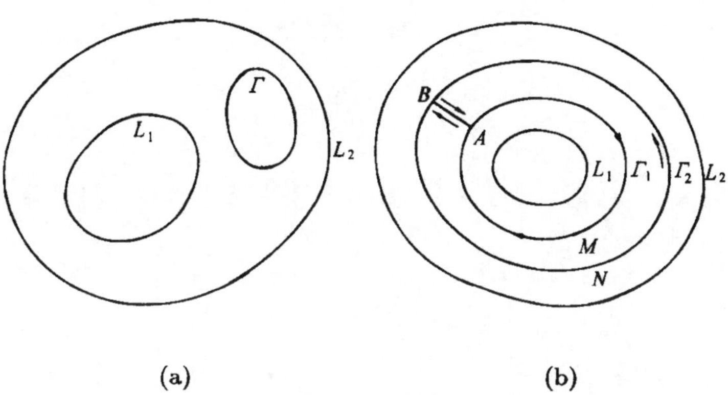

图 3.12

证明 由定理 3.3 的证明知, 系统 (3.4) 不存在如图 3.12(a) 所示的闭轨线, 即 (3.4) 的闭轨线若存在必包围环域 D 的内境界线 L_1.

假设存在两条包围 L_1 的闭轨线 Γ_1, Γ_2, 如图 3.12(b). 在 Γ_1 和 Γ_2 之间引一条线段 AB, 构造定向闭曲线 $\widehat{AMA} \bigcup \overline{AB} \bigcup \widehat{BNB} \bigcup \overline{BA} \triangleq L$, 在它所成的单连通域中应用 Green 公式, 类似于定理 3.3 的证明得出矛盾. 因而, 系统 (3.4) 在 D 内至多有一条闭轨线.

证毕

推论 3.21 *若在环域 D 内无奇点, 且存在函数 $B(x,y)>0$, $M(x,y)\in C^1(D)$, 使得在 D 上有*

$$\frac{\partial}{\partial x}(BP)+\frac{\partial}{\partial y}(BQ)+BP\frac{\partial M}{\partial x}+BQ\frac{\partial M}{\partial y}\leq 0.$$

而等号不在整条闭轨线上成立, 则在 D 内至多有系统 (3.4) 的一个极限环, 若存在必为稳定的.

证明 令 $dt=B(x,y)dz$, 则 (3.4) 化为

$$\begin{aligned}\frac{dx}{dz}&=P(x,y)B(x,y),\\ \frac{dy}{dz}&=Q(x,y)B(x,y),\end{aligned}$$

设 L 是 (3.4) 的任意一条闭轨线, 它的周期为 T, 从而也是上述系统的闭轨线. 故有

$$\begin{aligned}&\int_0^T\left[\frac{\partial}{\partial x}(BP)+\frac{\partial}{\partial y}(BQ)\right]dz\\ &=\int_0^T\left[\frac{\partial}{\partial x}(BP)+\frac{\partial}{\partial y}(BQ)+\frac{dM}{dz}\right]dz\\ &=\int_0^T\left[\frac{\partial}{\partial x}(BP)+\frac{\partial}{\partial y}(BQ)+BP\frac{\partial M}{\partial x}+BQ\frac{\partial M}{\partial y}\right]dz\\ &<0.\end{aligned}$$

由此得知, L 必为稳定的极限环. 因此也是系统 (3.4) 的唯一极限环.

证毕

第四章　极限集，全局结构，结构稳定性与分支

为了确定系统的轨线的大范围性态，除了如前两章所述定性地分析它的奇点和闭轨以外，还应注意到轨线的极限点和极限集. 本章首先就来引入这些概念，并对极限集的性态，特别是平面系统的极限集的结构给出系统的结论. 然后以一些具体的平面系统为例分析其轨线的大范围定性性态. 对一些含有参数的系统，考虑其定性结构是否随参数的变化而发生改变，这就引导出结构稳定性和分支的概念.

§1　极限集

1.1　定义与例子

考虑 n 维系统

$$\frac{dx}{dt} = f(x), \tag{4.1}$$

其中 $x,\ f \in \mathbb{R}^n$. (4.1) 满足解的存在唯一性定理的条件. 对任意 $x_0 \in \mathbb{R}^n$, 其解 $\phi_t(x_0)$ 在 $t \in (-\infty, \infty)$ 上定义. 前两章已详细分析了两类特殊的轨线: 奇点与闭轨线，均为具周期性的运动，为研究一般非周期的轨线，注意它在 $t \to \infty$ 或 $t \to -\infty$ 时的性态. 现引入极限点与极限集的定义.

定义 4.1 对于轨线 $\phi_t(x)$, 如存在点 $\bar{x} \in \mathbb{R}^n$ 及时间序列 $t_n \to \infty$ (或 $-\infty$), 使 $\lim\limits_{n\to\infty} \phi_{t_n}(x) = \bar{x}$, 则称 $\bar{x}$ 为轨线 $\phi_t(x)$ 的 ω (**或** α) **极限点**, 或 **正向 (负向) 极限点**. $\phi_t(x)$ 的所有 ω (或 α) 极限点的集合称为 $\phi_t(x)$ 的 ω (或 α) **极限集**, 记做 $\Omega(x)$ (或 $A(x)$).

例如:

1) 奇点 x_0 是它自身的 ω 和 α 极限点, 且 $\Omega(x_0) = A(x_0) = x_0$.

2) 设 $\phi_t(x_0)$ 为闭轨线 ($\phi_t(x_0)$ 对 t 以 T 为周期), 则每一点 $\bar{x} \in \phi_t(x_0)$ 为 $\phi_t(x_0)$ 的极限点, 且 $\Omega(x_0) = A(x_0) = \phi_t(x_0)$.

3) 设闭轨 L 是一个稳定 (或不稳定) 的极限环, 则 L 是它的邻近轨线的 ω (或 α) 极限集.

当然, 极限点也可以既非奇点, 也非闭轨上的点.

例 4.1 考虑系统

$$\begin{aligned} \frac{dx}{dt} &= y + y(1-x^2)[y^2 - x^2(1-\frac{x^2}{2})], \\ \frac{dy}{dt} &= x(1-x^2) - y[y^2 - x^2(1-\frac{x^2}{2})]. \end{aligned} \tag{4.2}$$

它的轨线如图 4.1, 其中解曲线 $y^2 = x^2(1-\dfrac{x^2}{2})$ 由奇点 O 及 $t \to \pm\infty$ 时均趋向于 O 的两条轨线组成的 8 字形曲线, 它是其外部轨线的 ω 极限集.

例 4.2 环面上的无理流. 考虑系统

$$\dot{x} = 1, \qquad \dot{y} = \alpha, \tag{4.3}$$

其中 α 为实数. (4.3) 在平面上的轨线为一系平行直线 $y = \alpha x + C$, 这是很平凡的情形. 现把 (4.3) 理解为环面上的系统. 在 (x, y)

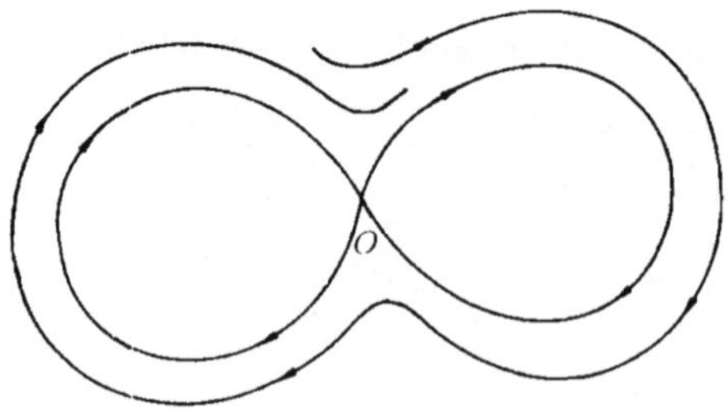

图 4.1

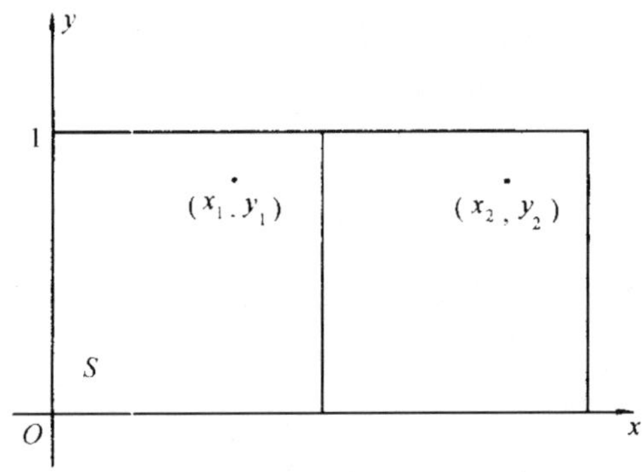

图 4.2

面上取单位正方形

$$S=\{(x,y)|\,x\in[0,1],\,y\in[0,1]\},$$

然后把 S 的两对对边迭合，即得一环面 T^2. 这相当于把平面上的点如下取等价类 (以 $\sim$ 表示): 任二点 $(x_1,y_1)\sim(x_2,y_2)$ 当且仅当 x_1-x_2, y_1-y_2 为整数，即 $T^2=R^2/\sim$. 这相当于以整数点 (p,q) 为顶点将平面分割成边长为 1 的许多正方形，等价类即取 S 作为这些正方形的代表而得出环面. 因此 (4.3) 所确定的轨线可视为环面上的运动，分为以下两种情况:

1) 当 $\alpha=$ 有理数 $\dfrac{q}{p}$ 时 (既约), 先考察轨线 $y=\dfrac{q}{p}x$. 因为它

通过点 $(0,0)$ 与 (p,q), 故代表 T^2 上的一条闭轨 (在 x 方向旋转 p 圈, 在 y 方向转 q 圈后闭合, 称为以 $\frac{q}{p}$ 为旋转数的闭曲线). 同理 $y=\frac{q}{p}x+C$ 均为 T^2 上的闭轨线, 这些不同伦于零的闭轨线充满了环面.

2) 当 $\alpha=$ 无理数时, (4.3) 构成环面上的无理流. 考察 $y=\alpha x$, 它通过原点. 当 x 取任何整数时, y 不取整数, 故它不再通过任何整点 (p,q), 此轨线在环面上非闭. 利用数论的知识可以证明此轨线 (因而由 $y=\alpha x+C$ 确定的每条轨线) 在 T^2 上处处稠密. 也就是说, 任取 T^2 上一点及其任意小的邻域 U, 此轨线都要无限次地进入 U ($t\to\infty$ 和 $t\to-\infty$ 时均如此). 因此 T^2 上每一点都是任意轨线的 ω 和 α 极限点, 亦即 T^2 为任意轨线的 ω 和 α 极限集. 这时环面无奇点, 每一轨线以无理数为旋转数, 故称为环面上的无理流, 它的每一条轨线的"足迹"遍历环面. 这一现象称为 **遍历**(ergodic).

由此可引入非游荡点和非游荡集的概念.

定义 4.2 设 $\phi_t(x)$ 或 f 为 $\mathbb{R}^n$ 内的连续流 (或离散流), 如存在点 $p\in\mathbb{R}^n$, 使对任意 $T>0$ ($N>0$) 及 p 的邻域 U, 存在 $t>T$ ($n>N$), 使

$$U\cap\phi_tU\neq\emptyset\quad(U\cap f^nU\neq\emptyset),$$

则称 p 为 ϕ (f) 的 **非游荡点** (nonwandering point). 否则称 p 为 **游荡点**. 所有非游荡点组成的集合称为 **非游荡集**, 记做 $\Omega(p)$.

显然, 奇点 (或不动点), 闭轨上的点 (或周期点) 均为非游荡点. 在例 4.2 中的遍历情形, 环面上的每一点均为非游荡点, 即 $\Omega(\phi)=T^2$.

定义 4.3 集合 $K \subset \mathbb{R}^n$, 如果对一切 $t > 0$ (或 < 0), $\phi_t(K) \subset K$, 则称 K 为 (4.1) 的流 ϕ_t 的 **正向 (或负向) 不变集**. 正和负向均为不变的集合称为 **不变集**. 即对任意 $x \in K$, $t \in \mathbb{R}$, 恒有 $\phi_t(x) \in K$.

由定义易见, 不变集由整条轨线组成.

1.2 极限集的性质

下述定理给出了极限集的基本性质.

定理 4.1 ω 和 α 极限集均为不变集, 故由整条轨线组成.

定理 4.2 设 $\phi_t(p)$, $t \geq 0$ (或$t \leq 0$) 是包含在有界闭集 $K \subset \mathbb{R}^n$ 中的一条正 (或负) 半轨线, 则极限集 $\Omega(p)$ 或 $A(p)$ 为连通的非空闭集.

证明 就括号外的情形证之. 取 $t_n = n$, 则无穷点列 $\phi_n(p)$ 包含于有界集 K 中, 故有子点列收敛于 K 内一点, 它为 ω 极限点, 故 $\Omega(p)$ 非空.

现证 $\Omega(p)$ 为闭集. 设 Q 为它的一个聚点. 存在 $Q_n \in \Omega(p)$, $n = 1, 2, \cdots$, 使

$$\lim_{n \to \infty} d(Q_n, Q) = 0,$$

其中 $d(Q_n, Q)$ 为 Q_n 与 Q 的距离. 对每一 Q_n 存在 $t_n > n$, 使

$$d(\phi_{t_n}(p),\ Q_n) < \frac{1}{n}.$$

因此, 给定 $\epsilon > 0$; 存在 N 使当 $n > N$ 时, 有

$$d(\phi_{t_n}(p), Q_n) < \frac{\epsilon}{2}, \quad d(Q_n, Q) < \frac{\epsilon}{2}.$$

故得出

$$d(\phi_{t_n}(p), Q) < \epsilon.$$

即得知 $Q \in \Omega(p)$.

再证连通性. 反设 $\Omega(p)$ 不连通, 则存在两非空闭集 Ω_1, Ω_2 使 $\Omega = \Omega_1 \cup \Omega_2$, $\Omega_1 \cap \Omega_2 = \emptyset$. 由有界性知 $d(\Omega_1, \Omega_2) = \delta > 0$. 对 δ 存在任意大的 t, 使

$$d(\phi_t(p), \Omega_1) < \frac{\delta}{2}.$$

也有任意大的 t, 使

$$d(\phi_t(p), \Omega_2) < \frac{\delta}{2}.$$

但是 $d(\phi_t(p), \Omega_1)$ 对 $t \geq 0$ 为连续, 故存在 $t_n \to \infty$, 使得

$$d(\phi_{t_n}(p), \Omega_1) = \frac{\delta}{2}.$$

有界点列 $\phi_{t_n}(p)$ 必有极限点 $Q \in \Omega(p)$. 而 $d(Q, \Omega_1) = \dfrac{\delta}{2}$,

$$d(Q, \Omega_2) \geq d(\Omega_2, \Omega_1) - d(Q, \Omega_1) = \frac{\delta}{2}.$$

因此点 Q 不在 $\Omega_1 \cup \Omega_2$ 内. 这与 $\Omega = \Omega_1 \cap \Omega_2$ 矛盾, 因此 $\Omega(p)$ 为连通.

证毕

注 4.1 如 $\phi_t(p)$ 无界, 则其极限集可以是不连通的. 例如, 不难作出平面系统使 $y = \pm 1$ 为轨线, 在 $|y| < 1$ 内有唯一奇点, 为不稳定焦点, 轨线如图 4.3. 对 $|y| < 1$ 内的轨线 $\phi_t(p)$, 其 $\Omega(p)$ 由两条直线 $y = 1$ 和 $y = -1$ 组成, 为一不连通集.

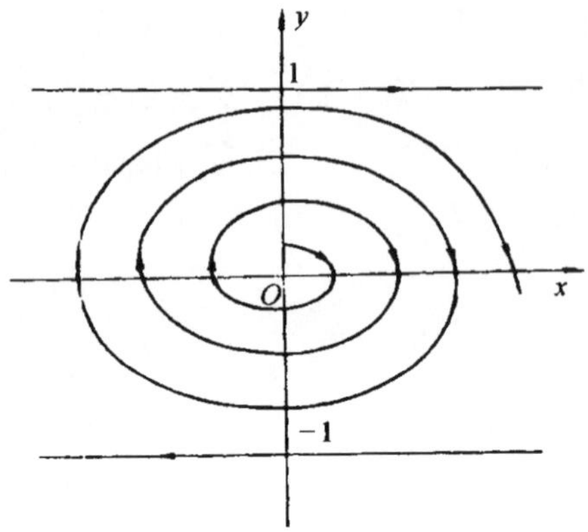

图 4.3

1.3 平面系统的极限集 Poincaré-Bendixson 定理

由于平面上 Jordan 曲线定理成立, 利用它可以把平面系统极限集的结构分析得很清楚.

引理 4.3 (Jordan 曲线定理) 设 $\mathbb{R}^2$ 内的一条连续简单闭曲线 C 把 $\mathbb{R}^2$ 分成两部分 D_1, D_2, 则连接任意两点 $p_1 \in D_1$, $p_2 \in D_2$ 的任意曲线必与 C 相交.

对平面系统

$$\begin{aligned} \dot{x} &= P(x,y), \\ \dot{y} &= Q(x,y) \end{aligned} \tag{4.4}$$

的定性研究来说, 无切线段是一个重要的工具.

定义 4.4 如平面上的线段 l 上不含 (4.4) 的奇点和与 (4.4) 的轨线相切的点, 则称 l 为 (4.4) 的一条 **无切线段**.

引理 4.4 若 (4.4) 的一条轨线与无切线段 l 相交于一系列点, 则它们可依相交时间的大小排序.

证明 设轨线 $\phi_t(p)$ 与 l 相继交于三点 p_1, p_2, p_3. 相应时间为 t_1, t_2, t_3. 若 $t_1 < t_2 < t_3$, 下面证明在 l 上, p_2 介于 p_1 与 p_3 即可. 考虑过 p 的正半轨, 它与 l 交于 p_1 后再次交于 p_2, 穿过方向如图 4.4 所示.

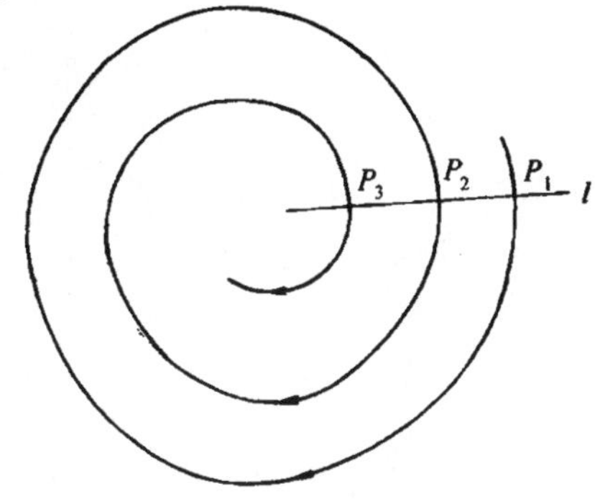

图 4.4

由轨线段 $\widehat{p_1p_2}$ 和 l 上线段 $\overline{p_1p_2}$ 组成一条闭曲线 C, 当 $t > t_2$ 时轨线 $\phi_t(p)$ 进入 C 内, 它不能和 C 相交, 由引理 4.3 知它只能保持在 C 内, 故与 l 的下一个交点 p_3, 必有 $p_2 \in \overline{p_1p_3}$.

证毕

引理 4.5 极限集中的任何轨线只能与无切线段至多相交于一点.

证明 设 $\phi_t(x) \subset \Omega(p)$ 而 $\phi_t(x)$ 与无切线段 l 相交于两点 y_1, y_2, 如图 4.5.

y_1, y_2 为常点, 故存在由流箱组成的对应邻域 U_1, U_2 (定理 1.11). 过 p 的轨线以 y_1, y_2 为极限点, 因此应一次次进入 U_1, U_2 且与 l 相交. 例如与 l 先交于 p_1 (邻近于 y_1), 再交于 y_2 的邻近点 p_2, 而后进入 $\overline{p_1p_2}$ 与轨线段 $\widehat{p_1p_2}$ 所围的区域, 且保持在此区域内, 故不能再进入 y_1 的邻域, 与 y_1 为 $\phi_t(p)$ 的极限点矛盾.

证毕

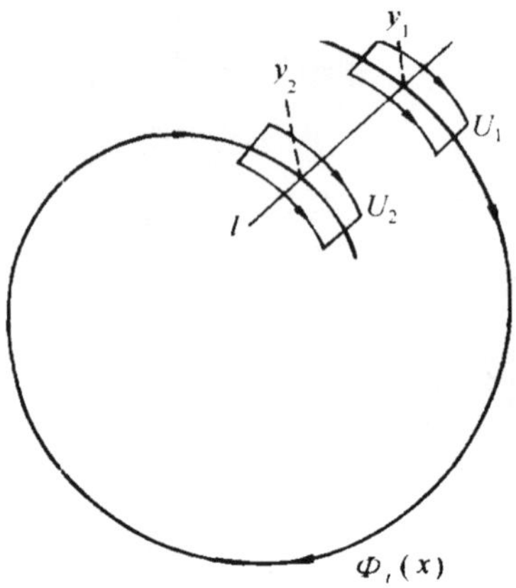

图 4.5

定理 4.6 (Poincaré-Bendixson) 设正 (或负) 半轨 $\phi_t(p)$ 保持在不含奇点的有界闭区域内，则 $\Omega(p)$ (或 $A(p)$) 为一条闭轨.

证明 由前知 $\Omega(p)$ 非空. 有常点 $y\in\Omega(p)$. 考虑过 y 的轨线 $\phi_t(y)\subset\Omega(p)$，它保持在有界区域，故必有 ω 极限点 z，它是常点. 过 z 可作无切线段 l. z 是 $\phi_t(y)$ 的 ω 极限点. 故 $\phi_t(y)$ 要无限次进入 z 的邻域，因此与 l 相交无数多次，依引理 4.5，它不能与 l 相交多于两点，故这无数次交点应为同一点，从而 $\phi_t(y)$ 为一条闭轨 L.

已证得 $\Omega(p)$ 中含有闭轨 L . 现证 $\Omega(p)=L$. 设不然，$\Omega(p)-L$ 非空. 由于 $\Omega(p)$ 为连通，故 L 应含有 $\Omega(p)-L$ 的聚点 q_0. 过 q_0 作无切线段 l_1，以 q_0 为心的每个圆内都应含有 $\Omega(p)-L$ 的一个点 q. 对足够接近 q_0 的 q 来说，由定理 4.11 知过 q 的轨线应与 l_1 相交. 设 $q_1=\phi_t(q)\cap l_1$, $\phi_t(q)\subseteq\Omega(p)-L$. 说明无切线段 l_1 上包含了 $\Omega(p)$ 的两个不同点 q_0 与 q_1，与引理 4.5 同样的方法可以证明任意无切线段不能与 $\Omega(p)$ 相交多于一点，从而得出矛盾. 这就证明了 $\Omega(p)=L$. 证毕

利用此定理，可以得知平面系统的有界极限集的类型：

1° 它若不含奇点，则必为一条闭轨线；

2° 它若不含常点，由连通性可知，它只由一个奇点组成；

3° 它既含奇点，又含常点，则过常点的轨线当 $t \to \pm\infty$ 时均趋于奇点，故这时极限集由一些奇点和连接它们的轨线组成的连通集合，如图 4.6.

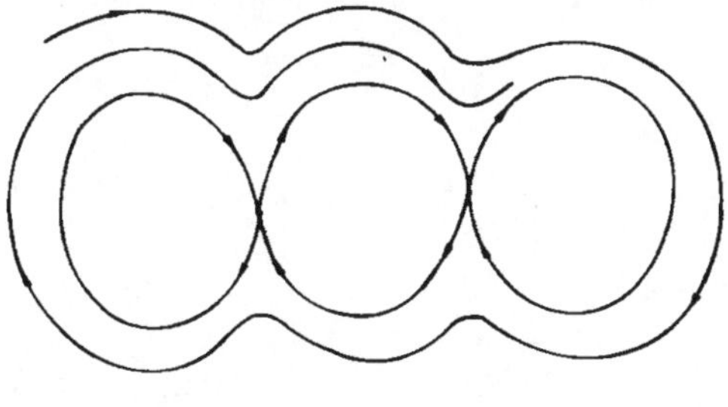

图 4.6

由定理 4.6 还可得出以下重要推论：

推论 4.7 设 K 为有界的正 (或负) 向不变集，又 (4.4) 有轨线进入 (当 $t \to \pm\infty$ 时) K 内，则 K 内必有奇点或闭轨.

推论 4.8 (环域定理) 设闭环域 G 不含奇点，且 (4.4) 的轨线与 G 相遇时均由外入内 (或由内到外)，则 G 内必存在 (4.4) 的稳定 (或不稳定) 极限环.

推论 4.9 若相互套在一起的相邻极限环之间无 (4.4) 的奇点，则此两环的相邻侧具有不同的稳定性.

§2 全局结构分析与应用例子

综合运用前两章中奇点分析与极限环的研究方法以及本章 §1

中的极限集理论，就可以对具体的平面系统作出整个平面上的全局定性结构的分析．下面给出一些例子．

例 4.3 分析二次系统

$$\begin{aligned}\dot{x} &= x(3-x-ny) \equiv P(x,y),\\ \dot{y} &= -y(1-x-y) \equiv Q(x,y)\end{aligned} \tag{4.5}$$

的全局结构，其中 $n \geq 3$．

解: (4.5) 的有限远奇点为：$O(0,0)$，$A(0,1)$，$B(3,0)$ 及 $C\left(\dfrac{n-3}{n-1}, \dfrac{2}{n-1}\right)$．当 $n=3$ 时，C 与 A 重合为一高阶奇点．

先考虑 $n>3$．这时易知 O，A，B 为鞍点，C 在第一象限，且有

$$\begin{pmatrix} \dfrac{\partial P}{\partial x} & \dfrac{\partial P}{\partial y} \\ \dfrac{\partial Q}{\partial x} & \dfrac{\partial Q}{\partial y} \end{pmatrix}_C = \begin{pmatrix} \dfrac{-n+3}{n-1} & -\dfrac{n(n-3)}{n-1} \\ \dfrac{2}{n-1} & \dfrac{2}{n-1} \end{pmatrix}.$$

其特征根为 $\lambda = \dfrac{5-n \pm \sqrt{-7n^2+22n+1}}{2}$．当 $3<n<5$ 时，C 为不稳定焦点或结点，当 $n>5$ 时，C 为稳定焦点．当 $n=5$ 时，$C=\left(\dfrac{1}{2}, \dfrac{1}{2}\right)$，相应线性系统有中心，而 (4.5) 有通积分

$$xy^3\left(\frac{1}{3}x+y-1\right)^2 = h. \tag{4.6}$$

当 $h=0$ 时对应有解 $x=0$，$y=0$，$\dfrac{1}{3}x+y-1=0$，它们分别包含奇点 O，A，B．$h>0$ 则对应有一系闭轨围绕奇点 C，因此 C 仍然为中心．

$n \neq 5$ 时可取 Dulac 函数 $B(x,y)=x^{-\frac{n-3}{n-1}}y^{\frac{2}{n-1}}$, 则

$$\frac{\partial(BP)}{\partial x}+\frac{\partial(BQ)}{\partial y}=\frac{5-n}{n-1}B(x,y)$$

为定号，故无闭轨.

(4.5) 的无穷远奇点已在第二章 §5 分析清楚. 把上述结果综合起来即可得出 $n>3$ 时的结构图 4.7(a)-(c).

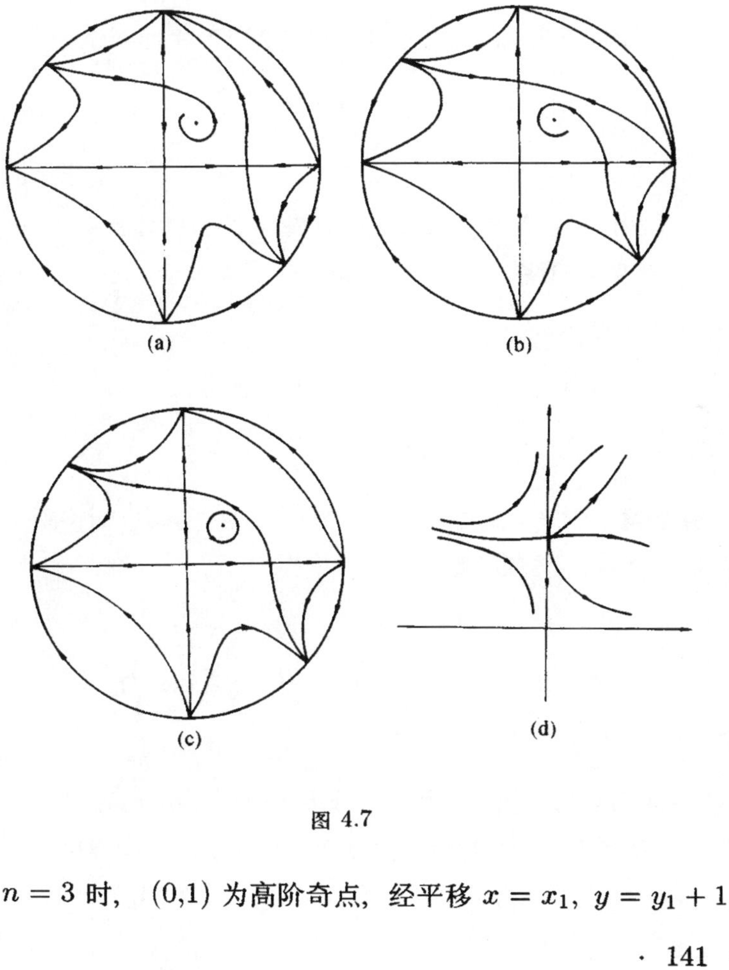

图 4.7

$n=3$ 时，(0,1) 为高阶奇点，经平移 $x=x_1$, $y=y_1+1$,

(4.5) 化为

$$\begin{aligned}&\dot{x_1}=-x_1(x_1+3y_1),\\&\dot{y_1}=(y_1+1)(x_1+y_1)=x_1+y_1+x_1y_1+y_1^2.\end{aligned}\tag{4.7}$$

其线性部分有特征根 0 和 1. 用第二章 §3 的方法, 由 (4.7) 第二式右端 $=0$ 解出 $y_1=-x_1$ 代入 (4.7) 的第一式右端, 得 $\Phi(x_1)=2x_1^2$, $m=2$, $g>0$. 故 (0,1) 为鞍结点, 可得结构图 4.7(d).

例 4.4 生化反应中的三分子模型可表为下列平面系统

$$\begin{aligned}&\dot{x}=A-(1+B)x+x^2y,\\&\dot{y}=Bx-x^2y,\end{aligned}\tag{4.8}$$

其中 A, $B>0$. 易知它有唯一的有限远奇点 $(x,y)=(A,A/B)$. 为研究此奇点的性态及极限环问题, 作变换 $x=x$, $u=x+y$ 化为 x, u 的系统

$$\begin{aligned}&\dot{x}=A-(1+B)x+x^2(u-x),\\&\dot{u}=A-x.\end{aligned}\tag{4.9}$$

(4.9) 的唯一奇点为 $x=A$, $u=A+B/A$. 令 $x=A+\xi$, $u=A+B/A+\eta$, 得到

$$\begin{aligned}&\dot{\eta}=-\xi,\\&\dot{\xi}=(B-1-A^2)\xi+A^2\eta+(B-2A^2)A^{-1}\xi^2\\&\quad+2A\xi\eta-\xi^3+\xi^2\eta.\end{aligned}\tag{4.10}$$

从线性部分可以看出, 当 $B>1+A^2$ 时原点为不稳定的焦点或结点, 当 $B<1+A^2$ 时原点为稳定的焦点或结点. 当 $B=1+A^2$ 时线性部分以原点为中心. 对于非线性系统 (4.10) 来说原点的判

断较复杂. 为避免复杂计算, 我们从无穷远奇点的分析入手. 仍用 (4.8) 来计算较简单. 令 $x=\frac{1}{z}$, $y=\frac{y_1}{z}$, $\frac{dt}{d\tau}=z^2$, 可化得

$$
\begin{aligned}
\frac{dy_1}{d\tau} &= -y_1 - y_1^2 + Bz^2 + (1+B)y_1z^2 - Ay_1z^3, \\
\frac{dz}{d\tau} &= -y_1z + (1+B)z^3 - Az^4.
\end{aligned}
\tag{4.11}
$$

考虑其奇点 (0,0) 及 $(-1,0)$. 对于 (0,0), 由 (4.11) 第一式右端 =0 解出 $y_1 = Bz^2 +$ 高次项 代入第二式的右端, 可得

$$\Psi(z) = z^3 - Az^4.$$

由 $m=3$, $g=1$ 得知 (0,0) 为鞍点.

对 $(-1,0)$, 令 $y_1=-1+y_2$, $z=z$, (4.11) 化为

$$
\begin{aligned}
\frac{dy_2}{d\tau} &= y_2 + \text{高次项}, \\
\frac{dz}{d\tau} &= z + \text{高次项}.
\end{aligned}
$$

故此为不稳定结点.

令 $x=\frac{x_1}{z}$, $y=\frac{1}{z}$, 可以判断 y 轴方向的无穷远奇点为鞍结点, 如图 4.8. 因此无穷远是排斥的. 当 $B>1+A^2$ 时 $(A, B/A)$ 为不稳定. 由极限集理论得知, 围绕此奇点应存在稳定的极限环. 现证它也是唯一的极限环.

对 (4.10) 利用变换 $\xi'=\frac{\xi}{A}$, $\eta=\eta'$, $ds=A(1+\xi')^2dt$.

$$
\begin{aligned}
\frac{d\xi'}{ds} &= \eta' - F(\xi'), \\
\frac{d\eta'}{ds} &= -g(\xi'),
\end{aligned}
\tag{4.12}
$$

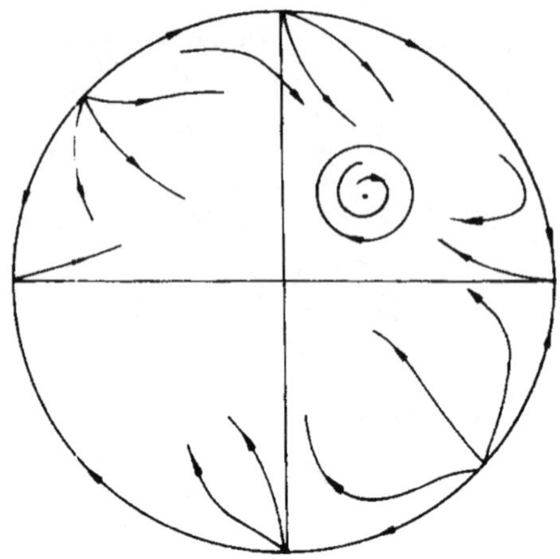

图 4.8

其中

$$F(\xi')=\frac{A\xi'^3-(B-2A^2)A^{-1}\xi'^2-(B-1-A^2)A^{-1}\xi'}{(1+\xi')^2},$$

$$g(\xi')=\frac{\xi'}{(1+\xi')^2},$$

$$F'(\xi')=\frac{3A\xi'^2-2(B-2A^2)A^{-1}\xi'-(B-1-A^2)A^{-1}}{(1+\xi')^2}$$

$$-\frac{2(A\xi'^3-(B-2A^2)A^{-1}\xi'^2-(B-1-A^2)A^{-1}\xi')}{(1+\xi')^3}.$$

由 (4.8) 的第一式可知 $\left.\frac{dx}{dt}\right|_{x=0}=A>0$, 故 $x=0$ 为无切直线, 围绕 $(A,B/A)$ 的闭轨必在 $x>0$ 半平面, 因而只要讨论 $x>0$, 亦即 $1+\xi'>0$ 的区域. 因

$$\frac{d}{d\xi'}\left(\frac{F'(\xi')}{g(\xi')}\right)=A+\frac{2}{A\xi'^2}+\frac{B-1-A^2}{A(1+\xi')^2}>0,$$

$\xi' g(\xi') > 0$, $\xi' \neq 0$. 由定理 3 可知, (4.12) 最多只有一个极限环. 因此得知, $B > 1 + A^2$ 时系统 (4.8) 有唯一的稳定极限环.

下面来证明 $B \leq 1 + A^2$ 时 (4.8) 没有闭轨线, 因而 $(A, B/A)$ 为全局渐近稳定的奇点.

对参数 B 利用旋转向量场理论, 把 (4.10) 右端分别记为 $P(\xi, \eta)$, $Q(\xi, \eta)$, 则

$$\begin{vmatrix} P & Q \\ \dfrac{\partial P}{\partial B} & \dfrac{\partial Q}{\partial B} \end{vmatrix} = \begin{vmatrix} P(\xi,\eta) & Q(\xi,\eta) \\ \xi + \dfrac{1}{A}\xi^2 & 0 \end{vmatrix} = \xi^2(1 + \frac{\xi}{A}) > 0,$$

因如上知闭轨保持在 $\xi' > -1$ 即 $\xi > -A$ 的部分. 故 (4.10) 关于 B 构成广义旋转向量场, 随 B 增大极限环扩大, 当 B 从 $1 + A^2$ 增大时, 极限环所遮盖的区域边界上必有奇点, 因此该区域从奇点 $(A, B/A)$ 一直延伸到无穷远, 从而 $B < 1 + A^2$ 时不能有闭轨围绕 $(A, B/A)$, 否则将与 $B > 1 + A^2$ 时的闭轨相交, 而这是不可能的.

例 4.5 考虑具有 Holling II 类功能性反应的食饵与捕食者模型

$$\begin{aligned} \dot{x} &= x(a - bx) - \frac{\alpha x y}{1 + \omega x}, \\ \dot{y} &= \frac{e\alpha x y}{1 + \omega x} - dy, \end{aligned} \tag{4.13}$$

其中 a, b, α, ω, e, d 均为正常数, 其生态意义可参见 [Ma], x, y 分别表示食饵与捕食者的数量, 因此可在 (x, y) 的第一象限内考虑.

先令 $dt = (1 + \omega x)d\tau$, 再通过无量纲化以减少参数, 即令

$$\bar{x} = kx, \quad \bar{y} = hy, \quad \bar{t} = l\tau,$$

适当选取 k, h, l, 可使 (4.13) 化为 (仍记 $\bar{x}$, $\bar{y}$, $\bar{t}$ 为 x, y, t)

$$\begin{aligned}\frac{dx}{dt} &= x(a_1+a_2x+a_3x^2-y)\equiv P(x,y),\\ \frac{dy}{dt} &= y(-1+x)\equiv Q(x,y),\end{aligned}\tag{4.14}$$

其中 $a_1>0$, $a_3<0$, a_2 为实数. (4.14) 的奇点为: $O(0,0)$, $A(x_0,0)$, $R(1,a_1+a_2+a_3)$, 其中 x_0 为方程 $a_3x^2+a_2x+a_1=0$ 的正根, 又设 $a_1+a_2+a_3>0$, 以使 R 位于第一象限. 易知 O 与 A 为鞍点, R 为焦点或结点, 当 $a_2+2a_3>0$ (或 <0) 时为不稳定 (或稳定).

下面证明: (i) 当 $a_2+2a_3\le 0$ 时, (4.14) 无极限环;

(ii) 当 $a_2+2a_3>0$ 时, (4.14) 有唯一极限环, 且为稳定的.

证明 (i), 取 Dulac 函数

$$B(x,y)=x^{\alpha}y^{\beta},\tag{4.15}$$

其中 α, β 为待定常数.

$$\begin{aligned}D\equiv&\frac{\partial(BP)}{\partial x}+\frac{\partial(BQ)}{\partial y}=B(x,y)\\ &\cdot\left[\sum_{i=1}^{3}(\alpha+1+i)a_ix^i-1-(\alpha+2)y-(\beta+1)(1+x)\right].\end{aligned}\tag{4.16}$$

取 $\alpha=-2$, 得到

$$D=x^{-2}y^{\beta}[2a_3x^2+(a_2+\beta+1)x-(\beta+1)].\tag{4.17}$$

记 $\gamma=\beta+1$, 要使 D 常号, 只需

$$\Phi(x,\gamma)=2a_3x^2+(a_2+\gamma)x-\gamma$$

的判别式

$$f(\gamma)=(a_2+\gamma)^2+8a_3\gamma=\gamma^2+2(a_2+4a_3)\gamma+a_2^2\leq 0. \quad (4.18)$$

因为

$$4(a_2+4a_3)^2-4a_2^2=32a_3(a_2+2a_3)\geq 0,$$

故 $f(\gamma)=0$ 至少有一实根，从而总可取到 γ_0，使 $f(\gamma_0)\leq 0$. 则 Dulac 函数可取为 $B(x,y)=x^{-2}y^{\gamma_0}$, 依定理 3.5 知，(4.14) 不存在极限环.

再证明 (ii), 先证极限环的存在性. 已设 $a_2+2a_3>0$, $a_1+a_2+a_3>0$, 故奇点 R 为不稳定, 只要作出适当的外境界线即可.

过 A 作直线 $x=x_0$, 由

$$\left.\frac{dx}{dt}\right|_{x=x_0}=-x_0y<0$$

知 (4.14) 的轨线由左向右穿过此直线. 再取直线 $l=x+y-k=0$, 其中 k 待定.

$$\begin{aligned}\left.\frac{dl}{dt}\right|_{l=0}&=[y(x-1)+x(a_1+a_2x+a_3x^2-y)]_{l=0}\\&=x(a_1+a_2x+a_3x^2)+x-k.\end{aligned}$$

当 $0\leq x\leq x_0$, 上式右端为有界, 故取 $k>0$ 足够大, 可使其右端小于零, 轨线穿过 l 的方向如图 4.9 所示. 加上轨线 $x=0$, $y=0$ 的相应段所围成的区域 G (见图 4.9) 内必存在稳定的极限环.

再证极限环的唯一性. 平移坐标原点到奇点 $R(1,y_0)$, $y_0=a_1+a_2+a_3$, 即令 $\bar{x}=x-1$, $\bar{y}=y-y_0$, 可得

$$\begin{aligned}\frac{d\bar{x}}{dt}&=-\bar{y}(1+\bar{x})+(a_2+2a_3)\bar{x}+(a_2+3a_3)\bar{x}^2+a_3\bar{x}^3,\\\frac{d\bar{y}}{dt}&=\bar{x}(\bar{y}+y_0).\end{aligned}\quad (4.19)$$

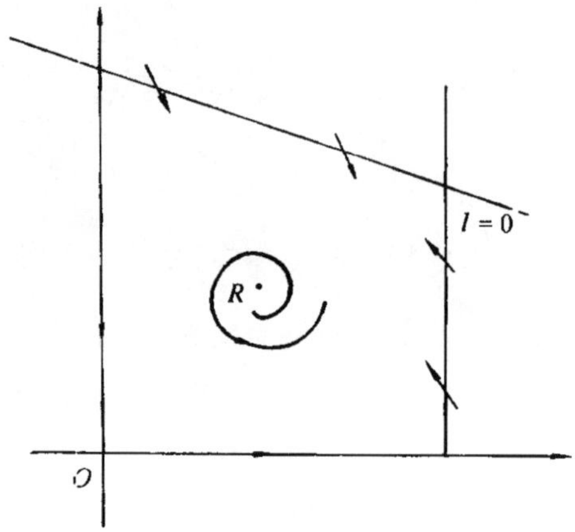

图 4.9

令 $\dfrac{d\bar{x}}{1+\bar{x}} = du$, $\dfrac{d\bar{y}}{\bar{y}+y_0} = dv$, 即或 $\bar{x} = \mathrm{e}^u - 1$, $\bar{y} = (\mathrm{e}^v - 1)y_0$, 可将 (4.19) 化为 Liénard 型方程

$$\begin{aligned} \frac{du}{dt} &= -\varphi(v) - F(u), \\ \frac{dv}{dt} &= g(u), \end{aligned} \tag{4.20}$$

其中 $g(u) = \mathrm{e}^u - 1$, $\varphi(u) = y_0(\mathrm{e}^v - 1)$, $F(u) = a_2 + a_3 - a_2\mathrm{e}^u - a_3\mathrm{e}^{2u}$, $F'(u) = f(u) = -a_2\mathrm{e}^u - 2a_3\mathrm{e}^{2u}$, 故

$$\frac{d}{du}\left(\frac{f(u)}{g(u)}\right) = \frac{\mathrm{e}^u[a_2 + 2a_3 - 2a_3(\mathrm{e}^u - 1)^2]}{(\mathrm{e}^u - 1)^2}.$$

由 $a_2 + 2a_3 > 0$, $a_3 < 0$ 知上式大于零, 极限环唯一性定理 3.18 的其它条件均可满足, 因此所得到的稳定极限环是唯一的.

§3 结构稳定性

由上一节的图 4.7 可见，对区间 $(3,5)$ 内的不同的 n，相应于不同的系统 (4.5)，但它们的全局结构图形基本上是一样的，都如图 4.7(a) 所示. 同样，对于例 4.4，不管参数 A，$B>0$ 取值如何，只要 $B>1+A^2$，对应系统在第一象限都有唯一的稳定极限环 (当 A，B 取不同值时只不过极限环的具体位置与形状有所不同)，其它轨线的趋向 (当 $t\to\pm\infty$ 时) 都是对应相同的. 这涉及结构稳定性的概念. 即对这些参数区域内的值，相应系统的整体轨线结构不随参数值的变化 (仍保持在相应区域内) 而改变. 这在应用问题中也具有本质的重要性，因为由实际问题总结为数学模型 (如上面的系统 (4.8) 和 (4.13)) 往往经过了近似与简化的过程，为了使对相应数学模型的研究所得的结论能如实反映实际问题的性态，就要求这种数学模型的结构具有稳定性.

为了严格地描述轨线结构在系统的小摄动之下不变这一概念，先给出离散系统的拓扑共轭与向量场的拓扑等价性的定义. 考虑 $\mathbb{R}^n$ 上 (或区域 $G\subset\mathbb{R}^n$ 内) 的 C^r 同胚映射 f，$g:\mathbb{R}^n\to\mathbb{R}^n$，它们分别确定了 $\mathbb{R}^n$ 上的两个离散系统，以及由 C^r 映射 f，g 所确定的两个向量场

$$\frac{dx}{dt}=f(x),\tag{4.21}$$

$$\frac{dx}{dt}=g(x).\tag{4.22}$$

它们分别确定了 $\mathbb{R}^n$ 上的两个连续流.

定义 4.5 *若存在同胚映射 h: $\mathbb{R}^n\to\mathbb{R}^n$，使*

$$h\circ f(x)=g\circ h(x),\qquad x\in\mathbb{R}^n,\tag{4.23}$$

则称 f 与 g 为 **拓扑共轭**.

由 (4.23) 易知, $f^n(x) = h^{-1} \circ g^n \circ h(x)$ 对一切 $n \in Z$, $x \in \mathbb{R}^n$ 成立, 因此离散系统 f 与 g 的轨道在 h 之下一一对应, 且不动点与不动点, 周期轨道与周期轨道分别相对应.

定义 4.6 *若存在同胚 $h: \mathbb{R}^n \to \mathbb{R}^n$ 使 (4.21) 与 (4.22) 的流 $\varphi_t(x)$ 与 $\psi_t(x)$ 的轨道一一对应且保持方向 (但不要求保持 t 的参数化), 则称向量场 (4.21) 与 (4.22)* **拓扑等价**; *如进一步保持 t 的参数化, 即有*

$$h \circ \varphi_t(x) = \psi_t \circ h(x), \quad \text{对一切 } t \in \mathbb{R},\ x \in \mathbb{R}^n, \tag{4.24}$$

则称两者为 **拓扑共轭**.

向量场的拓扑等价性要比拓扑共轭性要求低一些, 可见下例.

例 4.6 考虑下列两平面系统:

$$\dot{x} = -y, \qquad \dot{y} = x; \tag{4.25}$$

$$\dot{x} = -y, \qquad \dot{y} = x + x^3. \tag{4.26}$$

它们在平面上均以原点为唯一奇点, 且有一系闭轨围绕此奇点逆时针方向运动. 易见在两者的轨道之间可建立保持定向的同胚 $h: \mathbb{R}^2 \to \mathbb{R}^2$. 因此它们拓扑等价. 但 h 不能保持 t 的参数化关系式 (4.24), 因为 (4.25) 为线性系统, 每一闭轨均以 2π 为周期, 而 (4.26) 的各个闭轨具有不同的周期. 故说明了这两个向量场不是拓扑共轭的.

关于 C^r 映射 f 的微小摄动问题涉及到映射空间内的邻域概念, 通常如下定义.

定义 4.7 设 f 定义在 $\mathbb{R}^n$ 的有界闭区域 G 内，对任一小正数 $\epsilon > 0$, f 的 ϵ 邻域定义为

$$U_\epsilon(f) = \left\{ g \in C^r(G, \mathbb{R}^n) \middle| \max_{x \in G} \left[\sum_{j,k=1}^{n} \sum_{i=0}^{r} \left| \frac{\partial^i g_j}{\partial x_k^i} \right| \right] < \epsilon \right\}. \tag{4.27}$$

当区域 G 无界时，(4.27) 中的 max 未必存在，这时需要应用管状邻域等概念把上述定义加以推广，在此从略.

定义 4.8 对 C^r 映射 f 所确定的向量场 (4.21) (或离散流), 若存在 f 的 ϵ 邻域 $U_\epsilon(f)$, 使任意 $g \in U_\epsilon(f)$, (4.22) (或由 g 所确定的离散流) 均与 (4.21) 拓扑等价 (或与 f 拓扑共轭), 则称 (4.21) (或 f 所确定的离散流) 为 **结构稳定的**.

结构稳定的概念 1937 年首先由 A. Andronov 和 C. Pontryagin 对平面系统所引进，同时他们还给出了平面有界区域 G 上的系统为结构稳定的充要条件. 设平面系统

$$\begin{aligned} \frac{dx}{dt} &= P(x,y), \\ \frac{dy}{dt} &= Q(x,y) \end{aligned} \tag{4.28}$$

在 G 的边界上没有奇点和切点，则有

定理 4.10 系统 (4.28) 在 G 内为结构稳定的充要条件是:

(i) 只有有限个奇点，且均为双曲的;

(ii) 只有有限个闭轨，且均为单重极限环;

(iii) 没有鞍点之间的连接轨线.

证明可参见 [Ye1]. 1962 年， M. Peixoto 把这一研究推广到紧二维流形 (即二维闭曲面) 上的系统，证明了结构稳定系统所具备的特征是 (i), (ii), (iii) 再加上:

(iv) 每一轨线均以奇点或极限环为极限集.

易见环面上的遍历流是结构不稳定的, 它满足定理 4.10 的条件, 不满足条件 (iv). 关于这方面的进一步的研究可参见 [PM] 和 [LT]. 平面多项式系统化为 Poincaré 球面上的系统后, 因为把赤道上的对径点合一, 就得出射影平面上的系统, 故可应用 Peixoto 的这一推广结果. 但结构稳定系统的特征应补充要求赤道由轨线 (包括奇点在内) 组成, 详见 [Lia].

§4　分支与余维

4.1 分支 (bifurcation)

结构不稳定的系统就称为 **分支系统**, 也就是说在一个分支系统 X 的任意邻近, 总存在摄动系统 Y, 使 Y 与 X 有不同的轨线结构.

通常, 我们考虑下列含参数的常微系统

$$\frac{dx}{dt} = F(x, \lambda), \tag{4.29}$$

其中 $x \in \mathbb{R}^n$, 参数 $\lambda \in \mathbb{R}^k$. **分支点** 是指某一参数值 $\lambda_0 \in \mathbb{R}^k$, 使 $(4.29)_{\lambda=\lambda_0}$ 为一分支系统, 即当 λ 变化经过 λ_0 时, 系统 (4.29) 的轨线结构会发生变化. **分支** 一词通常既可理解为分支系统, 也可理解为参数的分支值.

一个分支系统必须使 §3 中结构稳定系统所具有的性质至少有一条不成立, 因此可分为以下一些情况分别讨论:

1) 分支系统至少有一个奇点, 使在此奇点处对应的一次近似系统具有非零实部的特征根, 又可分为下列两种情况:

1° 具零实部的特征根. 例如, 对平面系统来说, 相应两特征根为一对虚数, 故此奇点为中心或者细焦点.

例 4.7 考虑系统

$$\begin{aligned}\dot{x} &= -y - \lambda x(x^2 + y^2),\\ \dot{y} &= x - \lambda y(x^2 + y^2).\end{aligned} \tag{4.30}$$

当 $\lambda = 0$ 时，它以 O 为中心，具有一系闭轨线，而当 $\lambda \neq 0$ 时，O 为焦点. 由 $\dot{r} = -\lambda r^3$ 可知，$\lambda < 0$ 时为不稳定，$\lambda > 0$ 时为稳定. 因此 $\lambda = 0$ 为分支值，对应系统为分支系统.

例 4.8 考虑系统

$$\begin{aligned}\dot{x} &= -y - x(x^2 + y^2 - \lambda),\\ \dot{y} &= x - y(x^2 + y^2 - \lambda).\end{aligned} \tag{4.31}$$

$\lambda = 0$ 时 (4.31) 以 O 为稳定的细焦点，$\lambda < 0$ 时 O 为稳定的粗焦点，$\lambda > 0$ 时 O 为不稳定的细焦点，同时在 O 外出现一个闭轨线 $x^2 + y^2 = \lambda$，它是一个稳定极限环. O 外的轨线如图 4.10 所示.

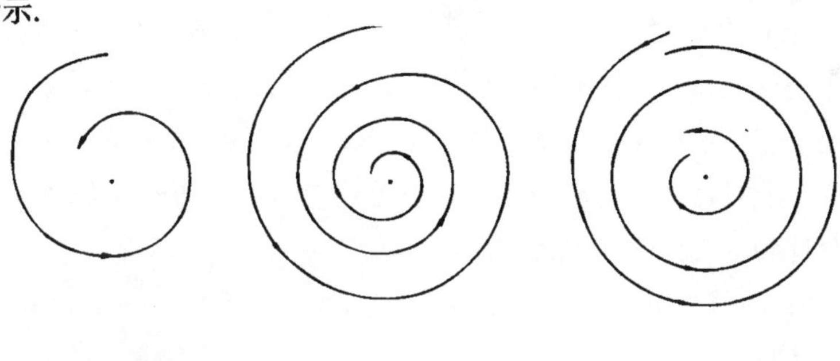

(a) $\lambda < 0$　　(b) $\lambda = 0$　　(c) $\lambda > 0$

图 4.10

$\lambda = 0$ 对应于分支系统，特别当 λ 由零变为正时，O 改变稳定性而在其外出现极限环，这种分支称为 **Hopf 分支**，在下一章我们将详细研究.

2° 具有零特征根. 先就简单的 1 维系统举出以下基本例子来看这种分支的基本特征.

例 4.9 考虑以下三个一阶方程

$$\dot{x} = \lambda - x^2, \tag{4.32}$$

$$\dot{x} = \lambda x - x^2, \tag{4.33}$$

$$\dot{x} = \lambda x - x^3, \tag{4.34}$$

其中 $x \in \mathbb{R}$, $\lambda \in \mathbb{R}$. 以 $f(x,\lambda)$ 记这些方程的右端函数, 它们都满足条件: $f(0,0) = 0$, $\dfrac{\partial f}{\partial x}(0,0) = 0$, $\lambda = 0$ 时对应线性系统均为 $\dot{x} = 0$, 它具有零特征根. λ 变化经过零时, 这三个系统分别出现不同特点的分支, 在 (x,λ) 平面上画出分支图形如图 4.11 所示.

对 (4.32), 在 $\lambda < 0$ 一侧系统没有奇点, 而在 $\lambda > 0$ 一侧, 系统出现两个奇点, 位于抛物线 $\lambda = x^2$ 上, 上面的一个为稳定, 下面的一个为不稳定. 这就是 λ 由负变正经过零时所呈现的变化情况. 从没有奇点到一个奇点再分裂为两个奇点, 如图 4.11(a), 通常称这种分支为 **鞍结点分支**.

方程 (4.33) 在 $\lambda = 0$ 时有奇点 $x = 0$, 当 $\lambda \neq 0$ 时 (4.33) 恒有两奇点, $x = 0$ 及 $x = \lambda$, $\lambda < 0$ 时 $x = 0$ 为稳定而 $x = \lambda$ 为不稳定. 当 $\lambda > 0$ 时两奇点交换稳定性. 其分支图如 4.11(b), 它称为 **超临界分支** (transcritical bifurcation).

方程 (4.34) 在 $\lambda = 0$ 时的分支又和上述不同, 在 $\lambda < 0$ 时, 它仍有一个奇点 $x = 0$, 与 $\lambda = 0$ 时的同为稳定, 而 $\lambda > 0$ 时分裂为三个奇点, 除 $x = 0$ 外还有 $x = \pm\sqrt{\lambda}$, 均为稳定, 而 $x = 0$

变为不稳定，其分支图如 4.11(c)，这一分支形象地称为 **草叉分支** (pitchfork bifurcation).

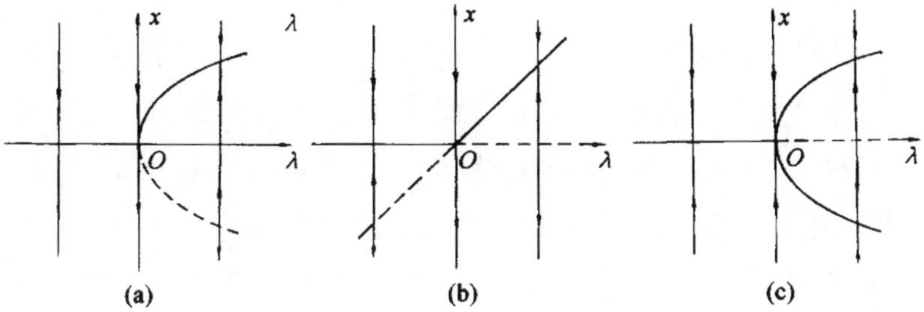

图 4.11

对维数大于 1 的系统的高阶奇点分支会出现许多更复杂的情况，在下一章再详细讨论.

2) 分支系统至少有一个闭轨，它不是单重极限环. 例如有一个二重环的情形，可参考下面的例子，更一般的 k ($k>2$) 重极限环的情形以及由一系闭轨产生极限环的分支情况将在下一章系统讨论.

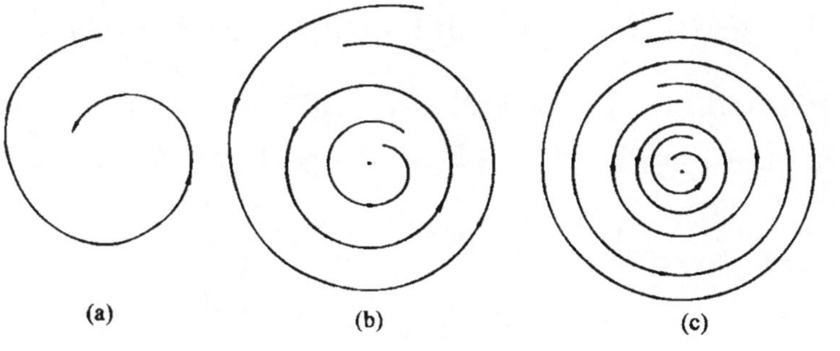

图 4.12

例 4.10 考虑平面系统

$$
\begin{aligned}
\dot{x} &= -y - x(x^2+y^2-1)^2 + \lambda x, \\
\dot{y} &= x - y(x^2+y^2-1)^2 + \lambda y.
\end{aligned} \tag{4.35}
$$

当 $\lambda = 0$ 时 (4.35) 具有一个二重极限环 L_0 : $x^2+y^2=1$, 它是一个分支系统. 因为当 $\lambda < 0$ 时 (4.35) 的极限环消失, 而当 $\lambda > 0$ 时 L_0 分裂为邻近的两个极限环 $x^2+y^2 = 1 \pm \sqrt{\lambda}$ ($|\lambda|$ 甚小时). 在二重极限环邻近轨线的变化如图 4.12 所示.

如果考虑这时在二重环邻近的 P - 映射, 则可以得出与图 4.11(a) 完全相对应的分支图. (4.35) 在极坐标之下化为

$$
\begin{aligned}
\dot{r} &= -r\{(r^2-1)^2 - \lambda\}, \\
\dot{\theta} &= 1.
\end{aligned} \tag{4.36}
$$

作无切线段 $\theta = 0$, 在 L_0 : $x^2+y^2=1$ 邻近, 后继函数为

$$
d(r,\lambda) = P(r,\lambda) - r.
$$

易于得知 $d(r,\lambda) = 0$ 为 $(r^2-1)^2 - \lambda = 0$, 由它可以确定 (λ, r) 平面上的分支图, 如图 4.13(a), 其中 $r_\lambda^{\pm} = \sqrt{1 \pm \sqrt{\lambda}}$, 它对应于两系闭轨线:

$$
L_\lambda^{\pm}: \ x_\lambda(t) = \sqrt{1 \pm \sqrt{\lambda}} \cos t, \quad y_\lambda(t) = \sqrt{1 \pm \sqrt{\lambda}} \sin t,
$$

图中实线对应于 L_λ^{+} 为稳定极限环, 虚线对应于 L_λ^{-} 为不稳定极限环. 图 4.13(a) 显然与图 4.11(a) 是一样的 (至少在分支点 $\lambda = 0$, $r = 1$ 邻近).

例 4.11 考虑系统

$$
\begin{aligned}
\dot{x} &= -y - x(x^2+y^2-1)(x^2+y^2-1-\lambda), \\
\dot{y} &= x - y(x^2+y^2-1)(x^2+y^2-1-\lambda).
\end{aligned} \tag{4.37}
$$

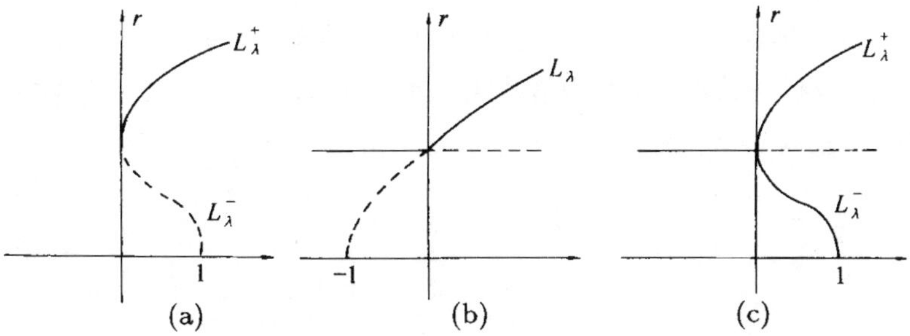

图 4.13

它在极坐标之下可化为

$$\begin{aligned} \dot{r} &= -r(r^2-1)(r^2-1-\lambda), \\ \dot{\theta} &= 1. \end{aligned} \tag{4.38}$$

对应的周期解为 $r=1$ 和另一族闭轨 $r_\lambda=\sqrt{1+\lambda}$:

$$L_\lambda: (x_\lambda(t), y_\lambda(t)) = (\sqrt{1+\lambda}\cos t,\ \sqrt{1+\lambda}\sin t), \quad \lambda > -1.$$

其分支如图 4.13(b) 所示，它与图 4.11(b) 所表现的分支情况实际上是一样的.

例 4.12 考虑系统

$$\begin{aligned} \dot{x} &= -y - x(x^2+y^2-1)[(x^2+y^2-1-\lambda)^2-\lambda], \\ \dot{y} &= x - y(x^2+y^2-1)[(x^2+y^2-1-\lambda)^2-\lambda]. \end{aligned} \tag{4.39}$$

当 $\lambda=0$ 时 (4.31) 有一个三重极限环 $r=1$, $\lambda<0$ 时只有一个极限环 $r=1$, 当 $\lambda>0$ 时除 $r=1$ 外，还有两个极限环 $L_\lambda^\pm$:

$$(x_\lambda^\pm(t), y_\lambda^\pm(t)) = (\sqrt{1+\sqrt{\lambda}}\cos t,\ \sqrt{1+\sqrt{\lambda}}\sin t), \quad \lambda > -1.$$

其 P - 映射在 $\lambda=0$ 附近的分支图 4.13(c) 是和图 4.11(c) 相同的.

分支系统也可以具有一系闭轨线，当参数 λ 变化时，大部分闭轨破裂，而只在某些闭轨的邻域出现极限环，这种分支现象称为 **Poincaré 分支**. 例如， van der Pol 方程

$$
\begin{aligned}
\dot{x} &= y, \\
\dot{y} &= -x + \lambda y(1 - x^2).
\end{aligned}
\tag{4.40}
$$

当 $\lambda = 0$ 时 (4.40) 有一系闭轨 $x^2 + y^2 = h^2$, 而当 $\lambda \neq 0$ 时第三章已证它有唯一极限环，下一章将证明当 $\lambda \to 0$ 时此极限环不是缩向奇点 O, 而是以一系闭轨中的一条， $x^2 + y^2 = 4$, 为其极限位置. 这就是说， $\lambda = 0$ 是 (4.40) 的 Poincaré 分支值.

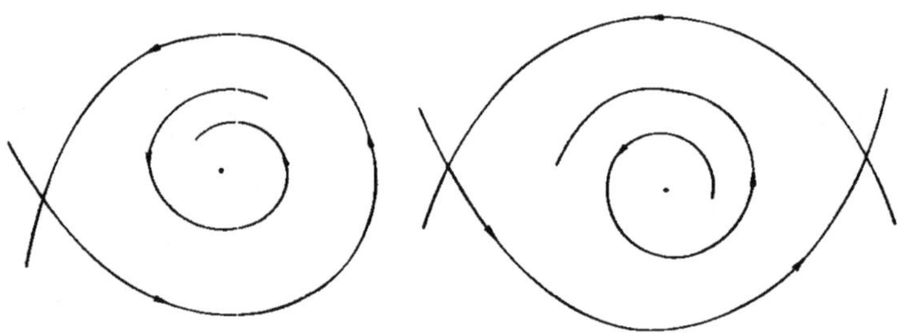

(a) (b)

图 4.14

3) 分支系统具有鞍点之间的连接轨线. 例如对平面系统来说，与极限环问题密切相关的是出现同宿奇闭轨 (如图 4.14(a)) 和异宿奇闭轨 (如图 4.14(b)) 所示的一些情况，我们将在下一章系统地加以研究.

4.2 开折 (unfolding) 与余维 (codimension)

考虑含参数系统

$$
\frac{dx}{dt} = f(x, \lambda), \tag{4.41}
$$

其中 $f \in C^r(\mathbb{R}^n \times \mathbb{R}^k, \mathbb{R}^n)$. 设 $\lambda = 0$ 对应于分支系统

$$\frac{dx}{dt} = f_0(x) = f(x, 0). \tag{4.42}$$

定义 4.9 当 $|\lambda| \neq 0$ 且甚小时，称 (4.41) 为分支系统 (4.42) 的一个 **开折** (unfolding).

分支系统 (4.42) 在相空间中某一个局部，例如一个非双曲奇点邻近或一个特征指数为零的闭轨线邻近，其拓扑结构为不稳定. $|\lambda| \neq 0$ 且甚小时，系统在这一局部的性态会发生变化. 人们希望找到包含若干个参数 $\lambda_1, \cdots, \lambda_r$ 的开折，使相应的系统 (4.41) 包含了一切开折在这一局部出现的所有可能的各种拓扑结构. 具有这种性质的开折就称为 **普适开折** (universal unfolding). 在普适开折中，含有的参数个数为最少时，其个数 r 就称为分支系统的 **余维** (codimension).

例如，一维鞍结点分支系统 (4.32) 就是系统 $\dot{x} = -x^2$ 的一个普适开折，当参数 λ 向正负两方变化使相应系统在 $x = 0$ 邻近的结构代表了一切开折所可能出现的结构，例如同一分支系统的另一开折 (4.33) 当参数变化时， $x = 0$ 邻近所出现的结构都包含在开折 (4.32) 之中. 因此，分支系统 (4.32) 是余维 1 分支. 在下一章将详细讨论平面系统的各种余维 1 分支，如鞍结点分支，一阶细焦点分支，二重极限环分支以及在一定条件下的同宿和异宿奇闭轨分支等.

对系统 $\dot{x} = -x^3$ 来说，开折 (4.34) 就不是普适的，因为它不能包含奇点 $x = 0$ 邻近所出现的一切拓扑结构变化情况，而二参数系统

$$\dot{x} = \lambda_1 + \lambda_2 x - x^3 \tag{4.43}$$

才是一个普适开折. 由 $\lambda_1+\lambda_2 x-x^3=0$ 的判别式

$$\frac{\lambda_1^2}{4}+\frac{\lambda_2^3}{27}=0 \tag{4.44}$$

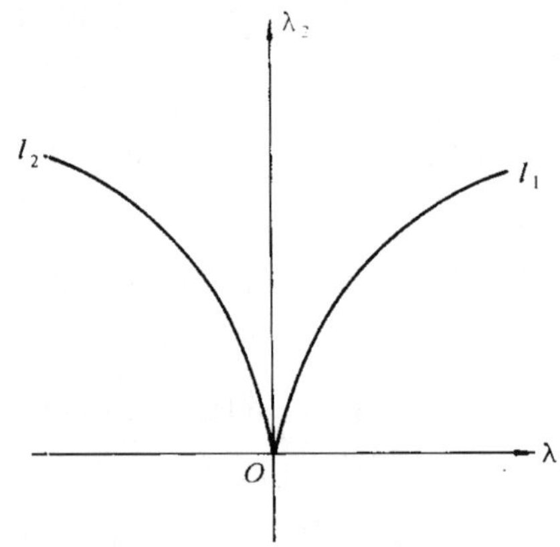

图 4.15

可知, 它对应于 (λ_1,λ_2) 平面上的两支曲线 l_1, l_2, 如图 4.15. 对应于 l_1, l_2 下方的点, 系统 (4.43) 在 $x=0$ 邻近有一个奇点, 而对应于上方的点, (4.43) 在 $x=0$ 邻近出现三个奇点, 如 (λ_1,λ_2) 从 (0,0) 沿曲线 l_1 或 l_2 变动, 则系统在 $x=0$ 邻近出现两个奇点 (一个为双曲, 另一为非双曲). 它代表了所有可能的变化. 因为对任意开折

$$\dot{x}=-x^3+\sum_{i=0}^{n}\lambda_i x^i \quad (\text{甚至 } n\to\infty)$$

易见当 $|\lambda_i|$ 甚小时, 在 $x=0$ 邻近此系统最多出现三个奇点, 其结构包含在上述情况之中. 因此 $\dot{x}=-x^3$ 是一个余维 2 分支. 关于平面系统的一个典型的余维 2 分支将在下一章给出.

§5 规范形

在第二章研究 n 维系统 $\dot{x}=f(x)$ 的奇点 $x=0$ 时 (设 $f(0)=0$), 如果导算子 $A=Df(0)$ 不具有零实部的特征值, 则 O 为双曲奇点, 这时 O 邻近的性态就可由系统的线性部分 $\dot{x}=Ax$ 确定. 通过适当线性变换可将 A 化为 Jordan 标准型. 奇点的性态可依不同的标准型来分类. 但对于非双曲奇点, 则不能完全由线性部分确定, 而要考虑到它的二次以及二次以上的项. 能否依次把这些项化为一定的标准形式以分类研究这种奇点的性态? 这就是**规范形** (normal form) 的基本思想.

设 A 已化为标准型, 考虑系统

$$\dot{x}=Ax+f_2(x)+f_3(x)+\cdots, \tag{4.45}$$

其中 $f_k(x)\in H_n^k$, 它表示 $x=(x_1,\cdots,x_n)$ 的 k 次齐次多项式所组成的空间, $k=2,3,\cdots$. 首先通过变换式

$$x=y+h_2(y), \tag{4.46}$$

其中 $h_2(y)\in H_n^2$, 希望能选取适当的 $h_2(y)$ 使 (4.45) 的二次项尽可能地简化. 由于 $\dot{x}=\dot{y}+Dh_2(y)\dot{y}=(I+Dh_2(y))\dot{y}$, 故

$$\begin{aligned}\dot{y}&=(I+Dh_2(y))^{-1}\dot{x}\\&=[(I-Dh_2(y)+O(|y|^2)]\\&\quad\cdot[A(y+h_2(y))+f_2(y)+O(|y|^2)].\end{aligned}$$

从而

$$\dot{y}=Ay+g_2(y)+\bar{f}_3(y)+\cdots, \tag{4.47}$$

其中 $\bar{f}_3(y)$ 表示 y 的齐三次的项，$g_2(y)=[f_2(y)-(Dh_2(y)Ay-Ah_2(y))]$. 引入关于 A 的伴随算子

$$ad_A^2:\ H_n^2\to H_n^2,\ ad_A^2(h_2(y))=Dh_2(y)Ay-Ah_2(y), \tag{4.48}$$

则 (4.47) 可表为

$$\dot{y}=Ay+f_2(y)-ad_A^2(h_2(y))+\bar{f}_3(y)+\cdots. \tag{4.49}$$

设算子 ad_A^2 在 H_n^2 中的值域为 P^2, 将 H_n^2 表为 P^2 及其补空间 Q^2 的直接和

$$H_n^2=P^2\oplus Q^2. \tag{4.50}$$

对于 (4.45) 中的二次项 $f_2(x)$, 有以下两种情况:

1) 如果 $f_2(x)\in P^2$, 则存在 $h_2(y)\in H_n^2$, 使 $ad_A^2(h_2(y))=f_2(y)$. 这时关于 y 的方程 (4.49) 中将不再出现二次项;

2) 如果 $f_2(x)\notin P^2$, 则对适当的 $h_2(y)\in H_n^2$, $ad_A^2(h_2(y))\in Q^2$, 因此可按 Q^2 中的基底去讨论变换后方程 (4.49) 的二次项所可能出现的各种形式. 连同线性项在内，把方程 (4.47) 截断到二次项，所得系统

$$\dot{y}=Ay+g_2(y) \tag{4.51}$$

称为原系统的 **二次规范形**.

类似地，对三次项可依同样的过程讨论. 设取变换

$$y=z+h_3(z),$$

其中 $h_3(z)\in H_n^3$. 这一变换不会影响到系统中的一次和二次项，故 (4.47) 化为

$$\dot{z}=Az+g_2(z)+[\bar{f}_3(z)-ad_A^3h_3(z)]+\bar{f}_4(z)+\cdots, \tag{4.52}$$

其中 $ad_A^3: H_n^3 \to H_n^3$, $h_3(z) \mapsto Dh_3(z)Az - Ah_3(z)$. 它和 ad_A^2 依赖于 A 的形式是一样的，只需把 h_2 换为 h_3 即可. 同样考虑 ad_A^3 在 H_n^3 中的值域 P^3 以及它在 H_n^3 中的直和分解的补空间 Q^3. 当 $\bar{f}_3(z) \in P^3$ 时，变换后的系统将不含三次项，否则可取适当的 $h_3(z)$, 使系统化为

$$\dot{z} = Az + g_2(z) + g_3(z) + \bar{f}_4(z) + \cdots. \tag{4.53}$$

在 (4.53) 中，截断到 $g_3(z)$ 为止的方程就称为 **三次规范形**, 可依 Q^3 中的基底得出它的形式. 重复此步骤可进一步确定 4 次， 5 次， ⋯⋯ 规范形. 当然，次数越高，形式将越复杂. 如果系统 (4.45) 为解析，则上述步骤可无限地进行下去，可形式地得到幂级数式的规范形. 因而需讨论它是否收敛，可参见 [Ar].

例 4.13 考虑平面系统

$$\dot{x} = Ax + f_2(x) + \cdots, \tag{4.54}$$

其中 $x = \begin{pmatrix} x_1 \\ x_2 \end{pmatrix}$, $A = \begin{pmatrix} 0 & 1 \\ 0 & 0 \end{pmatrix}$. 现求它的二次规范形.

因 $f_2(x) = \begin{pmatrix} a_1x_1^2 + b_1x_1x_2 + c_1x_2^2 \\ a_2x_1^2 + b_2x_1x_2 + c_2x_2^2 \end{pmatrix}$, 两分量各有三个任意系数，故 H_2^2 等同于一个 $\mathbb{R}^6$, 在其中可取如下一组基底

$$e_1 = \begin{pmatrix} x_1^2 \\ 0 \end{pmatrix}, \quad e_2 = \begin{pmatrix} x_1x_2 \\ 0 \end{pmatrix}, \quad e_3 = \begin{pmatrix} x_2^2 \\ 0 \end{pmatrix},$$

$$e_4 = \begin{pmatrix} 0 \\ x_1^2 \end{pmatrix}, \quad e_5 = \begin{pmatrix} 0 \\ x_1x_2 \end{pmatrix}, \quad e_6 = \begin{pmatrix} 0 \\ x_2^2 \end{pmatrix},$$

在算子 ad_A^2 之下

$$De_1Ax - Ae_1 = \begin{pmatrix} 2x_1 & 0 \\ 0 & 0 \end{pmatrix}\begin{pmatrix} 0 & 1 \\ 0 & 0 \end{pmatrix}\begin{pmatrix} x_1 \\ x_2 \end{pmatrix} - \begin{pmatrix} 0 & 1 \\ 0 & 0 \end{pmatrix}\begin{pmatrix} x_1^2 \\ 0 \end{pmatrix} = \begin{pmatrix} 2x_1x_2 \\ 0 \end{pmatrix},$$

即 $e_1 \mapsto 2e_2$, 类似计算可得

$$e_2 \mapsto e_3,\ e_3 \mapsto 0,\ e_4 \mapsto 2e_5 - e_1,\ e_5 \mapsto e_6 - e_2,\ e_6 \mapsto -e_3. \tag{4.55}$$

相对于这组基底 ad_A^2 的矩阵为

$$L_A = \begin{pmatrix} 0 & 2 & 0 & 0 & 0 & 0 \\ 0 & 0 & 1 & 0 & 0 & 0 \\ 0 & 0 & 0 & 0 & 0 & 0 \\ -1 & 0 & 0 & 0 & 2 & 0 \\ 0 & -1 & 0 & 0 & 0 & 1 \\ 0 & 0 & -1 & 0 & 0 & 0 \end{pmatrix}.$$

它的秩等于 4, 故 ad_A^2 的值域为 $P^2 = \mathbb{R}^4$, 由 (4.55), 可取 $2e_2$, e_3, $2e_5 - e_1$, $e_6 - e_2$ 为其基底, 即

$$\begin{aligned} P^2 &= \mathbb{R}^2 \\ &= \operatorname{span}\left\{\begin{pmatrix} 2x_1x_2 \\ 0 \end{pmatrix}, \begin{pmatrix} x_2^2 \\ 0 \end{pmatrix}, \begin{pmatrix} -x_1^2 \\ 2x_1x_2 \end{pmatrix}, \begin{pmatrix} -x_1x_2 \\ x_2^2 \end{pmatrix}\right\}. \end{aligned}$$

它的补空间可取为

$$Q^2 = \operatorname{span}\{e_4, e_5\} = \operatorname{span}\left\{\begin{pmatrix} 0 \\ x_1^2 \end{pmatrix}, \begin{pmatrix} 0 \\ x_1x_2 \end{pmatrix}\right\}.$$

相应地，二次规范形为

$$\begin{aligned}\dot{y} &= Ay + g_2(y)\\ &= \begin{pmatrix} 0 & 1 \\ 0 & 0 \end{pmatrix} y + p\begin{pmatrix} 0 \\ y_1^2 \end{pmatrix} + q\begin{pmatrix} 0 \\ y_1 y_2 \end{pmatrix},\end{aligned}$$

亦即

$$\begin{aligned}\dot{y}_1 &= y_2,\\ \dot{y}_2 &= py_1^2 + qy_1y_2.\end{aligned} \tag{4.56}$$

方程 (4.56) 是下一章将要讨论的线性部分具有两个零特征根的余维 2 分支，Bogdanov-Takens 分支.

注 4.2 规范形的表示不是唯一的，它依赖于补空间中基底的选取，例 4.13 中也可另取以基底 $\{e_4, 2e_1 + e_5\}$ 所张成的 Q^2 作为 P^2 的补空间，则相应的二次规范形为

$$\begin{aligned}\dot{y}_1 &= y_2 + 2qy_1^2,\\ \dot{y}_2 &= py_1^2 + qy_1y_2.\end{aligned}$$

还可取不同的基底得出另外的规范形.

第五章　平面系统的分支

如 §4.4 已述，结构不稳定系统就称为分支系统，或简称为分支 (bifurcation). 就平面系统而言，分支现象可以出现在一个奇点邻近，那么该奇点相应的一次近似系统的特征根或具有零实部，即出现一对纯虚根，这时相应的奇点为中心或细焦点，系统经摄动以后其邻近的拓扑性态就会发生变化，且在此奇点外围邻近可能会出现极限环，这就是 Hopf 分支；或具有零特征根，这时相应具有高阶奇点，系统经摄动之后，其性态会发生变化，奇点可能分裂为几个且伴随着极限环的出现，这种分支现象中最基本的一个称为 Bogdanov-Takens 分支. 分支系统也可以具有鞍点之间的连接轨线，通常有同宿轨线 (一条轨线当 $t \to \pm\infty$ 时两端均趋向同一鞍点) 和异宿轨线 (两端趋向于不同鞍点的轨线)，相应的系统就出现同宿 (homoclinic) 和异宿 (heteroclinic) 分支. 若系统具有一个重极限环，则在摄动以后其邻近的拓扑性态也会发生变化，此环消失或分裂出多个极限环，这就是多重极限环分支；或者系统具有一系闭轨 (如中心点外围的情形)，经摄动之后，这些闭轨大部分破裂，而在某一些闭轨邻近出现了孤立的闭轨 —— 极限环，这种分支通常称为 Poincaré 分支.

在本章内相应分为五节来分别讨论上述不同的分支现象.

§1　广义 Hopf 分支

考虑含参数的平面系统

$$\frac{dx}{dt} = P(x,y,\lambda), \qquad \frac{dy}{dt} = Q(x,y,\lambda), \tag{5.1}$$

其中 $(x,y) \in \mathbb{R}^2$, $\lambda = (\lambda_1, \cdots, \lambda_k) \in \mathbb{R}^k$, 设 P, Q 关于其变元为 $C^r (r \geq 1)$ 类的, 或为解析的. 例如 P, Q 为 x,y 的多项式时, (5.1) 就称为 **多项式微分系统**, 这时 P, Q 的系数即视为参数 λ.

为了阐述 Hopf 分支, 先看下列例子.

例 5.1　考虑系统

$$\begin{aligned} \frac{dx}{dt} &= -y - x(x^2 + y^2 - \lambda), \\ \frac{dy}{dt} &= x - y(x^2 + y^2 - \lambda). \end{aligned} \tag{5.2}$$

化为极坐标易知 $\lambda = 0$ 时 (5.2) 以 $O(0,0)$ 为稳定的一阶细焦点. $\lambda < 0$ 时 O 为稳定的粗焦点, 而 $\lambda > 0$ 时, O 为不稳定的粗焦点, 且围绕着 O 出现了一个稳定的极限环 $x^2 + y^2 = \lambda$, O 点邻近的拓扑结构变化如图 5.1 所示. 由于一阶细焦点改变为具相反稳定性的粗焦点而在其外围邻近出现了一个极限环, 这种类型的分支就称为 **Hopf 分支**, 也叫做 **一阶细焦点分支**.

较一般地, 设 $\lambda = 0$ 时 (5.1) 以 $O(0,0)$ 为奇点, 且其一次近似系统以 O 为中心点, 则经线性变换可把 (5.1) 化为

$$\begin{aligned} \frac{dx}{dt} &= a(\lambda)x - b(\lambda)y + P_2(x,y,\lambda), \\ \frac{dy}{dt} &= b(\lambda)x - a(\lambda)y + Q_2(x,y,\lambda), \end{aligned} \tag{5.3}$$

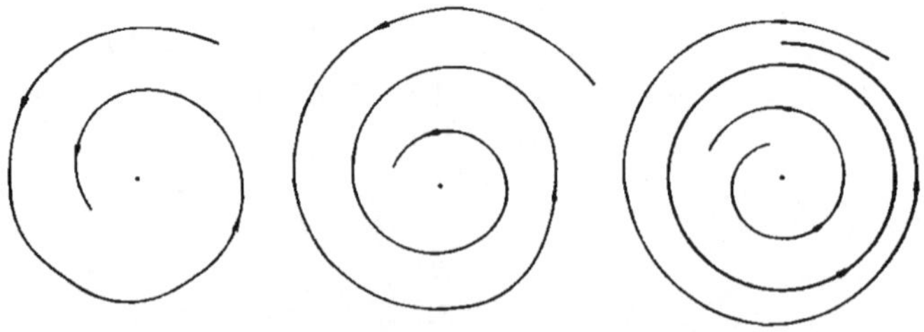

(a) $\lambda<0$ (b) $\lambda=0$ (c) $\lambda>0$

图 5.1

其中 P_2, Q_2 从 x,y 的二次项开始. (5.3) 的一次近似系统有特征根 $a(\lambda)\pm ib(\lambda)$, 设 $a(0)=0$, $b(0)>0$ ($b(0)<0$ 时可类似讨论).

定理 5.1 *设 $\lambda=0$ 时 (5.3) 以 O 为稳定 (不稳定) 的一阶细焦点, 则当 $\lambda\neq 0$ 且 $|\lambda|$ 充分小而使 O 变为 (5.3) 的不稳定 (稳定) 焦点时, 在 O 外围邻近分支出唯一的闭轨线, 它是稳定 (不稳定) 的极限环.*

证明 化为极坐标 (ρ,θ) 易知 (5.3) 变为

$$\begin{aligned}\frac{d\rho}{dt}&=a(\lambda)\rho+O(\rho^2),\\ \frac{d\theta}{dt}&=b(\lambda)+O(\rho).\end{aligned}$$

由 $b(0)>0$ 知 $|\lambda|$ 甚小时, $b(\lambda)>0$, 故 (5.3) 的轨线绕 O 逆时针转动, 考察括号外的情形. 当 $\lambda=0$ 时在正 x 轴上 O 邻近取点 A, 因 O 稳定, 故过 A 的轨线逆时针绕 O 一周后与正 x 轴相交于 $\overline{OA}$ 内一点 B, 由解对参数值的连续依赖性可知, 当 $|\lambda|\neq 0$ 足够小时, 过 A 点的轨线 (如图 5.2 中虚线) 亦与正 x 轴再次相交于 $\overline{OA}$ 内一点 B_1. 由假设, 对这样的 $|\lambda|$, O 变为不稳定, 因而当 C 点充分接近 O 时有轨线 CD, 它和 x 轴上线段 $\overline{CD}$ 组成

内边界，轨线 AB_1 及线段 $\overline{AB_1}$ 组成外边界. 可知它们所围成的环域内存在一稳定极限环 (见定理 3.7).

因这样的环域可取得充分小，从而可推知唯一性.

证毕

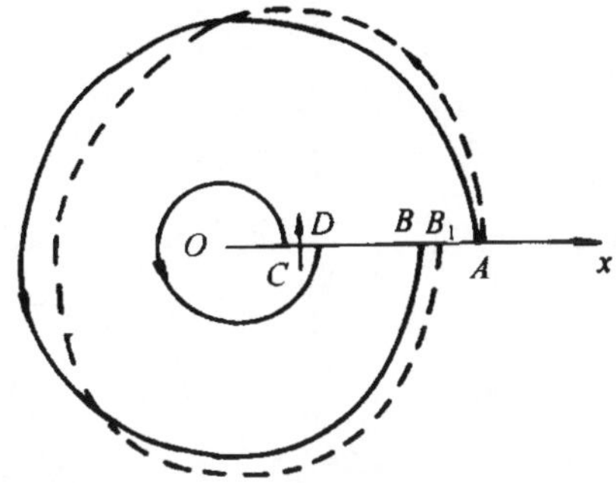

图 5.2

定理 5.1 通常称为 **一阶 Hopf 分支定理**. 对于高阶细焦点，可给出如下的 **广义 Hopf 分支定理**.

定理 5.2 *设 $\lambda = 0$ 时 (5.1) 以 O 为 m 阶细焦点，且 (5.1) 右端为 $C^r(r \geq 2m+1)$ 类函数，则存在 $\epsilon_0, \delta_0 > 0$，使对任一组 λ, $|\lambda| < \epsilon_0$, (5.1) 在以 O 为中心，δ_0 为半径的圆盘 $U_{\delta_0}(O)$ 内最多有 m 个极限环，且对任一 $0 < \epsilon < \epsilon_0$, 存在适当的 λ, $|\lambda| < \epsilon$, 使系统 (5.1) 在 $U_{\delta_0}(O)$ 内恰有 m 个极限环.*

证明 设 $\lambda = 0$ 时，O 邻近的后继函数为

$$d(\rho) = a_k\rho^k + o(\rho^k), \qquad a_k \neq 0,\ k = 2m+1.$$

由解对初值和参数的连续依赖性可知，当 $|\lambda| > 0$ 且充分小时，(5.1) 在 O 邻近的后继函数可表为

$$\overline{d}(\rho,\lambda) = \overline{a}_1(\lambda)\rho + \overline{a}_2(\lambda)\rho^2 + \cdots + \overline{a}_k(\lambda)\rho^k + o(\rho^k), \quad (5.4)$$

其中 $|\overline{a}_i(\lambda)|$ 均为小量, $i=1,\cdots,k-1$, $\overline{a}_k(\lambda)\neq 0$. (5.4) 的小零点个数由 $\overline{a}_1(\lambda)\rho+\cdots+\overline{a}_k(\lambda)\rho^k$ 确定, 故存在 ϵ_0, $\delta_0>0$ 使当 $|\lambda|<\epsilon_0$ 时, $\overline{d}(\rho,\lambda)$ 在 $(-\delta_0,\delta_0)$ 内至多存在 $k=2m+1$ 个零点, 如果 $|\lambda|<\epsilon_0$ 时, 存在摄动系统 (5.1), 它具有多于 m 个极限环, 设为 $(m+1)$ 个, 在 $U_{\delta_0}(O)$ 内. 每一个环与正, 负 x 轴各交于一点 $(\rho_1,0)$, $(-\rho_2,0)$, $\rho_1,\rho_2>0$ 且均 $\in(0,\delta_0)$. 因此 ρ_1, ρ_2 为 $\overline{d}(\rho,\lambda)$ 的两个零点, 对应于 $(m+1)$ 个极限环, 则可得出 $2(m+1)$ 个 $\overline{d}(\rho,\lambda)$ 的零点, 与前述最多 $(2m+1)$ 个零点相矛盾. 这就证明了在 $U_{\delta_0}(O)$ 内 (5.1) 最多只有 m 个极限环.

定理后半部分要证明 m 是可以达到的. $\lambda=0$ 时 (5.1) 的右端分别记为 $P_0(x,y)$, $Q_0(x,y)$, 考虑如下摄动系统

$$\begin{aligned}\frac{dx}{dt}&=P_0(x,y)+\lambda_0x+\lambda_1x(x^2+y^2)+\cdots\\&\quad+\lambda_{m-1}x(x^2+y^2)^{m-1}\equiv P(x,y,\lambda_0,\cdots,\lambda_{m-1}),\\\frac{dy}{dt}&=Q_0(x,y)+\lambda_0y+\lambda_1y(x^2+y^2)+\cdots\\&\quad+\lambda_{m-1}y(x^2+y^2)^{m-1}\equiv Q(x,y,\lambda_0,\cdots,\lambda_{m-1}).\end{aligned}\tag{5.5}$$

上述系统在 O 邻近的后继函数记为

$$\widetilde{d}(\rho,\lambda_0,\cdots,\lambda_{m-1}),\qquad 且\quad \widetilde{d}(\rho,0,\cdots,0)=d(\rho).$$

对 $\epsilon>0$, 存在 λ^*, $0<\lambda^*<\epsilon$ 及 r^*, $0<r^*<\delta_0$, 使得当 $|\lambda_i|<\lambda^*$, $i=0,\cdots,m-1$ 时 $\widetilde{d}$ 对所有 $\rho<r^*$ 均有定义且其零点 $\overline{\rho}<r^*$ 所对应的闭轨线整个位于 $U_{\delta_0}(O)$ 内. 由于 $d^{(2m+1)}(0)\neq 0$, 为确定起见不妨设 $d^{(2m+1)}(0)>0$, 即 O 为 $(5.1)_{\lambda=0}$ 的 m 阶不稳定细焦点. 保持 $\lambda_0=\cdots=\lambda_{m-2}=0$, 先

变动 $\lambda_{m-1}, 0 < |\lambda_{m-1}| < \lambda^*$, 这时易计算出后继函数

$$\widetilde{d}(\rho, 0, \cdots, 0, \lambda_{m-1}) = 2\pi\lambda_{m-1}\rho^{2m-1} + o(\rho^{2m-1}).$$

取 $\lambda_{m-1} < 0$, 则 O 变为一 $(m-1)$ 阶稳定细焦点. 类似于定理 5.1 的证明可得知, 这时在 O 外围邻近产生一极限环 L_1, 它是不稳定的, 保持 $\lambda_0 = \cdots = \lambda_{m-3} = 0$, 再变动 $\lambda_{m-2}, 0 < \lambda_{m-2} < \lambda^*$, 取 λ_{m-2} 适当小, 使 L_1 不消失, 而 O 变为 $(m-2)$ 阶不稳定细焦点, 故又在 L_1 内产生一稳定的极限环 L_2 . 依此步骤, 相继变动 $\lambda_{m-3}, \lambda_{m-4}, \cdots, \lambda_0$ 让其符号正负交替, 且 $|\lambda_i|$ 足够小, 从而使 O 一次次改变稳定性, 每次细焦点的阶数降低 1, 直至 $\lambda_0 \neq 0$ 时变为粗焦点, 而分支出 $L_1, L_2, \cdots, L_m$. 共 m 个极限环.

证毕

当 (5.1) 的右端 $P(x,y), Q(x,y)$ 为 x, y 的实系数多项式时, 就称为多项式微分系统. 关于这类多项式系统的极限环分支问题, 下面将较多地以二次系统 (二次微分系统的简称, 即 P, Q 为 x, y 的二次多项式的微分系统 (5.1)) 为例. 这时, [Ye 1] 将可能具有极限环的二次系统化为如下形式:

$$\begin{aligned} \dot{x} &= -y + dx + lx^2 + mxy + ny^2, \\ \dot{y} &= x + ax^2 + bxy. \end{aligned} \tag{5.6}$$

由简到繁, (5.6) 可依次分为如下三类: 当 $a = b = 0$ 时, 称为 I 类系统; 当 $b = 0, a \neq 0$ 时, 称为 II 类系统; 当 $b \neq 0$ 时称为 III 类系统. $d \neq 0$ 时 (5.6) 以 $O(0,0)$ 为粗焦点, $d < 0$ 时 O 为稳定, $d > 0$ 时 O 为不稳定. 当 $d = 0$ 时 O 为细焦

点，关于其焦点量 [Ye 1] 中给出了如下公式：

$$\begin{aligned}W_1 &= m(l+n) - a(b+2l),\\ W_2 &= ma(5a-m)[(l+n)^2(n+b) - a^2(b+2l+n)],\\ W_3 &= ma^2[2a^2+n(l+2n)][(l+n)^2(n+b) - a^2(b+2l+n)].\end{aligned} \tag{5.7}$$

有如下结论：

(1) 当 $d=0$, $W_1 \neq 0$, 则 O 为一阶细焦点， $W_1 < 0$ 时 O 为稳定， $W_1 > 0$ 时 O 为不稳定；

(2) 当 $d = W_1 = 0$, $W_2 \neq 0$, 则 O 为二阶细焦点， $W_2 < 0$ 时 O 为稳定， $W_2 > 0$ 时 O 为不稳定；

(3) 当 $d = W_1 = W_2 = 0$, $W_3 \neq 0$, 则 O 为三阶细焦点， $W_3 < 0$ 时 O 为稳定， $W_3 > 0$ 时 O 为不稳定；

(4) 当 $d = W_1 = W_2 = W_3 = 0$ 时， O 为中心；

(5) 当 (5.6) 的系数从 (1)–(4) 的任一种情况变化时，在 O 的足够小的邻近，最多可出现三个极限环.

例 5.2 考虑一特殊的二次系统， $n=0$ 时的 II 类方程，见 [Ye 1]

$$\begin{aligned}\dot{x} &= -y + dx + lx^2 + mxy,\\ \dot{y} &= x + x^2.\end{aligned} \tag{5.8}$$

当 $d=0$ 时， O 为 (5.8) 的细焦点. 由 (5.7) 知其 $W_1 = l(m-2)$. 为确定起见，不妨设 $l > 0\,(d = l = 0$ 时 O 为中心). 如 $m < 2$, 则 O 为稳定的一阶细焦点， $m > 2$ 则为不稳定的一阶细焦点；当 $m = 2$, 则 $W_2 = -12\ \ l < 0$, O 为稳定的二阶细焦点. 现运用 (5.2) 的方法来讨论 O 邻近产生极限环的情况，先固定 $d = 0$,

让 m 从 2 增大， O 改变为不稳定的一阶细焦点，在其外围邻近出现一稳定极限环 L_1，其次让 d 从 0 减小，则 O 又从不稳定变为稳定，故在 L_1 内部又产生一不稳定极限环 L_2. 当 d 继续减小时，由旋转向量场理论 (这时关于参数 d 在极限环可能存在的半平面 $x > -1$ 构成广义旋转向量场),L_1 缩小， L_2 向外扩大，在某一 d 值时两者合并为一个二重极限环而后消失. 对固定的 l，可在 (m, d) 平面上画出分支图 5.3. 其中 $d = 0$ 为 Hopf 分支曲线. 其上的 $m = 2$ 为二阶 Hopf 分支点. 由它延伸到下半平面的曲线为二重极限环分支曲线 (图中记为 M_2LCB——multiple 2 limit cycle bifurcation). 关于这类多重极限环分支，我们将在下一节详细讨论.

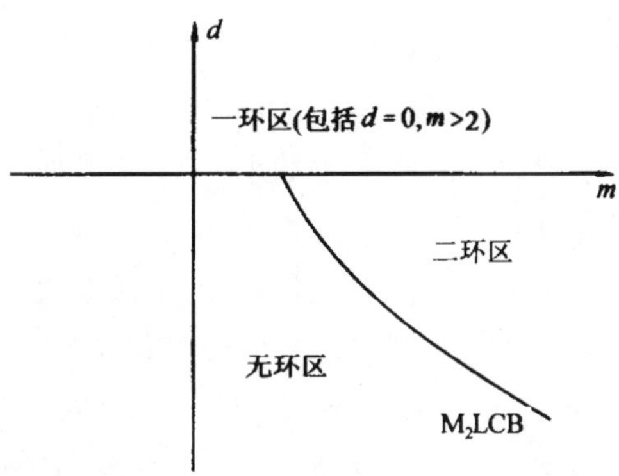

图 5.3

与这一节所讨论的分支问题密切相关，现来讨论一下著名的 Hilbert 第 16 问题的后半部分，它是问多项式微分系统

$$\frac{dx}{dt} = \sum_{0 \le i+j \le n} a_{ij} x^i y^j,$$

$$\frac{dy}{dt} = \sum_{0 \le i+j \le n} b_{ij} x^i y^j \tag{5.9}$$

在 (x, y) 平面上最多有几个极限环，其位置分布如何？

现避开大范围的极限环存在性与个数问题，而是考察 (5.9) 在它的指标为 $+1$ 的奇点 O 外围 **邻近** 可能出现的小振幅极限环的个数，通常称此最大个数为奇点 O 的 **环性**，记为 $H_0(n)$. 已经证明了，n 固定时，$H_0(n)$ 必定为有限数. 例如，$n = 1$ 时，即线性系统不会有极限环，因此 $H_0(1) = 0$. 当 $n = 2$ 时，即二次微分系统，N.Bautin 证明了 (见 [Ba]) $H_0(2) = 3$，他把一奇点平移到原点 O，而计算出依次的焦点量依赖于 (5.9) ($n = 2$ 时) 的系数关系，经过困难的论证得出：O 最多只能是三阶细焦点，否则就是中心点，亦即证明了它前面的三个焦点量为零时，以后的一切焦点量均为零，详见 [Ye 1]，用上述改变 O 的稳定性的方法得出 O 外围有三个小振幅极限环的实例，当 $n \ge 3$ 时，$H_0(n) = ?$ 尚是一个悬而未决的困难问题，即使是 $H_0(3)$，因为多项式的系数比二次系统大大增多，而计算焦点量依赖于系数的关系越到后面越困难，中外一些学者已运用了计算机代数的方法，利用先进的计算手段计算出三次系统的前 8 个焦点量，从而得出了至少具有 8 个小振幅极限环的三次系统，亦即 $H_0(3) \ge 8$. 甚至已有文章论述说 $H_0(3) \ge 11$. 总之，即使在一个奇点的局部邻近，要彻底解决极限环的个数问题仍然是相当困难的.

§2　多重极限环分支

如前所述，具有单重环 L (即 $\oint_L \left(\frac{\partial P}{\partial x} + \frac{\partial Q}{\partial y}\right) dt \ne 0$) 这一性质是结构稳定的性质. 因此分支现象可出现在系统 (5.1) 具有一

个多重极限环时，随着系统的摄动，在这个多重环邻近，定性结构就会发生变化.

例 5.3 考虑系统

$$\begin{aligned} \dot{x} &= -y - x(x^2+y^2-1)^2 + \lambda x, \\ \dot{y} &= x - y(x^2+y^2-1)^2 + \lambda y. \end{aligned} \tag{5.10}$$

当 $\lambda=0$ 时，(5.10) 具有一个二重极限环 $x^2+y^2-1=0$, 易知它是外稳定，内不稳定的. 利用极坐标系统可化为

$$\begin{aligned} \frac{dr}{dt} &= -r[(r^2-1)^2-\lambda], \\ \frac{d\theta}{dt} &= 1. \end{aligned}$$

当 $\lambda<0$ 时，上式中 $(r^2-1)^2-\lambda>0$, 故没有闭轨线，O 为唯一的稳定奇点；而当 $0<\lambda<1$ 时，(5.10) 有两个极限环：$x^2+y^2=1\pm\sqrt{\lambda}$, $\lambda\to 0$ 时它们以 $\lambda=0$ 时的二重环为极限位置. 对 λ 的不同值，在 $x^2+y^2=1$ 邻近的相图如图 5.4 所示. $\lambda=0$ 时的系统 (5.10) 就是一个二重环分支系统，当 λ 变为负时，此极限环消失，而当 λ 变为正时，它分裂成两个极限环.

为研究这种分支，基本方法是在此多重环邻近建立后继函数，或 Poincaré 映射.

设 $\lambda=0$ 时 (5.1) 具有一个 k 重极限环 L_0, $k>1$. 过 L_0 上一点 q 作 L_0 的法线段 l, 在 l 上 q 点的邻域可建立后继函数

$$d(n) = P(n) - n,$$

其中 n 表示 l 上到 q 点的有向距离，为确定起见，假设对外法线上的点，n 为正，对内法线上的点，n 为负 (图 5.5).

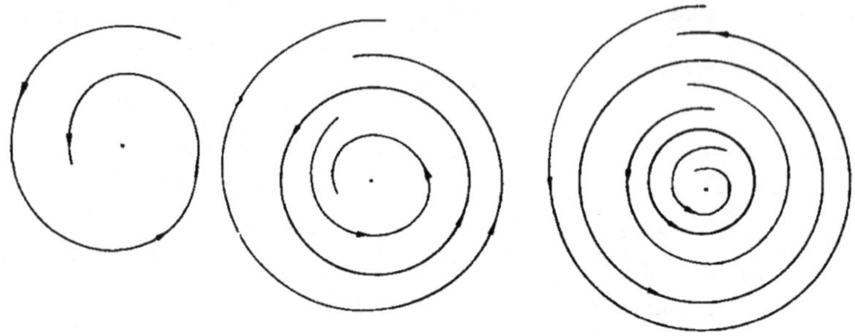

(a) $\lambda<0$　(b) $\lambda=0$　(c) $\lambda>0$

图 5.4

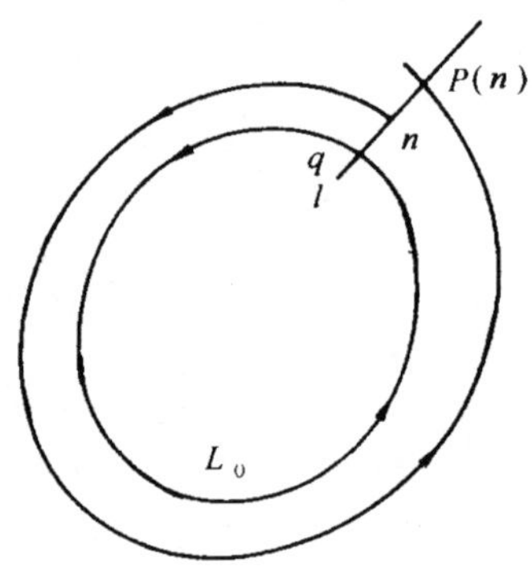

图 5.5

定义 5.1 如有整数 $k\geq 1$, 使 $d'(0)=d''(0)=\cdots=d^{(k-1)}(0)=0, d^k(0)\neq 0$, 则称极限环 L_0 为 k 重的.

由前知

$$d'(0)=\exp\left\{\oint_{L_0}(\frac{\partial P}{\partial x}+\frac{\partial Q}{\partial y})dt\right\}-1,$$

当 $d'(0)\neq 0$ 时, L_0 为前述的单重环. 如 $d'(0)=0$, L_0 称为多重环. 这时可证, 第一个不为零的 $d^{(k)}(0)$ 可以表示为沿 L_0 的一个曲线积分, 其被积函数是 P, Q 以及它们的直到 k 阶的偏导数所组成的复杂的表达式. 以下讨论在 L_0 的环状小邻域内 (5.1) 经摄动之后所能产生的极限环的个数, 其主要结论与论证思路和定理 5.2 类似.

定理 5.3 设 (5.1) 为 C^r 系统 $(r \geq 2)$, $\lambda = 0$ 时它有一个 k 重极限环 L_0, $2 \leq k \leq r$, 则有:

i) 存在 $\epsilon_0, \delta_0 > 0$, 使当 $|\lambda| < \epsilon_0$ 时, (5.1) 在 L_0 的 δ_0 环状邻域 $U_{\delta_0}(L_0)$ 内最多存在 k 个极限环;

ii) 对任何正数 $\epsilon < \epsilon_0$, $\delta < \delta_0$, 存在适当的 λ, $|\lambda| < \epsilon$ 使相应的 C^r 系统 (5.1) 在 $U_{\delta_0}(L_0)$ 内恰好有 k 个极限环.

证明 i) 的论证基本与定理 5.2 类似, 故从略. 下面证明 ii).

存在 C^r 函数 $F(x, y)$, 使沿着 L_0 的方程 $x = \phi(t)$, $y = \psi(t)$,

$$F(\phi(t), \psi(t)) \equiv 0, \quad (F_x'^2 + F_y'^2)(\phi(t), \psi(t)) \neq 0. \tag{5.11}$$

关于这种函数的构造, 例如可参见 [Ye 1], §8. 考虑如下含参数系统

$$\begin{aligned} \frac{dx}{dt} &= P(x, y, 0) + \lambda_1 F F_x' + \cdots + \lambda_{k-1} F^{k-1} F_x' \\ &\equiv \widetilde{P}(x, y, \lambda_1, \cdots, \lambda_{k-1}), \\ \frac{dy}{dt} &= Q(x, y, 0) + \lambda_1 F F_y' + \cdots + \lambda_{k-1} F^{k-1} F_y' \\ &\equiv \widetilde{Q}(x, y, \lambda_1, \cdots, \lambda_{k-1}). \end{aligned} \tag{5.12}$$

当 $|n|$, $|\lambda_i|$, $i = 1, \cdots, k-1$ 充分小时, 对 (5.12) 可在 L_0 邻近建立后继函数

$$\widetilde{d}(n, \lambda_1, \cdots, \lambda_{k-1}), \qquad 且 \quad \widetilde{d}(n, 0, \cdots, 0) = d(n).$$

对 $0<\epsilon<\epsilon_0$, $0<\delta<\delta_0$, 存在正数 λ^*, n^* 足够小, 使当 $|\lambda_i|<\lambda^*$, $i=1,\cdots,k-1$, $|n|<n^*$ 时, $\widetilde{d}$ 有定义且 $\widetilde{d}$ 在 $|n|<n^*$ 内的零点对应于 (5.12) 在 $U_\delta(L_0)$ 内的闭轨. 已设 $d^{(k)}(0)\neq 0$, 为确定起见, 设 $d^{(k)}(0)>0$, 即 L_0 为不稳定的. 则当 $|n|<n^*$ 时, $d(n)>0$. 取 $0<n_1<n^*$, 使

$$\widetilde{d}(n,0,\cdots,0)=d(n_1)>0. \tag{5.13}$$

让 $\lambda_1=\cdots=\lambda_{k-2},\lambda_{k-1}\neq 0$ 且 $|\lambda_{k-1}|$ 充分小, 记后继函数 $\widetilde{d}(n,\lambda_1,\cdots,\lambda_{k-1})$, 为 $\widetilde{d}_1(n)$. 易于得出

$$\widetilde{d}_1'(0)=\cdots=\widetilde{d}_1^{(k-2)}(0)=0, \qquad \widetilde{d}_1^{(k-1)}(0)=c_1\lambda_{k-1}, \tag{5.14}$$

其中 c_1 为非零常数. 由 (5.13), 可取 n^* 充分小, 使当 $|\lambda_{k-1}|<\lambda^*$ 时, $\widetilde{d}_1(n_1)>0$. 若取 $c_1>0$, $\lambda_{k-1}<0$, 则由 (5.14) 知, $|n|$ 充分小时 $\widetilde{d}_1(n)<0$. 取 $0<n_2<n_1$ 使得

$$\widetilde{d}_1(n_1)>0, \qquad \widetilde{d}_1(n_2)<0. \tag{5.15}$$

如此重复 $(k-1)$ 步 (即依次变动 $\lambda_{k-2},\cdots,\lambda_1$) 可得系统 (5.12) 以及 $n_1,\cdots,n_k$, 满足

$$|\lambda_i|<\lambda^*, \qquad 0<n_k<\cdots<n_1<n^*,$$

且

$$\widetilde{d}(n_1)>0, \qquad \widetilde{d}(n_2)<0,\cdots,\widetilde{d}(n_k)\begin{cases}>0, & \text{当}k\text{为奇数时},\\ <0, & \text{当}k\text{为偶数时}.\end{cases}$$

故在每一区间 (n_i,n_{i-1}), $i=2,\cdots,k$ 内, 至少有 $\widetilde{d}(n)$ 的一个零点, 它们对应于 (5.12) 的 $(k-1)$ 个极限环, 加上 L_0 仍为 (5.12)

的极限环. 故得出 (5.12) 在 $U_{\delta_0}(L_0)$ 内的 k 个极限环. 由 i) 知, 也只有这 k 个极限环.

证毕

把定理 5.2 及定理 5.3 的结论结合起来, 可以推出如下的两个定理.

定理 5.4 设 O 为 C^r 系统 (5.1) 的 k 阶细焦点, $r \le 2k+1$, 又 ϵ, δ 为小正数. 则当 $|\lambda| < \epsilon$ 时, (5.1) 在 $U_\delta(O)$ 内细焦点的阶数与极限环的个数之和不会超过 k.

定理 5.5 设 L_0 为 C^r 系统 (5.1) 的 k 重极限环, $2 \le k \le r$, 且 ϵ, δ 为小正数. 则当 $|\lambda| < \epsilon$ 时, (5.1) 在 $U_\delta(O)$ 内极限环的重数之和不超过 k.

多重极限环分支的研究要比细焦点分支的问题复杂, 且困难得多. 因为上述定理的判定中, 要涉及到 k 重极限环 L_0 的方程, 一般说它是很难求出的, 甚或要判定是否存在一个 k 重环也是很困难的事情, 因此, 至今为止, 涉及多重环分支的研究结果要比细焦点分支的少得多. 在多重环分支的研究中, 其基本的一个是二重环分支. 关于它 [Lu 1] 得出了如下结论.

定理 5.6 假设系统 (5.1) 关于参数 λ_1 构成广义旋转向量场, 且当 $\lambda = \lambda^0 = (\lambda_1^0, \lambda_2^0, \cdots, \lambda_k^0)$ 时 (5.1) 有一个二重极限环 L_0, 则存在 $r > 0$, 及函数 $\lambda_1 = \lambda_1(\lambda_2, \cdots, \lambda_k)$, 当 $|\lambda_i - \lambda_i^0| \le r$, $i = 2, \cdots, k$ 时有定义, 使得这时系统 (5.1) 当 $\lambda = (\lambda_1(\lambda_2, \cdots, \lambda_k), \lambda_2, \cdots, \lambda_k)$ 时在 L_0 邻近有唯一的二重极限环.

证明 为确定起见, 不妨设 L_0 为正定向, 外稳定内不稳定, 且 λ_1 增大时向量场往负向旋转, 其它情形的论证类此. 由旋转向量场理论 (见 §3.3), 只要 $\sigma > 0$ 适当小, $(5.1)_{(\lambda_1^0+\sigma, \lambda_2^0, \cdots, \lambda_k^0)}$ 在

L_0 的外邻域有唯一稳定环 L_1, 内邻域有唯一的不稳定环 L_2, 取 L_0 的无切线段 l, 则在 L_1, L_2 邻近分别有盘旋逼近或远离它们的轨线所围成的环域 (图 5.6 就稳定环 L_1 画出). 利用解对参数的连续依赖性, 存在 $r > 0$, 使当 $|\lambda_i - \lambda_i^0| \le r$, $i = 1, 2, \cdots, k$ 时 $(5.1)_{(\lambda_1^0+\sigma, \lambda_2, \cdots, \lambda_k)}$ 有一类似的环状邻域, 利用 Poincaré 环域定理 (§3.2), 可得此系统在 L_0 邻近有一稳定环 L_1'. 类似可得另一不稳定环 L_2'. 由定理 5.3 知, 这是 L_0 邻近仅有的两环. 固定 $\lambda_2, \cdots, \lambda_k$, 让 σ 减小, 则 L_1', L_2' 相互靠拢, 在某一 $\lambda_1 = \lambda_1^*$ 时重合为一个二重极限环而后消失, 此 λ_1^* 即为 $\lambda_1(\lambda_2, \cdots, \lambda_k)$.

证毕

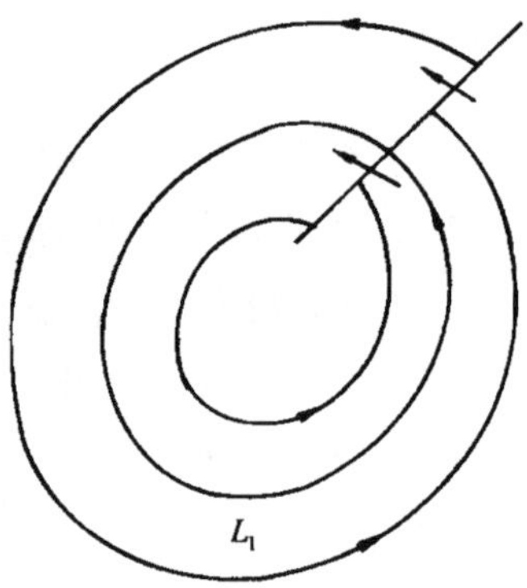

图 5.6

说明一点, 当 (5.1) 为多项式系统时, 对一个参数构成旋转向量场的条件是易于得到满足的, 这时可取 $(P - \alpha Q,\ Q + \alpha P)$, 它关于 α 构成均匀旋转向量场. 而 α 变动时, 可看成是系数空间沿某一方向变动参数, 这时二重极限环分支的方程未必能表示成显式, 而是隐函数的形式 $f(\lambda_1, \lambda_2, \cdots, \lambda_k) = 0$, 它代表了系数空间中的一个余维 1 的超曲面, 定理论断中的 r 可能很小, 亦即此曲面只是在二重环分支点邻近的一小块, 但若一次次应用此定理, 可将此局部曲面向大范围延伸, 它或者可以一直延伸到无穷远, 或者沿着某些方向, 不能无限延伸, 而终止于有限的边界, 则这种边界应对应于余维 ≥ 2 的分支曲面, 例如为二阶以上细焦点分支, 三重或更高重的极限环分支等.

文 [Lu1] 给出一例, 说明了高重环分支中所出现的困难问题 —— 岛屿问题.

例 5.4 考虑含两个参数的系统

$$\begin{aligned}\frac{dx}{dt} &= -y + x\{(r^2-1)^3 - 3(a-a^2)(r^2-1) + 2(b-a)\},\\ \frac{dy}{dt} &= x + y\{(r^2-1)^3 - 3(a-a^2)(r^2-1) + 2(b-a)\},\end{aligned} \tag{5.16}$$

其中 $r^2 = x^2 + y^2$. 化为极坐标 (r, θ) 易知 $r = r_0$ 为 (5.16) 的闭轨的充要条件是 r_0 为方程

$$(r^2-1)^3 - 3(a-a^2)(r^2-1) + 2(b-a) = 0 \tag{5.17}$$

的正根. (5.17) 是 $z = r^2 - 1$ 的一个三次方程, 由其判别式可以得出 (a, b) 平面上的两条曲线 l_1, l_2 (图 5.7):

$$\begin{aligned} l_1: &\quad b = a - (a-a^2)^{\frac{3}{2}},\\ l_2: &\quad b = a + (a-a^2)^{\frac{3}{2}}, \qquad 0 \leq a \leq 1.\end{aligned}$$

它们对应于两条二重极限环分支曲线, 且以 $(0,0)$, $(1,1)$ 为共同的端点, 与这两点相应的系统 (5.16) 具有唯一的三重极限环 (这时 (5.17) 有唯一的三重根 $r = 1$). 在参数 (a, b) 平面上看, 固定 a $(0 < a < 1)$, 让 b 从 l_1 下方开始增大, 这时 (5.16) 有一

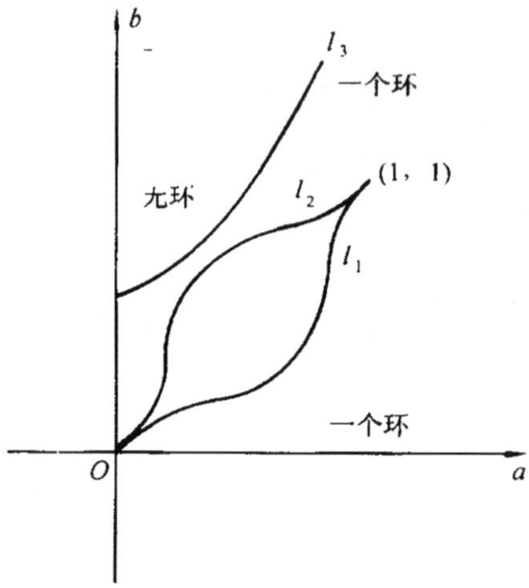

图 5.7

个环 L_1, 它随 b 增大而向里收缩 (易见 (5.16) 关于 a 或 b 分别构成广义旋转向量场, 故极限环随 a 或 b 变化而单调移动), 当 b 变动使点 (a,b) 达到 l_1 时, 在 L_1 内突然又产生一个二重环 L^*, b 继续增大使点 (a,b) 进入 l_1 上方时, L^* 分裂为两个极限环 L_2, L_3 ($L_1 \supset L_2 \supset L_3$), 随 b 增大时 L_1, L_2 相互靠拢, L_3 向里缩小. 当 $(a,b) \in l_2$ 时 L_1, L_2 重合为一个二重环 L^{**} 而后 (即 (a,b) 跑向 l_2 上方时) 消失. 曲线 l_3 由 (5.17) 中令 $r=0$ 而得

$$l_3: \qquad b = \frac{1}{2}(3a^2 - a + 1),$$

它对应于 Hopf 分支, 即 $(a,b) \in l_3$ 时, 剩下的一个极限环 L_3 收缩到奇点 O. 最后 (a,b) 跑向 l_3 上方时, 系统 (5.16) 将不存在极限环.

图 5.7 中两条二重极限环分支曲线连同两公共端点 $(0,0)$ 和 $(1,1)$ 围成一个孤立的区域. 当参数 (a,b) 由外进入其内时, 极限环的个数从 1 增加为 3. 这个区域称为岛屿. 文 [Lu5] 中举出了

三参数空间的立体岛屿, 它由两个二重环分支曲面所围成, 这两个曲面以一条闭曲线为公共边界, 它对应于一条三重极限环分支曲线. 由于这种岛屿的出现使极限环的个数骤然增加 2, 如果它随时在参数空间中出现, 则就使极限环个数的变化问题变得很复杂, 这种现象在旋转向量场的参数条件下是不能排除的 (易见 (5.16) 关于参数 a 和 b 均分别构成旋转向量场), 这就是岛屿问题, 为了对具体多项式系统类完全解决极限环的大范围分支问题, 我们不希望出现岛屿, 也猜测对低次的多项式系统 (例如二、三次系统) 不会出现这种岛屿, 许多特例说明了这一点, 但要给予一般的严格论证还比较困难. 也就是说, 如果能给出适当的条件, 以保证上述岛屿不可能出现, 则极限环问题就相对容易解决了. 这是一个值得探索的问题.

§3 同宿与异宿奇闭轨分支

本节考虑在同宿和异宿闭轨邻近分支出极限环的问题. 设 $\lambda = 0$ 时 (5.1) 为无摄系统, 它具有一鞍点 $N(x_0, y_0)$ 以及当 $t \to +\infty$ 和 $t \to -\infty$ 时均趋向 N 的轨线 L, L 和 N 即组成一**同宿**(homoclinic) 奇闭轨. 如果一条轨线当 $t \to +\infty$ 和 $t \to -\infty$ 时跑向两不同的鞍点 $N_1(x_1, y_1), N_2(x_2, y_2)$, 则称此轨线为**异宿**(heteroclinic) 轨线. 由多个鞍点及正、负向连接它们的轨线所组成的闭曲线称为 **异宿奇闭轨**. 为简单起见我们这里只考虑图 5.8 所示的同宿和异宿奇闭轨情形. 在图中 (b) 考虑其外邻域, 因只在此邻域内方可建立后继函数. 对于 (c), 记 $L_0 = L_1 \cup L_2 \cup N_1 \cup N_2$, 对 (a),(b), 则 L_0 表示包含 N 点的闭曲线.

定义 5.2 如果在 L_0 的内侧 (对 (b) 则为外侧) 邻近的轨线均以

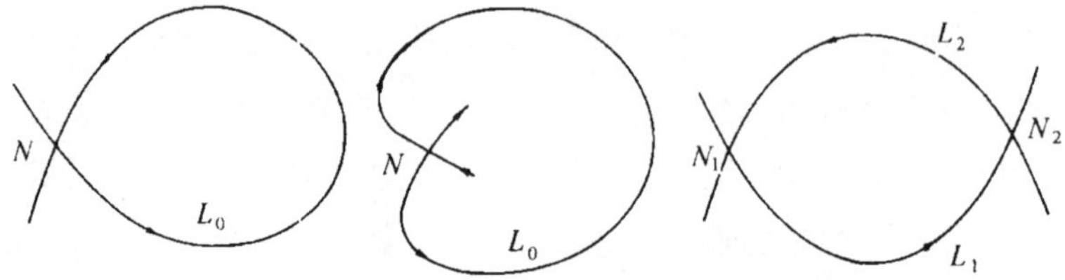

图 5.8

L_0 为 ω (或 α) 极限集, 则称 L_0 为 **内侧** (对 (b) 为 **外侧**) **稳定** (或 **不稳定**) 的.

记

$$D(N)=\left(\frac{\partial P}{\partial x}+\frac{\partial Q}{\partial y}\right)_N.$$

定义 5.3 若 $D(N)\neq 0$, 则称 N 为粗 (或强) 鞍点, 若 $D(N)=0$, 则称 N 为 **细** (或 **弱**) **鞍点**.

定理 5.7 设 $\lambda=0$ 时 (5.1) 具有同宿奇闭轨 L_0 通过 N, 当 $D(N)<0$ (>0) 时 L_0 为内侧 (在 (b) 为外侧) 稳定 (或不稳定) 的; 且 $|\lambda|$ 甚小时, (5.1) 在 L_0 邻近最多分支出一个极限环, 它为稳定 (或不稳定) 的.

证明 就 $D(N)<0$ 的情况讨论. 这时存在 $\delta,\eta>0$, 使在 N 为心的 δ 圆盘 $U_\delta(N)$ 内, 且当 $|\lambda|<\eta$ 时,

$$\frac{\partial P}{\partial x}(x,y,\lambda)+\frac{\partial Q}{\partial y}(x,y,\lambda)\leq -r<0.$$

首先证明, 存在 L_0 的内邻域, 使在其内没有 $(5.1)_{\lambda=0}$ 的闭轨线. 设若不然, 在 L_0 的任意小内邻域均有闭轨线 L. 取点 $A_1,A_2\in L_0\cup U_\delta(N)$, 如图 5.9. 轨线段 $\widehat{A_1RA_2}$ 所对应的时间 t 为有限, 设为 T_0, 而 $\widehat{NA_1},\widehat{A_2N}$ 段对应时间为无穷大. 由连续性, 设在 L_0

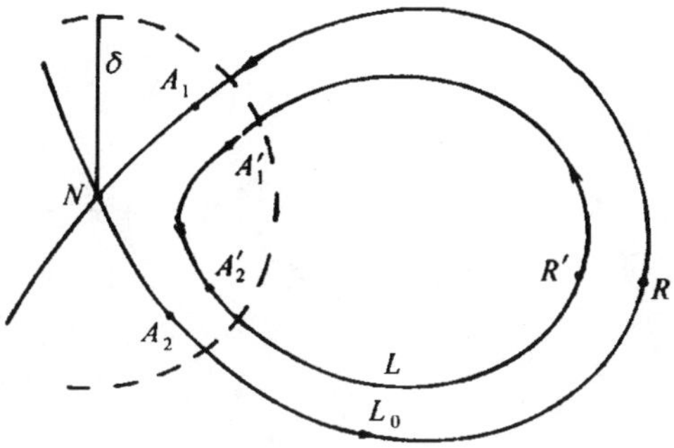

图 5.9

所围的区域内, $\dfrac{\partial P}{\partial x}+\dfrac{\partial Q}{\partial y}<M$. 由解对初值的连续依赖性知, 当 L 充分接近 L_0 时其上有点 A_1', A_2' 分别在 A_1, A_2 的小邻域内, 使 $\overparen{A_2'R'A_1'}$ 相应的时间小于 $2T_0$, 而 $\overparen{A_1'A_2'}$ 对应的时间大于 $\dfrac{2MT_0}{r}$. 因而有

$$\oint_L\left(\frac{\partial P}{\partial x}+\frac{\partial Q}{\partial y}\right)dt=\left(\int_{\overparen{A_1'A_2'}}+\int_{\overparen{A_2'R'A_1'}}\right)\left(\frac{\partial P}{\partial x}+\frac{\partial Q}{\partial y}\right)dt$$
$$<-r\cdot\frac{2MT_0}{r}+M\cdot 2T_0=0 \tag{5.18}$$

因已设 L_0 的任意邻近均存在 $(5.1)_{\lambda=0}$ 的闭轨, 故 L 或为周期环之一, 或为一系列闭轨之一. 在前一情形,

$$\oint_L\left(\frac{\partial P}{\partial x}+\frac{\partial Q}{\partial y}\right)dt=0,$$

在后一情形, 总可取 L 为一不稳定环, 因此

$$\oint_L\left(\frac{\partial P}{\partial x}+\frac{\partial Q}{\partial y}\right)dt\geq 0.$$

这与 (5.18) 相矛盾. 故 L_0 的内侧要么是稳定的, 要么是不稳定的.

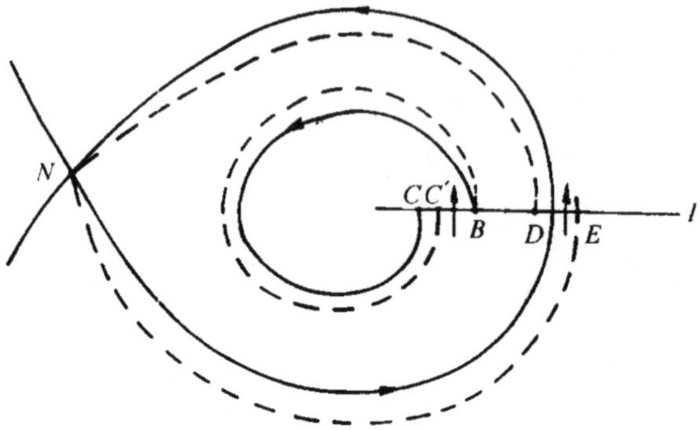

图 5.10

现证它不能是不稳定的. 否则, 在内侧有螺线 $\overset{\frown}{BC}$ 交 L_0 的无切线段于 B,C 两点 (图 5.10). 记 $(5.1)_{\lambda=0}$ 的右端为 (P_0,Q_0), 作旋转向量场 $(P_0-\alpha Q_0, Q_0+\alpha P_0)$, 取 $\alpha>0$ 且 $|\alpha|$ 充分小, 则过 N 的分界线环 L_0 将分裂为如图的虚轨线 $\overset{\frown}{DN}$ 及 $\overline{NE}$. 而过 B 的螺线略略变动, 使与 l 的下一交点 C' 仍在 $\overline{BC}$ 之间, 轨线 $\overline{BC'}, \overset{\frown}{DN}, \overset{\frown}{NE}$ 及 l 上两线段 $\overline{BC'}, \overline{DE}$ 所围的环域内应至少有 $(P_0-\alpha Q_0, Q_0+\alpha P_0)$ 的一条不稳定极限环 L^*, 当 $|\lambda|$ 很小时, (5.18) 的不等式对 L^* 仍成立. 这一矛盾说明 L_0 必为内侧稳定的.

同样的理由可知, 当 $|\lambda|>0$ 甚小时, (5.1) 若在 L_0 邻近分支出现极限环, 它必为稳定的. 故这样的环最多只有一个.

证毕

对于异宿奇闭轨 L_0 (图 5.8(c)) 可有类似的结论.

定理 5.8 设 $\lambda=0$ 时 (5.1) 具有异宿奇闭轨 L_0 通过鞍点 N_1,N_2, 且 $D(N_1)D(N_2)>0$, 则当 $D(N_1)<0$ (或 >0) 时, L_0 为内侧稳定 (或不稳定); 且 $|\lambda|$ 甚小时, (5.1) 在 L_0 邻近最多分支出一

个极限环，它为稳定 (或不稳定) 的.

以上是奇闭轨分支出极限环的较早期的结论，见 [ALGM]. 对于不满足定理 5.7 和定理 5.8 的 **退化** 情形，即 $D(N)=0$ 时过 N 的同宿奇闭轨，或当 $D(N_1)D(N_2)<0$ 时过 N_1, N_2 的异宿奇闭轨，包括这些奇闭轨内侧邻近充满一系闭轨线的 **高度退化** 情形， 70 年代以来有不少研究结果，以下对 [LHZ] 及 [HLZ] 中的部分近期结果加以介绍.

先讨论退化同宿奇闭轨的情况. 设 $D(O)=0$, 且 $(5.1)_{\lambda=0}$ 有奇闭轨 L_0 通过 O, 有时也称 L_0 为 **细鞍点环**. 当 $\lambda=0$ 时，简记 (5.1) 的右端为 $P_0(x,y)$, $Q_0(x,y)$. 如图 5.11, 取 $A_0\in L_0$, 过 A_0 作 L_0 的法线段 l, 在 L_0 内侧 l 上取点 A_1 充分接近 A_0, 过 A_1 的轨线当 t 增大时将再次与 l 相交于点 A_2. 重要的是考察由 A_1 到 A_2 所确定的 Poincaré 映射. 记 $|A_0A_1|=-u$, $|A_0A_2|=-\beta(u)$, 因 A_1, A_2 均在内法线上，故有向距离取负值，即 $u<0$, $\beta(u)<0$.

引理 5.9 对上述函数 $\beta(u)$, 有

$$\beta'(u)=\frac{1}{1+\epsilon_0}\exp\left\{\int_{\overline{A_1A_2}}\left(\frac{\partial P_0}{\partial x}+\frac{\partial Q_0}{\partial y}\right)dt\right\}, \tag{5.19}$$

其中 $\epsilon_0\to 0$, 当 $u\to 0$ 时，且当 O 为细鞍点时，即 $D(0)\equiv D_0=0$, 则无穷积分

$$\sigma=\int_{L_0}\left(\frac{\partial P_0}{\partial x}+\frac{\partial Q_0}{\partial y}\right)dt \tag{5.20}$$

一定收敛.

证明略，例如，可参见 [CH] 或 [ZLZL].

现设 (P_0, Q_0) 为 C^3 类向量场，以 O 为鞍点，则对足够小的 $\epsilon>0$, 文 [Jo] 证明在 O 点的 ϵ 邻域 U 内存在 C^3 类变换，使系

统具有形式

$$\begin{aligned} \dot{x} &= \mu_1 x + x^2 y R_1(x,y) \equiv P_0(x,y), \\ \dot{y} &= -\mu_2 y + x y^2 R_2(x,y) \equiv Q_0(x,y), \end{aligned} \tag{5.21}$$

其中 μ_1, $\mu_2 > 0$, R_1, R_2 为连续可微. 这时过 O 的分界线分别在 x, y 轴的方向, 如图 5.11 所示. 记

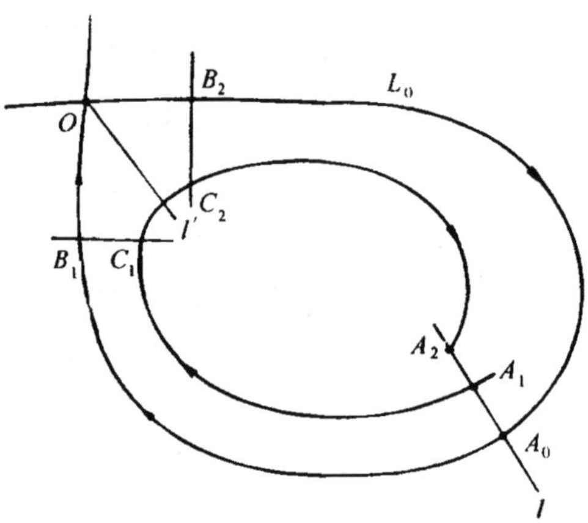

图 5.11

$$\overline{\sigma} = \int_{\overline{A_1A_2}} \left(\frac{\partial P_0}{\partial x} + \frac{\partial Q_0}{\partial y} \right) dt, \tag{5.22}$$

则可证明如下结论.

引理 5.10 当 $A_1 \to A_0$ 时, $\lim \overline{\sigma} = \begin{cases} -\infty, & 当\ D_0 < 0; \\ +\infty, & 当\ D_0 > 0; \\ \sigma, & 当\ D_0 = 0. \end{cases}$

证明 取 $0 < \delta < \epsilon$, 在 O 的 ϵ 邻域内取两点 $B_1 = (0, -\delta)$, $B_2 = (\delta, 0)$ 分别在负 y 轴, 正 x 轴上, 过 O 作射线 l' 指向 L_0 内部. l' 及直线 $y = -\delta, x = \delta$ 分别与轨线段 $\overline{A_1A_2}$ 交于点 C_0, C_1, C_2,

如图 5.11. 则

$$\overline{\sigma}=\left(\int_{\widetilde{A_1C_1}}+\int_{\widetilde{C_1C_0}}+\int_{\widetilde{C_0C_2}}+\int_{\widetilde{C_2A_2}}\right)\left(\frac{\partial P_0}{\partial x}+\frac{\partial Q_0}{\partial y}\right)dt. \tag{5.23}$$

当 $A_1\rightarrow A_0$ 时 $\widetilde{A_1A_2}\rightarrow L_0$. 若 $D_0\neq 0$, 则在 $\widetilde{C_1C_2}$ 上, $\left|\frac{\partial P_0}{\partial x}+\frac{\partial Q_0}{\partial y}\right|$ 有正的下界. 而 A_1 充分接近 A_0 时轨线弧所对应的时间区间可任意大, 因此, 在 (5.23) 中, $\int_{\widetilde{C_1C_0}}+\int_{\widetilde{C_0C_2}}$ 为 $\overline{\sigma}$ 的主部. 这就证得 $\overline{\sigma}\rightarrow-\infty$ (或 $+\infty$), 当 $D_0<0$ (或 >0) 时.

再讨论 $D_0=0$ 的情况. 由 (5.21), 在邻域 U 内

$$\frac{\partial P_0}{\partial x}+\frac{\partial Q_0}{\partial y}=xyR(x,y).$$

弧段 $\widetilde{C_1C_0},\widetilde{C_0C_2}$ 可分别表示为 $x=\varphi(y)$ 及 $y=\psi(x)$. 故当 $A_1\rightarrow A_0$ 时

$$\begin{aligned}&\int_{\widetilde{C_1C_0}}\left(\frac{\partial P_0}{\partial x}+\frac{\partial Q_0}{\partial y}\right)dt\\&\quad=\int_{-\delta}^{y_{c_0}}\frac{\varphi(y)R(\varphi(y),y)}{-\mu_2+y\varphi(y)R_2(\varphi(y),y)}dy\rightarrow 0.\end{aligned}$$

类似地有 $\int_{\widetilde{C_0C_2}}\left(\frac{\partial P_0}{\partial x}+\frac{\partial Q_0}{\partial y}\right)dt\rightarrow 0$. 故在 (5.23) 中, 令 $A_1\rightarrow A_0$ 可得

$$\overline{\sigma}\rightarrow\int_{L_0}\left(\frac{\partial P_0}{\partial x}+\frac{\partial Q_0}{\partial y}\right)dt=\sigma$$

证毕

由此可得出一个重要推论, 以判别细鞍点环的内侧稳定性.

定理 5.11 设 $D_0=0$, 则当 $\sigma=\int_{L_0}\left(\frac{\partial P_0}{\partial x}+\frac{\partial Q_0}{\partial y}\right)dt<0$ (或 >0) 时, L_0 为内侧稳定 (或不稳定) 的.

对具有退化奇闭轨的系统加以摄动，考虑含多个参数的如下形式的 C^3 系统

$$\begin{aligned}\dot{x} &= P_0(x,y) + af(x,y,a,b),\\ \dot{y} &= Q_0(x,y) + ag(x,y,a,b),\end{aligned} \tag{5.24}$$

其中 $a \in \mathbb{R}, b \in \mathbb{R}^n, n \geq 1$. 设 $a = 0$ 时 (5.24) 有通过鞍点 O 的同宿奇闭轨 L_0. 引进参数变动后可测量 L_0 破裂后两分界线间的分离距离的 Melnikov 函数 (详见下一章)

$$\begin{aligned}M(b) = \int_{L_0} &\exp\left\{-\int_0^t \left(\frac{\partial P_0}{\partial x} + \frac{\partial Q_0}{\partial y}\right)dt\right\}\\ &\cdot(P_0 g - Q_0 f)_{a=0}dt.\end{aligned} \tag{5.25}$$

通过对 L_0 邻近的 Poincaré 映射的细致的分析估计， [LHZ] 证明了如下主要结论.

定理 5.12 设 $D_0 = 0$, $\sigma = \int_{L_0}\left(\frac{\partial P_0}{\partial x} + \frac{\partial Q_0}{\partial y}\right)dt \neq 0$, *且对某一* $b_0 \in \mathbb{R}^n$, $M(b_0) \neq 0$, *则* $|a|$, $|b - b_0| > 0$ *且足够小时* (5.24) *在* L_0 *邻近存在唯一极限环的充要条件是* $a\sigma M(b_0) > 0$. *当此条件满足时, 若* $\sigma < 0$ (*或* > 0), *则此唯一环是稳定* (*或不稳定*) *的*.

详细证明颇繁，请参看原文.

再考虑异宿奇闭轨的情况，设 $a = 0$ 时 (5.24) 有如图 5.8(c) 所示通过鞍点 N_1, N_2 的奇闭轨 $L_0 = L_1 + L_2$. 类似于前，记

$$\sigma = \int_{L_0}\left(\frac{\partial P_0}{\partial x} + \frac{\partial Q_0}{\partial y}\right)dt, \quad L_0 = L_1 + L_2; \tag{5.26}$$

$$\begin{aligned}M_i(b) = \int_{L_i} &\exp\left\{-\int_0^t \left(\frac{\partial P_0}{\partial x} + \frac{\partial Q_0}{\partial y}\right)dt\right\}\\ &\cdot(P_0 g - Q_0 f)_{a=0}dt, \quad i = 1, 2.\end{aligned} \tag{5.27}$$

当 $|a|>0$ 甚小时，(5.24) 有鞍点 $N_i(a,b)$, 对应在 N_i 邻近，$i=1,2$. 相应的线性系统的特征值分别记为 $\mu_{1i}(a,b)>0$ 和 $-\mu_{2i}(a,b)<0$, $i=1,2$. 令

$$\gamma_i=\frac{\mu_{2i}}{\mu_{1i}},\quad i=1,2.$$

易知：$\gamma_i=1$ 的充要条件是 $D(N_i)=0$, $\gamma_i<1$ (>1) 的充要条件是 $D(N_i)<0$ (>0).

包括 $D(N_1)D(N_2)<0$ 的退化异宿奇闭轨情形，文 [HLZ] 给出了如下定理.

定理 5.13 设 $\gamma_1\gamma_2\neq 1$ 且有 $b_0\in\mathbb{R}^n$ 使 $M_i(b_0)\neq 0$ 且同号，$i=1,2$. 则当 $|a|$, $|b-b_0|>0$ 且充分小时，对 (5.24) 在 L_0 邻近分支出极限环有如下结论:

(i) 如 $a(1-\gamma_1\gamma_2)M_i(b_0)>0$, $i=1,2$, 则在 L_0 邻近有唯一极限环;

(ii) 如 $a(1-\gamma_1\gamma_2)M_i(b_0)<0$, $i=1,2$, 则在 L_0 邻近最多有两个极限环; 这时如进一步设 $(1-\gamma_1)(1-\gamma_2)\geq 0$, 则在 L_0 邻近不存在极限环.

定理中出现两个极限环的情况确实存在，可见下面的例 5.6.

关于奇闭轨内侧充满一系闭轨的高度退化情形的结论，将在下一节给出.

例 5.5 考虑 I 类二次系统

$$\begin{aligned}\frac{dx}{dt}&=-y+dx+lx^2+mxy+ny^2,\\ \frac{dy}{dt}&=x,\end{aligned}\tag{5.28}$$

由 (5.7) 式知，当 $d=0$, $m(l+n)=0$ 时原点 O 为中心,

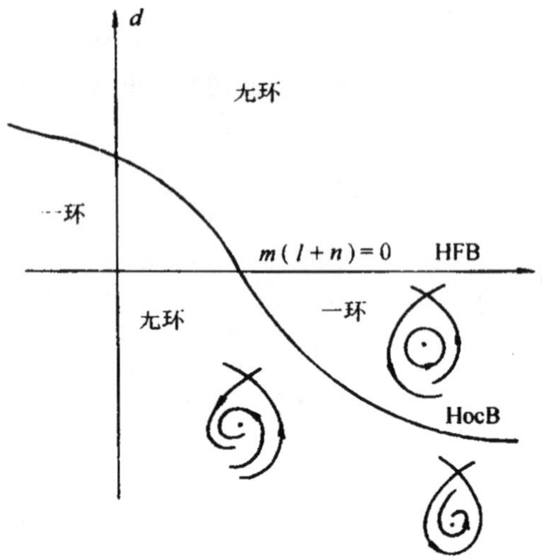

图 5.12

$m(l+n) \neq 0$ 时, O 为 (5.8) 的一阶细焦点, 且 $m(l+n) < 0\ (> 0)$ 时为稳定 (不稳定). (5.28) 关于 d 构成广义旋转向量场. 为确定起见, 设 $m(l+n) < 0$, 则 d 变为正时, O 改变其稳定性而在外围邻近分支出一个稳定极限环 (一阶 Hopf 分支), 随着 d 的增大它单调扩大, 在某一 $d_0 > 0$ 时它扩大为通过鞍点 $N(0, \frac{1}{n})$ (当 $n \neq 0$, 如 $n = 0$, 则此奇点跑向 y 轴上无限远) 的同宿奇闭轨而后消失 ([Ye1] 中已证这一过程中 (5.28) 具唯一极限环). 例如, 对固定的 $m > 0$, $n < 0$, 可在 (l, d) 参数平面上画出大范围分支图形及具有一个和没有极限环的区域 (图 5.12).

例 5.6 考虑 II 类二次系统

$$
\begin{aligned}
\frac{dx}{dt} &= -y + dx + lx^2 + ny^2, \\
\frac{dy}{dt} &= x + x^2,
\end{aligned}
\tag{5.29}
$$

设 $n \neq 0$. 除了 y 轴上二奇点 $O(0,0)$, $N(0,\frac{1}{n})$ 外, 当 $(d-l)^2+4n>0$ 时, 它在 $x=-1$ 上还有两奇点: $Y_1(-1,y_1), Y_2(-1,y_2)$. 其中 $y_i = \frac{1}{2n}[d-l\pm\sqrt{(d-l)^2+4n}\,]$. Y_2 和 N 一样也是鞍点. 对 $l>0$, 当 $d=0$ 时 O 为一阶稳定的细焦点, 故当 d 由 0 变为正时, O 改变稳定性而在其外围邻近出现一稳定极限环 L_1, 易证 O 外的极限环保持在 $x>-1$ 内 (见 [Ye1]), 而在此平面内, (5.29) 关于 d 构成广义旋转向量场, 故当 d 增大时 L_1 向外扩大. 由 $D=\frac{\partial P}{\partial x}+\frac{\partial Q}{\partial y}=d+2lx$ 知, $D(N)=d$ 而 $D(Y_2)=d-2l$. 易知极限环必与 $d+2lx=0$ 相交, 故 $d>0$, $d-2l<0$. 从而通过 Y_2 的同宿奇闭轨内侧稳定性与 L_1 相同, 通过 N 的同宿奇闭轨内侧稳定性则与 L_1 相反. 故对一部分 l,n, 当 d 变化时, L_1 逐步扩大一直到通过 Y_2 而形成 Hoc(Y_2) (过 Y_2 的同宿奇闭轨) 而消失. 而对另一部分 l,n, 当 d 增大时, 在 L_1 仍存在时, 外围已形成过 N 的同宿奇闭轨 Hoc(N), 而后 Hoc(N) (它为内侧不稳定) 破裂又在其内侧产生一不稳定极限环 $L_2 \supset L_1$, 此后 L_1, L_2 相互靠拢最后重合为一个二重极限环而消失. 这两者的临界情况是: 对适当的 (l,n), d 增大时, L_1 直接扩大成为同时通过 Y_2, N 的异宿奇闭轨 Hec(Y_2,N) 而后消失. 固定 $l>0$, 可得 (d,n) 平面上的分支曲线图 5.13. 在 Hoc$(N)B$ 与 M_2LCB (二重环分支) 曲线所夹的区域, (5.29) 具有两个极限环. 亦即 Hec(Y_2,N) 为退化的异宿环分支 ($D(Y_2)D(N)<0$, 不满足定理 5.7), 故当参数向此区域内摄动时可分支出两个极限环. 最近, 文 [Lu4] 证明了上述一环、二环区是 (5.29) 的仅有的极限环, 且给出了参数空间中 (5.29) 的完整的极限环分支图.

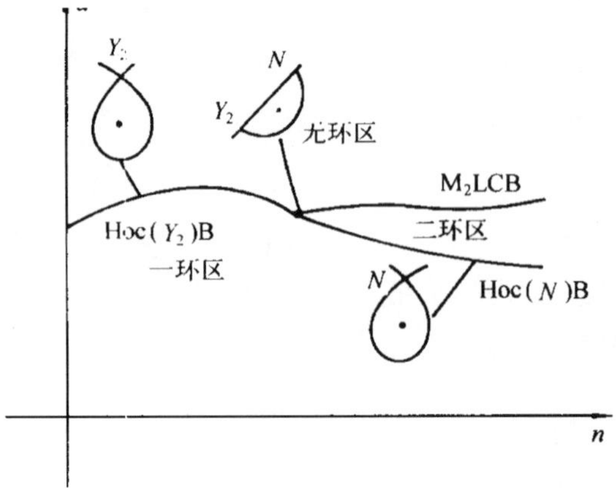

图 5.13

§4 Poincaré 分支

本节考虑从一系列闭轨中的某一些闭轨邻近分支出极限环的问题. 先看下例.

例 5.7 考虑由 van der Pol 方程 $\ddot{x}+\mu(x^2-1)\dot{x}+x=0$ 化得的平面系统

$$\begin{aligned}\dot{x}&=y,\\ \dot{y}&=-x+\mu y(1-x^2).\end{aligned}\tag{5.30}$$

当 $\mu=0$ 时它有一系闭轨 $x^2+y^2=h^2$, 第三章已证明 $\mu\neq 0$ 时, (5.30) 有唯一的极限环 L. 应该指出的是, 当 $\mu\to 0$ 时, L 的极限位置不是奇点 O, 而是上述一系闭轨中 $h=2$ 的那一条, 即 $x^2+y^2=4$. 也就是说, 当 μ 从 0 变为不是零时, 这一系闭轨除 $x^2+y^2=4$ 外均破裂, 而在 $x^2+y^2=4$ 邻近产生了一个孤立的闭轨. 具有一系闭轨的系统在参数变化时, 在某一闭轨邻近能分支出极限环的情况就称为 Poincaré **分支**.

现对此作一些一般的论述, 设 $\lambda \in \mathbb{R}$, 当 $\lambda = 0$ 时 (5.1) 具有一系闭轨

$$\Gamma_h: \quad x = \varphi(s,h), \quad y = \psi(s,h), \quad 0 \le s \le l_h,\ 0 < h < k,$$

其中 s 为 Γ_h 上的弧长, 一周的弧长为 l_h. 用 §3.1 的方法在 Γ_h 邻近建立曲线坐标. 在一点 $q \in \Gamma_h$ 上取法线段 l, 其上的点到 q 的有向距离记为 n (外法线上取正, 内法线上取负), 则有

$$x = \varphi(s,h) - n\psi'(s,h), \qquad y = \psi(s,h) + n\varphi'(s,h).$$

在 (s,n) 之下, (5.1) 可化为

$$\frac{dn}{ds} = F(s,n,\lambda,h). \tag{5.31}$$

l 上的后继函数可表为

$$\Psi(n,\lambda,h) = \int_0^{l_h} F(s,n,\lambda,h)ds.$$

[Ye 1] 中证明了

$$\begin{aligned}\Psi'_\lambda(0,0,h) = \int_0^{l_h} \exp\left(-\int_0^s H(\tau,h)d\tau\right)\\ \cdot\frac{\partial\theta(s,h)}{\partial\lambda}ds \equiv A_1(h),\end{aligned} \tag{5.32}$$

其中 $H(s,h)$ 为系统的正交轨线在 (s,h) 的曲率,

$$\frac{\partial\theta}{\partial\lambda} = \frac{P_0Q'_{\lambda0} - Q_0P'_{\lambda0}}{P_0^2 + Q_0^2},$$

而 $P_0 = P(\varphi(s,h),\psi(s,h))$, $Q_0 = Q(\varphi(s,h),\psi(s,h))$. 利用曲率 H 的表达式作简化易于推出 (详见 [Ye 1])

$$\begin{aligned}A_1(h) = \oint_{\Gamma_h} \exp\left\{ - \int_0^s (P'_{x0} + Q'_{y0}) d\tau \right\} \\ \cdot (Q_0 P'_{\lambda 0} - P_0 Q'_{\lambda 0}) ds.\end{aligned} \tag{5.33}$$

设 $\lambda \neq 0$ 且 $|\lambda|$ 很小时, (5.1) 在某一 Γ_h 邻近有闭轨线 L_λ, 设它与 l 的交点位于 Γ_{h_λ} 上, 则易知 $\Psi(0,\lambda,h_\lambda) = 0$. 因此在 Γ_h 邻近是否存在 (5.1) 的闭轨线的问题就化为方程

$$\Psi(0,\lambda,h) = 0 \tag{5.34}$$

关于 h 是否有实根的问题. 显然 $\Psi(0,0,h) \equiv 0$, 将 (5.34) 左端依 λ 展开

$$\Psi(0,\lambda,h) = \frac{\lambda^n}{n!}[A_n(h) + \lambda A_{n+1}(h,\lambda)], \quad n \geq 1, \tag{5.35}$$

其中 $A_n(h)$ 是展式中第一个不恒等于零的系数. 则有如下定理 (证明见 [Ch1] 或 [Ye1])

定理 5.14 当 λ 从 0 变动时, 在 Γ_h^* 邻近能出现 (5.1) 的闭轨线的必要条件是

$$A_n(h^*) = 0; \tag{5.36}$$

进一步, 若 (5.36) 成立, 且 $A_n(h)$ 不在 h^* 取得极值, 则 (5.1) 在 Γ_h^* 邻近定能分支出极限环, 且若

$$A_n(h^*) = A'_n(h^*) = \cdots = A_n^{(k-1)}(h^*) = 0, \quad A_n^{(k)}(h^*) \neq 0.$$

则当 $|\lambda|$ 甚小时, (5.1) 在 Γ_h^* 邻近最多有 k 个极限环.

由此，若 $k=1$，即 h^* 为 $A_n(h)$ 的一次零点，则 $|\lambda|\neq 0$ 时，(5.1) 在 Γ_h^* 邻近有唯一极限环.

应用于例 5.7，当 $\mu=0$ 时 Γ_h 为 $x^2+y^2=h^2$，$P_0=y$，$Q_0=-x$，$P'_{x0}+Q'_{y0}\equiv 0$，$P'_{\mu 0}\equiv 0$，$Q'_{\mu 0}=y(1-x^2)$，

$$
\begin{aligned}
A_1(h)&=\oint_{\Gamma_h} y^2(1-x^2)dt=\int_0^{2\pi} h^2\cos^2 t(1-h^2\sin^2 t)dt\\
&=\pi h^2(1-\frac{h^2}{4})=0.
\end{aligned}
$$

$h=2$ 为 $A_1(h)=0$ 的单根，故 $\mu\neq 0$ 且 $|\mu|$ 甚小时，在 $x^2+y^2=2^2$ 邻近产生出唯一的极限环.

在许多具体的系统的极限环分支问题中，所涉及的常常是下述 Hamilton 系统的摄动问题

$$
\begin{aligned}
\dot{x}&=-\frac{\partial H}{\partial y}+p(x,y,\lambda),\\
\dot{y}&=\frac{\partial H}{\partial x}+q(x,y,\lambda),
\end{aligned}
\tag{5.37}
$$

其中 $\lambda=0$ 时 $p\equiv q\equiv 0$，它有 Hamilton 形式的通积分：

$$
\Gamma_h:\quad H(x,y)=h,\qquad h_1<h<h_2. \tag{5.38}
$$

(5.38) 代表了一族闭轨线. 现在 $P_0=-\dfrac{\partial H}{\partial y}$，$Q_0=\dfrac{\partial H}{\partial x}$，$P'_{0x}+Q'_{0y}\equiv 0$，$P'_{\lambda 0}=p'_\lambda(x,y,\lambda)$，$Q'_{\lambda 0}=q'_\lambda(x,y,\lambda)$，因而可得

$$
\begin{aligned}
A_1(h)&=\oint_{\Gamma_h}\left[\frac{\partial H}{\partial x}p'_\lambda(x,y,0)+\frac{\partial H}{\partial y}q'_\lambda(x,y,0)\right]dt\\
&=\oint_{\Gamma_h}p'_\lambda(x,y,0)dy-q'_\lambda(x,y,0)dx\\
&=\iint_{G_h}[p''_{x\lambda}(x,y,0)+q''_{y\lambda}(x,y,0)]dxdy\\
&\equiv\Phi(h),
\end{aligned}
\tag{5.39}
$$

其中 G_h 为 Γ_h 包围的内部区域. 由定理 5.14 可得

定理 5.15 若 $\Phi(h^*)=0$, $\Phi'(h^*)\neq 0$, 则 $\lambda\neq 0$ 且 $|\lambda|$ 充分小时, 在 Γ_h^* 邻近 (5.37) 有唯一的极限环. 进一步, 若 $\Phi(h^*)=\Phi'(h^*)=\cdots=\Phi^{(k-1)}(h^*)=0$, $\Phi^{(k)}(h^*)\neq 0$, 则 $\lambda\neq 0$ 且 $|\lambda|$ 充分小时, 在 Γ_h^* 邻近 (5.37) 至多有 k 个极限环.

当 $H(x,y)$ 为 $(n+1)$ 次多项式, $p(x,y,\lambda)$, $q(x,y,\lambda)$ 为次数 $\leq n$ 的多项式时, (5.39) 是一个 Abel 积分, 因此 n 次多项式系统 (5.37) 能否分支出极限环的问题就归结为 Abel 积分 (5.39) 的零点问题, V.I.Arnold 因此把决定此类 Abel 积分的零点个数问题称为弱化的 Hilbert 第 16 问题. 当 $H(x,y)$ 及 Γ_h 较为复杂时, 就不像 van der Pol 方程那样很容易地确定出零点, 而常常是很困难的, 须要有系统的方法加以分析处理, 关于这方面可参见 [CS] [ZLZL] 等. 对于具体的 $H(x,y)$, 往往有: $h=h_1$(或 $h=h_2$) 时 Γ_h 缩小为一个中心奇点. 而 $h=h_2$(或 $h=h_1$) 时, Γ_h 对应于一系闭轨外边界上的同宿或异宿奇闭轨. 因此分析这种 h_i 时, (5.39) 的零点及其性质就可决定中心邻近和相应的高度退化的同宿或异宿奇闭轨邻近分支出极限环的问题. 这里介绍 [LHZ] 中的某些结果, 详见原文.

仍考虑 C^3 系统 (5.24), 设 $a=0$ 时 (5.24) 有一系闭轨

$$L_\lambda:\ x=x(t,\lambda),\ y=y(t,\lambda),\quad 0\leq t\leq T_\lambda,\ 0<\lambda<k.$$

当 $\lambda\to 0$ 时, $L_\lambda\to L_0$, L_0 为含一个鞍点 O 的奇闭轨. 如前可在闭轨 L_λ 邻近建立后继函数

$$F(u,\lambda,a,b)=\frac{a}{K(\lambda)}[\phi(\lambda,b)+\phi_1(u,\lambda,a,b)],\tag{5.40}$$

其中

$$K(\lambda)=P_0^2(x(0,\lambda),y(0,\lambda))+Q_0^2(x(0,\lambda),y(0,\lambda)),$$

$$\phi(\lambda,b)=\int_{L_\lambda}\mathrm{e}^{-\int_0^t(P'_{0x}+Q'_{0y})dt}(P_0g-Q_0f)_{a=0}dt,$$

$$\phi_1(0,\lambda,0,b)\equiv 0.$$

$M(b)$ 为 (5.25) 所示的 Melnikov 函数. 则可证 $\lim\limits_{\lambda\to+0}\phi(\lambda,b)=M(b)$. 又记 (5.24) 的鞍点的相应特征值为 $\mu_1(a,b)$, $-\mu_2(a,b)$, 令 $\Delta(a,b)=\mu_1(a,b)-\mu_2(a,b)$.

则有如下定理:

定理 5.16 当 $|a|$, $|b-b_0|>0$ 足够小时, 如下结论成立:

(i) 如 $M(b_0)\neq 0$, 则 (5.24) 在 L_0 邻近无闭轨;

(ii) 如 $M(b_0)=0$, $\dfrac{\partial\Delta}{\partial a}(0,b_0)\neq 0$, 则 (5.24) 在 L_0 邻近最多分支出一个极限环.

设 $b\in\mathbb{R}$, 即在 (5.24) 中 $n=1$.

定理 5.17 当 $b_0\in\mathbb{R}$, 使 $M(b_0)=0$, $M'(b_0)\neq 0$, $\dfrac{\partial\Delta}{\partial a}(0,b_0)\neq 0$, 且对 $\lambda>0$ 足够小, 记 $\mu=\mathrm{sgn}(-M'(b_0)\phi(\lambda,b_0))$, 则对 $|a|$, $|b-b_0|>0$ 足够小, 存在 $b^*(a)$ 使得:

当 $\mu(b-b^*(a))>0$ 时 (5.24) 在 L_0 邻近有唯一极限环; 当 $b=b^*(a)$ 时此环已成为同宿奇闭轨; 当 $\mu(b-b^*(a))<0$ 时, 在 L_0 邻近不存在闭轨与奇闭轨.

这一定理在下一节的分支问题中将会用到.

§5 Bogdanov-Takens 分支

这一节考虑分支系统有一个高阶奇点的情况，设原点 O 为高阶奇点，即其一次近似系统有零特征根. 先考虑一个零特征根的鞍结点分支.

例 5.8 考虑系统

$$\begin{aligned}\dot{x} &= \lambda + x^2,\\ \dot{y} &= y.\end{aligned} \tag{5.41}$$

当 $\lambda = 0$ 时 (5.41) 以 O 为鞍结点，其结构如图 5.14(b) 所示. 如 λ 变为不等于 0，则其结构将发生变化. 当 $\lambda > 0$，则奇点消失，结构如图 5.14(a)；当 $\lambda < 0$，则得到两个奇点 $(-\sqrt{-\lambda}, 0)$ (易判定为鞍点) 和 $(\sqrt{-\lambda}, 0)$ (为结点)，如图 5.14(c). 当 λ 由负经过零而变为正时，可看出两个奇点相互靠拢，合并为一个奇点而后消失的过程. 这也是余维 1 的分支. 由一个参数的变化即可体现系统结构变化的全过程.

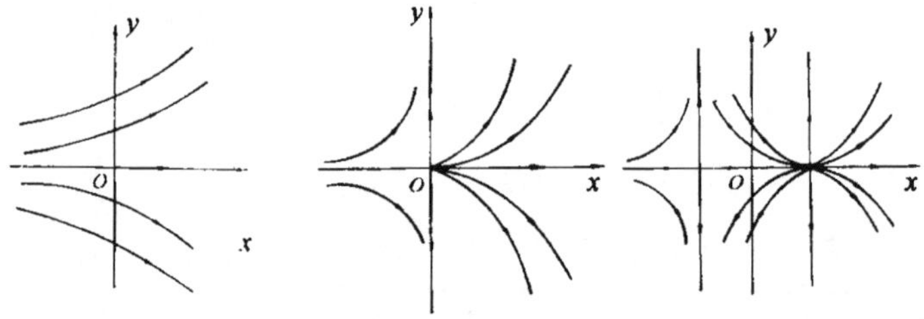

(a) λ >0　　(b) λ =0　　(c) λ <0

图 5.14

下面考虑 O 的两个特征根均为零的一个较典型的余维 2 分支的情况，它首先由 I.Bogdanov 和 F.Takens 较系统地加以研究，

故称为 **Bogdanov-Takens 分支**.

例 5.9 考虑含两参数的平面系统

$$\begin{aligned}\dot{x} &= y,\\ \dot{y} &= \lambda_1 + \lambda_2 y + x^2 + xy.\end{aligned} \tag{5.42}$$

易知 $\lambda_1 = \lambda_2 = 0$ 时, (5.42) 以 O 为一高阶鞍点 (线性部分的两个特征根均为零), 如图 5.15. 当 $\lambda_1 = 0$, $\lambda_2 \neq 0$ 时, O 为鞍结点 (其分支在图 5.16 中记为 SNB). $\lambda_1 > 0$ 时则没有奇点. $\lambda_1 < 0$, 在正, 负 x 轴上各有一个奇点 $(\pm\sqrt{-\lambda_1}, 0) \equiv (x_\pm, 0)$. $(x_+, 0)$ 为一鞍点而 $(x_-, 0)$ 为非鞍点. 当 $\lambda_2 > \sqrt{-\lambda_1}$, $\lambda_1 < 0$ 时它为不稳定, $\lambda_2 < \sqrt{-\lambda_1}$, $\lambda_1 < 0$ 时为稳定. 因此 $\lambda_2 = \sqrt{-\lambda_1}$ 为其 Hopf 分支. 平移坐标到 $(x_-, 0)$ 可得

$$\begin{aligned}\dot{x} &= -\sqrt{-2x_-}\, y + xy + \frac{1}{\sqrt{-2x_-}} y^2,\\ \dot{y} &= \sqrt{-2x_-}\, x.\end{aligned} \tag{5.43}$$

用第二章 §2 的方法易于判定 (5.43) 以 O(即 $(x_-, 0)$) 为不稳定的细焦点. 故当参数 (λ_1, λ_2) 从 $\lambda_2 = \sqrt{-\lambda_1}$ 变为 $\lambda_2 < \sqrt{-\lambda_1}$ 时, 此奇点改变稳定性而在其外围邻近产生一不稳定极限环 (Hopf 分支, 图 5.16 中的 HFB), 固定 $\lambda_1 < 0$, 让 λ_2 继续减小时, 此极限环会在一定参数时遇到鞍点 $(x_+, 0)$ 而形成同宿闭轨 (图中分支记为 HocB) 而消失. 为得出这一同宿分支曲线的渐近表达式, 可运用 §4 末的定理 5.16, 先把原点平移到 $(x_+, 0)$ 再对 x, y, t 适当改变尺度, 使在新变量之下 (仍记为 x, y, t) 化为等价的系统

$$\begin{aligned}\dot{x} &= y,\\ \dot{y} &= x - x^2 + \epsilon(\delta y + \gamma xy).\end{aligned} \tag{5.44}$$

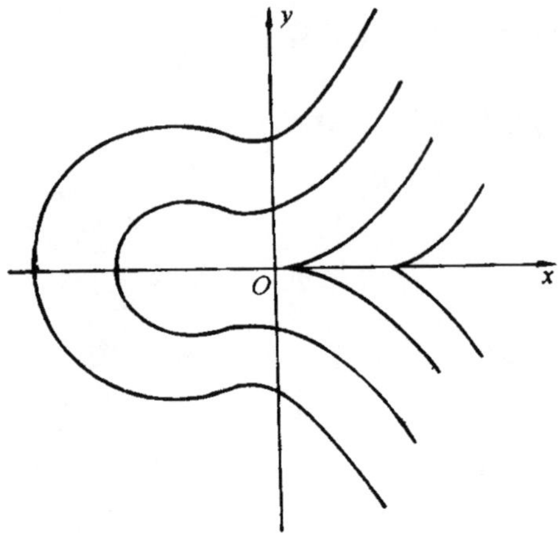

图 5.15

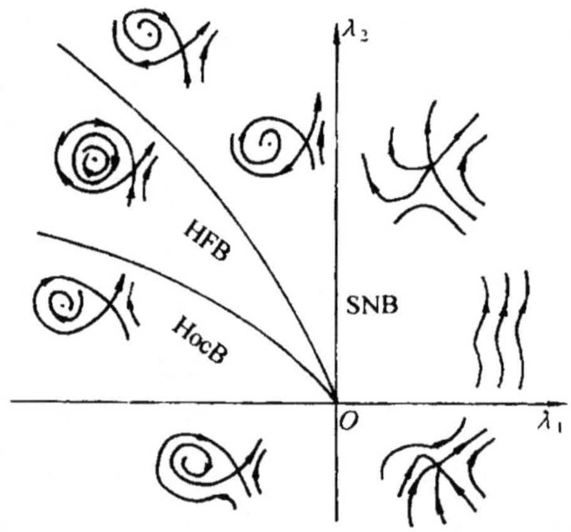

图 5.16

$\epsilon = 0$ 时 (5.44) 为 Hamilton 系统，有通积分

$$H(x, y) = y^2 - x^2 + \frac{2}{3}x^3 = -h, \qquad 0 \le h \le \frac{1}{3}$$

$h=0$ 时有同宿奇闭轨经过鞍点 O, 计算 (5.39) 型积分

$$\Phi(h)=2\int_{x_1}^{x_2}(\delta+\gamma x)(x^2-\frac{2}{3}x^3-h)^{\frac{1}{2}}dx,$$

其中 $x_1<x_2$ 为 $H(x,y)=-h$ 与 x 轴的两交点的横坐标. 当 $h=0$ 时此积分的零点代表了可在同宿奇闭轨 (退化情形) 邻近产生出极限环的分支, 即 HocB. 直接积分可得 $\frac{3}{5}\delta+\frac{18}{35}\gamma=0$, 故 $\delta=-\frac{6}{7}\gamma+O(\epsilon)$, $|\epsilon|$ 甚小时, 其近似式 $\delta=-\frac{6}{7}\gamma$, 或换回到原参数 (λ_1,λ_2) 可得 $\lambda_1=-\frac{49}{25}\lambda_2^2$, $\lambda_2>0$ 即为所求奇闭轨分支的近似式, 它在 HFB: $\lambda_1=-\lambda_2^2$, $\lambda_2>0$ 下方, 如图 5.16 中所示. 图 5.16 中画出了从 $\lambda_1=\lambda_2=0$ 时具有高阶鞍点结构的图 5.15 出发, 让 λ_1, λ_2 任意变动时 ($|\lambda_1|$, $|\lambda_2|$ 甚小), 在相平面上奇点 O 邻近所能出现的各种拓扑结构图形, 必为其中的 8 种图形之一. 这个结论对于 $\dot{x}=y$, $\dot{y}=x^2+xy$ 不管加上怎样的小摄动项也保持正确.

对于余维大于 2 的分支也有不少研究结果, 可参见 [DRSZ].

第六章　高维系统与混沌性态

第二章到第五章重点讨论了平面上的连续流的大范围性态. 有些局部性质与处理方法, 如双曲奇点邻域的性态易于向维数高于 2 的系统推广. 但也可以看到, 由于平面上一条单闭曲线可把平面分隔为内部和外部两个区域, 因而可以推出平面系统的极限集就相对比较简单, 它只能是一个奇点, 或一条闭轨线, 或由若干个奇点及连接它们的轨线组成. 对解析系统来说, 一条闭轨线邻近要么是充满一系闭轨, 要么它邻近不再有其它闭轨, 而由螺线组成. 这些性质对于维数高于 2 的系统 (称为 **高维系统**) 将不再保持, 这时可以出现很复杂的极限集, 与此相关, 在一条闭轨线邻近可以存在无限多条各种不同周期 (成倍地增大) 的闭轨线以及螺线在其间盘旋. 它与后面要介绍的混沌性态密切相关.

为研究高维系统的闭轨线邻近流的性态, 所用的基本方法仍是作出 Poincaré 映射.

设 L 为 n 维系统的一条闭轨, 在 L 上任取一点 p, 过 p 作 $(n-1)$ 维的超平面 Σ, 它与 L 在 p 点的切向垂直 (如图 6.1), 则由连续性可知: 在 Σ 上存在 p 点的邻域 U, 使任一点 $q \in U$, 系统在 q 处的向量不与 Σ 相切, 因此称 U 为系统的 **无切截面** (后面也称为横截截面), 且过 q 的轨线保持在 L 的邻近盘旋将再一次与 U 相交于一点 q_1. 这就确定了 $U \to U$ 的映射 $f: q \mapsto q_1$, 称

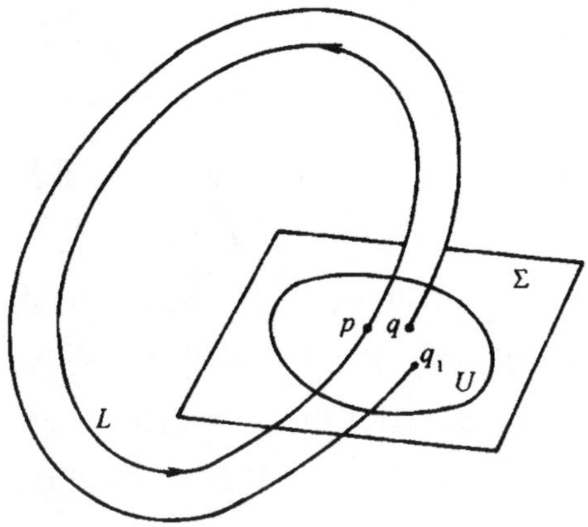

图 6.1

之为 L 邻近的 **Poincaré 映射**, 简称为 $P-$ 映射. 显然 f 以 p 为不动点, 对 f 在 p 邻近的性态的研究即可反映出在 L 的一个管状邻域内流的性态. 也就是说, n 维系统的这部分流的研究可归结为 $(n-1)$ 维截面上的点映射的分析. 因此在这一章中将更多地涉及到点映射确定的离散系统的局部以至于大范围的性态的分析研究.

§1 双曲奇点与闭轨的稳定和不稳定流形

1.1 双曲奇点与闭轨

在第二章已经给出了双曲奇点的定义, 设 n 维系统

$$\frac{dx}{dt}=f(x) \tag{6.1}$$

以 O 为奇点, 如果 $Df(0)$ 的特征根均不具零实部, 则称 O 为 **双曲奇点**. 把 O 作为映射 f 的不动点, 如果 $Df(0)$ 的特征值的模均不等于 1, 则称 O 为 **双曲不动点**.

闭轨的双曲性则利用 $P-$ 映射来定义, 如图 6.1, 在 L 上一点 p 处取法平面, 在其上点 p 邻近作出 $P-$ 映射 $f: q \mapsto q_1$.

定义 6.1 *如果映射 f 以 p 为双曲不动点 (即 $Df(p)$ 不具模等于 1 的特征值), 则称 L 为 (6.1) 的* **双曲闭轨**.

注 6.1 易于证明, L 上两不同点 p_1, p_2 处的 $P-$ 映射 f_1, f_2 是微分同胚的, 故 L 的双曲性定义不依赖于点 p 的选取. 又 $n=2$ 时, 双曲闭轨即相当于第三章所说的单重极限环.

对于 n 维点映射 $f: \mathbb{R}^n \to \mathbb{R}^n$, 若对 $q \in \mathbb{R}^n$, 存在正整数 k, 使

$$f^k(q) = q, \quad 且 \quad f^i(q) \neq q, \ 当\ 1 \leq i < k,$$

则称 q 为 f 的 **k–周期点**. 易见这时 q 为映射 f^k 的不动点.

定义 6.2 *如果 q 为 f^k 的双曲不动点, 则称 q 为 f 的* **双曲 k–周期点**.

1.2 稳定流形与不稳定流形

在双曲不动点邻近, 离散流的结构有类似于平面双曲奇点的性态. 设 O 为 $f: \mathbb{R}^n \to \mathbb{R}^n$ 的双曲不动点, 即 $Df(O)$ 分别有 s 个特征值的模小于 1, u 个特征值的模大于 1, $s+u=n$. 其中也包含 s, u 之一为零的特例, 当 $s=0$ 时, O 称为 **源**, 当 $u=0$ 时, O 称为 **渊**.

Hartman-Grobman 定理给出, 在 O 的适当小邻域 U 内, 其轨线结构如图 6.2 所示. 其中, 与平面 (x,y) 情况不同的是, 现在 $\mathbb{R}^n$ 分裂为子空间 $\mathbb{R}^s$ 与 $\mathbb{R}^u$ 的直接和. 而

$$\begin{aligned} W^s_{\text{loc}}(O) &= \{x \in U \mid f^n(x) \to 0, \ 当\ n \to \infty\}, \\ W^u_{\text{loc}}(O) &= \{x \in U \mid f^{-n}(x) \to 0, \ 当\ n \to \infty\} \end{aligned} \tag{6.2}$$

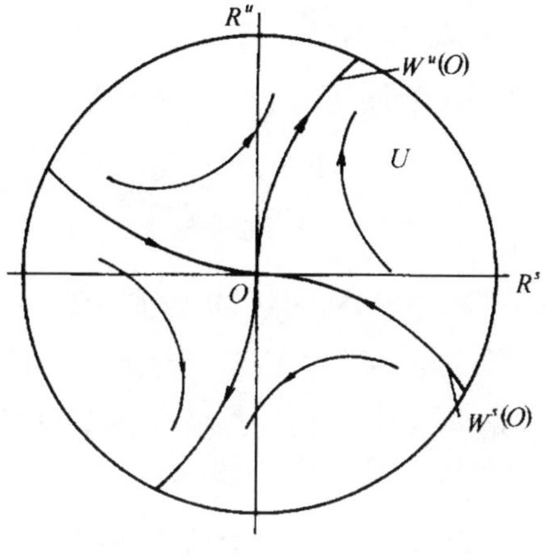

图 6.2

分别称为 O 点的 **局部稳定流形** 与 **局部不稳定流形**，它们分别为 $\mathbb{R}^n$ 中的 s 和 u 维超曲面，且在 O 以 $\mathbb{R}^s$，$\mathbb{R}^u$ 为切空间. 当 $n=2$ 时，它们分别为跑向或离开鞍点 O 的分界线.

对于连续流 $\varphi_t(x)$ (由 (6.1) 所确定) 的双曲奇点 O，有类似的局部稳定流形和局部不稳定流形:

$$\begin{aligned} W^s_{\text{loc}}(O) &= \{x \in U \,|\, \varphi_t(x) \to 0,\ \text{当}\ t \to +\infty\}, \\ W^s_{\text{loc}}(O) &= \{x \in U \,|\, \varphi_t(x) \to 0,\ \text{当}\ t \to -\infty\}, \end{aligned} \tag{6.3}$$

仍如图 6.2. 在连续流的情形，当 $s=u=1$ 时，图中带箭头的曲线代表了轨线，当 $s,u>1$ 时，则 $W^s(O)$，$W^u(O)$ 是由这样的轨线组成；不同的是，在离散流的情形，这些曲线并非轨线，而是代表了 **不变曲线** 或 **不变集**，即从其上任一点出发，离散轨线仍保持在这一曲线或集合内，沿箭头方向跳跃地趋向或远离点 O. 在特殊情形：$u=0$ 时，$W^u_{\text{loc}}(O)=O$，$W^s_{\text{loc}}(O)=U$，即 U 内所有轨线均趋向于 O；$s=0$ 时，$W^s_{\text{loc}}(O)=O$，$W^u_{\text{loc}}(O)=U$，即

U 内的一切轨线均远离 O 且终将跑出 U.

对于映射 f 的 k – 周期点 p, 有周期轨道

$$\Gamma = \{p, f(p), \cdots, f^{k-1}(p)\}.$$

每一点 $f^i(p)$, $i = 0, 1, \cdots, k-1$, 均为 f^k 的不动点, 故有如图 6.2 所确定的局部稳定与不稳定流形, 把这些点的局部稳定 (或不稳定) 流形并在一起就得到 Γ 的局部稳定 (或不稳定) 流形:

$$\begin{aligned} W^s_{\text{loc}}(\Gamma) &= \bigcup_{i=0}^{k-1} W^s_{\text{loc}}(f^i(p)), \\ W^u_{\text{loc}}(\Gamma) &= \bigcup_{i=0}^{k-1} W^u_{\text{loc}}(f^i(p)). \end{aligned} \tag{6.4}$$

对于连续流 $\varphi_t(x)$ 的双曲闭轨 L, 则在每一点 $q \in L$, 如前面作出过 q 的截面上的 P – 映射 f, 它以 q 为双曲不动点, 故有局部稳定流形 $W^s_{\text{loc}}(q)$ 和局部不稳定流形 $W^u_{\text{loc}}(q)$, 则 L 的局部稳定流形和局部不稳定流形分别取为:

$$\begin{aligned} W^s_{\text{loc}}(L) &= \bigcup_{q\in L} W^s_{\text{loc}}(q), \\ W^u_{\text{loc}}(L) &= \bigcup_{q\in L} W^u_{\text{loc}}(q). \end{aligned} \tag{6.5}$$

图 6.3 画出了三维连续流的双曲闭轨 L 邻近轨线的结构. 值得注意的是其中从 r 点出发的轨线在空间盘旋后可以跑到点 r_1, 即从 $W^u_{\text{loc}}(q)$ 的一支转到 $W^u_{\text{loc}}(q)$ 的另一支上. 这在平面轨线的情况是不可能出现的. 因由 Jordan 曲线定理, L 的无切线段上, 从外法线上出发的轨线永远保持在 L 之外与外法线再相交, 而不能跑

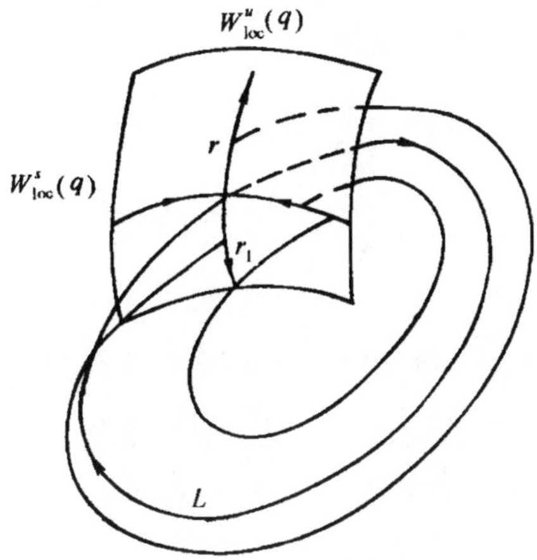

图 6.3

到内法线上去. 可以说, 这正是高维空间的周期解邻近可以出现很混乱的运动状态的一个根本原因.

从上可以看出, 由于这些局部稳定流形和局部不稳定流形的存在, 因而很好地刻画了流 (连续流或离散流) 在相应的点轨线和周期轨线邻近的性态, 把这些流形沿着流延伸出去, 可以相应得出大范围的稳定和不稳定流形. 具体一点说, 把 W^s_{loc} 沿着流负向无限延伸可得到 **全局稳定流形**, 或把 W^u_{loc} 沿着流正向无限延伸可得到 **全局不稳定流形**, 分别记为 $W^s(O)$ 和 $W^u(O)$; $W^s(\Gamma)$ 和 $W^u(\Gamma)$; $W^s(L)$ 和 $W^u(L)$ 等.

例如, 对映射 f 的不动点 O, 其全局稳定流形和全局不稳定流形分别为

$$\begin{aligned} W^s_{loc}(O) &= \bigcup_{n\geq 0} f^{-n}(W^s_{loc}(O)), \\ W^u_{loc}(O) &= \bigcup_{n\geq 0} f^{n}(W^u_{loc}(O)). \end{aligned} \tag{6.6}$$

对于流 φ_t 的奇点 O, 则分别为

$$
\begin{aligned}
W^s_{\mathrm{loc}}(O) &= \bigcup_{t\geq 0} \varphi_{-t}(W^s_{\mathrm{loc}}(O)), \\
W^u_{\mathrm{loc}}(O) &= \bigcup_{t\geq 0} \varphi_{t}(W^u_{\mathrm{loc}}(O)).
\end{aligned}
\tag{6.7}
$$

关于周期轨道 Γ 或 L 的表示式类似, 不再一一列出.

注 6.2 **流形** 具有严格的数学定义, 例如见 [LT], 简单地说, 欧氏空间 $\mathbb{R}^n$ 的一个 m 维子集 M, 如果对每一点 $p \in M$ 均存在邻域同胚于 $\mathbb{R}^m$ 的一个开集, 则称 M 为一 m 维 **拓扑流形**(**微分流形** 则还要有进一步的可微性要求), 稳定流形定理证明了上述局部稳定与不稳定流形都是严格定义下的微分流形, 例如见 [LT], 但是全局稳定或不稳定流形则就不一定是流形了. 例如, 平面系统的鞍点 O 的四条分界线组成了一个双同宿轨道, 如图 6.4. 这时 $W^s(O)$, $W^u(O)$ 均为此 8 字形曲线, 它就不是一个流形, 因为在 O 点处的交叉结构不符合流形的定义.

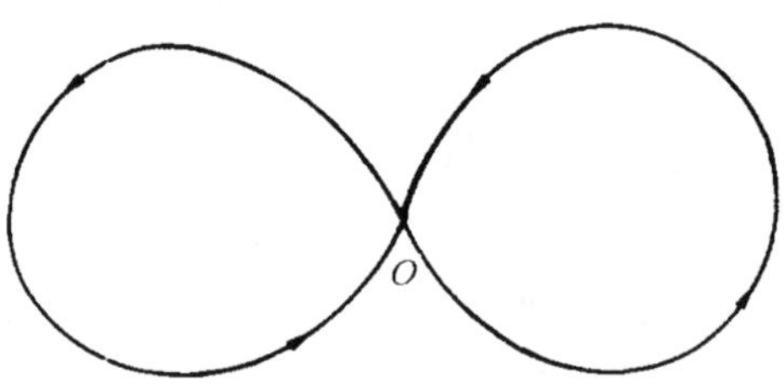

图 6.4

全局稳定流形与不稳定流形的性态与结构, 包括它们可能相交时的状态对于确定流的大范围的性态起着关键的作用. 为了后面的应用, 下一段介绍一个 λ - 引理, 它反映出双曲不动点的全局稳定流形与不稳定流形所决定的流的一个重要的大范围性质.

1.3 λ – 引理

先考察以 O 为鞍点的平面点映射 f, 它分别以 x, y 轴为全局稳定和不稳定流形, 如图 6.5 (同样适用于平面连续流, 因下面的 λ – 引理就点映射来叙述, 故只考虑映射). 在 x 轴 (即 $W^s(O)$) 上取一点 q, 过 q 作 x 轴的垂线, 其上取包含点 q 的一小段 l. 沿着 f 的离散流, l 在 f 的正向迭代之下, 其像 $f^n(l)$ 将逐步向 y 轴方向靠近, 且逐渐伸长, 当 $n \to \infty$ 时, $f^n(l)$ 将会进入 y 轴的任何足够小邻域内, 如果 f 为 C^1 的, 则这一曲线弧段在每一点的切向都与 y 轴相近. 把这一直观的结论推广到任意 n 维的映射的双曲不动点即可得出 λ – 引理.

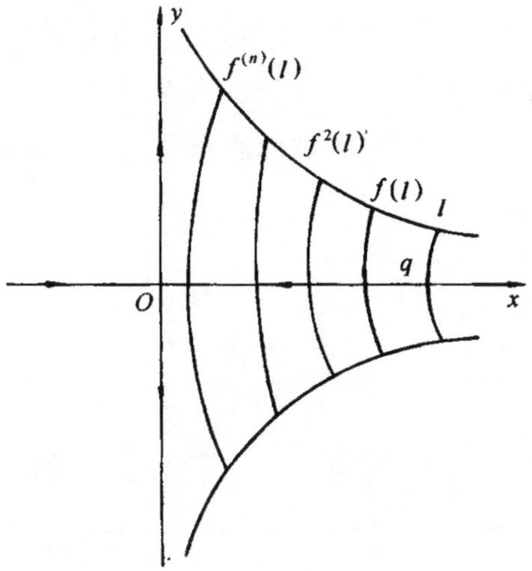

图 6.5

为此首先把平面上两曲线不相切地相交 (无切线段即为其特例) 的概念推广为空间 $\mathbb{R}^n$ 中两个超曲面在交点处为 **横截相交** 的概念.

定义 6.3 设 S, Q 为 $\mathbb{R}^n$ 中的两个超曲面，一点 $q \in S \cap Q$, 如果 S, Q 在 q 点的切空间 TQ, TS（它们分别由 S, Q 在 q 点的所有切向量所张成的线性子空间组成）在 q 能张成 $\mathbb{R}^n$, 记作 $TQ + TS = \mathbb{R}^n$, 则称 S 与 Q 在点 q **横截相交**.

例如, 前述闭轨 L, 它为一维曲线, 在其上点 q 处作出了 $(n-1)$ 维截面 Σ, 它与 L 在 q 点的切向垂直, 因此 L 在 q 点的切线与 Σ 张成了 $\mathbb{R}^n$, 依此定义, 就说 L 与 Σ 在点 q 为横截相交.

设可微映射 $f: \mathbb{R}^n \to \mathbb{R}^n$ 以原点 O 为双曲不动点, $A = Df(O)$ 具有 s 个模小于 1 的特征值, u 个模大于 1 的特征值, 其中 u, $s > 0$, $u + s = n$. O 点的全局稳定流形为 $W^s(O)$, 全局不稳定流形为 $W^u(O)$, 为了简明起见, 在图 6.6 中画成线性子空间. 取点 $q \in W^s(O) - \{O\}$, $W^s(O)$ 在点 q 的切空间 $\mathbb{R}^s$, 它在 $\mathbb{R}^n$ 内的补空间为 $\mathbb{R}^u$, 以 q 为圆心在 $\mathbb{R}^u$ 内作 u 维小圆球 D^u, 因此 D^u 与 $W^s(O)$ 在 q 点横截相交, 则类似于平面鞍点的性质, 有

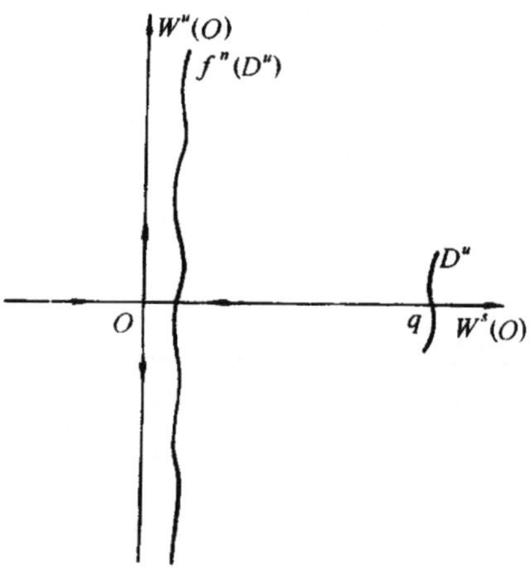

图 6.6

定理 6.1 (λ - 引理) 任给 $\epsilon > 0$, 则存在正整数 N, 使 $n > N$ 时, D^u 在 f 的 n 次迭代下的像 $f^n(D^u)$ 在 C^1 意义下保持在 $W^u(O)$ 的 ϵ 邻域, 即 $f^n(D^u)$ 及其每一点的切空间都保持在 $W^u(O)$ 及邻近点的相应切空间的 ϵ 邻域.

证明从略, 例如可参见 [LT].

§2 一维映射的混沌性态

如前所述, 平面连续流的闭轨邻近所确定的 P - 映射 (为一维映射) 其动力性质相对比较简单 (因连续流受 Jordan 曲线定理所约束, 流与无切线段的依次交点具有单调性). 与之不同的是, 任意给了一个闭区间 J 上的同胚映射 f(更一般地可假设 f 只是连续的, 未必有逆, 则仅考虑由正向迭代 f^n, $n \geq 0$ 所生成的半动力系统), 则由 f 所生成的一维离散流却可以具有甚为复杂的动力性质 —— 混沌性态. 这在许多一维应用模型中用数值方法较早地被发现, 而严格地给出混沌 (chaos) 的数学定义则是 1975 年由 Li 和 Yorke 完成的, 见 [LY]. 他们考虑闭区间 I, 简单地可取 $I = [0,1]$ 上定义的连续函数 f, 因 f^{-1} 未必单值, 故考虑由 f^n, $n \geq 0$ 所生成的半动力系统.

定义 6.4 若 f 满足以下三个条件:

(i) 对任意自然数 k, 有 $x_k \in I$, 使 $f^k(x_k) = x_k$, 且 $k \neq 1$ 时的周期点, $f(x_k) \neq x_k$;

(ii) 存在不可数集合 $N \subset I$, 使 $x, y \in N$ 时, 有

$$\overline{\lim_{n\to\infty}} |f^n(x) - f^n(y)| > 0, \quad \underline{\lim_{n\to\infty}} |f^n(x) - f^n(y)| = 0;$$

(iii) 对任意周期点 x 和 $y \in N$, 有

$$\overline{\lim_{n\to\infty}} |f^n(x) - f^n(y)| > 0,$$

则称 f 在 I 上为 **混沌的**.

由定义的条件可以看出, 混沌性的要求实际上说明了由 f 在 I 上所生成的运动具有很混乱的状态. 一方面其中有可数多个不同周期的周期运动, 且条件 (iii) 说明其它运动都不渐近于这些周期运动 (这是平面系统的稳定极限环的 P – 映射所不具备的性质); 另一方面, 除这些周期运动外, 还有更多的不可数集上的运动, 其中任意两个运动之间若即若离, (ii) 说明了它们有时靠得很近, 有时又保持一定距离, 且随 n 增大, 一直如此. 即使两个运动的初始值靠得很近时也是如此, 故这种性质常称为 **对初始值的极端敏感性**. 这两种周期与非周期的运动混杂在一起, 就表现出 I 上的运动的复杂的混沌性态.

文 [LY] 中还证明了下列有名的论断.

定理 6.2 *若 f 具有一个 3– 周期点, 即存在 $x \in I$ 使 $f^3(x) = x$, 则 f 在 I 上为混沌的.*

证明可以用初等分析方法完成, 详情这里从略, 可参见原文或 [Zhj].

实际上, 60 年代前苏联数学家 A.Sarkovskii 就曾证明过更一般的结论, 他把自然数重新如下排列 (通常称为 Sarkovskii 序), 见 [Sa]

$$\begin{aligned}&3,5,7,\cdots,3\times 2,5\times 2,7\times 2,\cdots,3\times 2^n,5\times 2^n,7\times 2^n,\\&\cdots,2^n,2^{n-1},\cdots,2,1\end{aligned} \tag{6.8}$$

定理 6.3 若 f 具有 p- 周期点, 则对序列 (6.8) 中 p 以后的任一自然数 q, f 必具有 q- 周期点.

显见, 在 $p=3$ 时的特例情形, 它就成为定理 6.2 中由 f 具有 3- 周期点推出它具有以一切自然数为周期的周期点的结论, 从这一点上看, 定理 6.3 的结论要比定理 6.2 的相关结论广泛得多. 当然 [Sa] 文未涉及混沌性态.

一维映射具有混沌性态的例子很多, 且有着广泛的应用背景, 例如有名的 Logistic 模型 $f(x)=ax(1-x)$ 即是其中的一个, 它可视为有极限增长的虫口模型. 我们现在从经济应用中亦可导出此模型, 参见 [Ya 1].

例 6.1 设某种商品的第 n 期市场价格为 p_n, $n=0,1,2,\cdots$, 则由市场供需平衡所确定的市场价格动态模型为

$$p_{n+1}=\frac{A}{B}+\frac{C}{B}p_n(p_0-p_n), \tag{6.9}$$

其中 A, B, C 为适当常数, 寻求线性变换以简化此模型, 设 z_0 为方程

$$\frac{C}{B}z^2-(\frac{Cp_0}{B}-1)z-\frac{A}{B}=0$$

的正实根, 令

$$p_n=(p_0-2z_0)x_n-z_0, \qquad n=0,1,2,\cdots, \tag{6.10}$$

则 (6.9) 可化为

$$x_{n+1}=\gamma x_n(1-x_n), \tag{6.11}$$

其中 $\gamma=\dfrac{C}{B}(p_0-2z_0)>0$ 视为系统的参数. 记 $f(x)=\gamma x(1-x)$, 它代表了区间 $I=[0,1]$ 上的一个连续可微的自映射 $f:\ I\to I$,

其 k- 周期点对应于方程

$$f^k(x) = x \tag{6.12}$$

的解 ($k = 1$ 时为不动点), 它在 (x, y) 平面上对应为 $y = f^k(x)$ 与 $y = x$ 在第一象限的交点. 由于 $Df(0) = \gamma$, 故当 $0 < \gamma \leq 1$ 时, 只有唯一的平凡不动点 $x = 0$. $\gamma > 1$ 以后则出现非平凡的不动点及周期点. 当 $3 < \gamma < 1 + \sqrt{6}$ 时, 将有两个 2- 周期点, 对应于 4 次方程

$$f^2(x) = x$$

的正根. k 越大时, 方程 (6.12) 的次数就越高, 只能用数值方法求解. 已得出下述一系列的 γ 值:

$$\gamma_0 = 1, \quad \gamma_1 = 3, \quad \gamma_2 = 3.4494\cdots,$$
$$\gamma_3 = 3.5440\cdots, \quad \gamma_4 = 3.5644\cdots,$$
$$\gamma_5 = 3.5688\cdots, \quad \cdots \quad \gamma_\infty = 3.569946\cdots.$$

这些值 γ_k 均为 **分支值**. 因随着 γ 的增大而经过 γ_k 时, 系统 (6.11) 将分支出新的 2^k- 周期点. 图 6.7 中标出了 x_2 为 2 周期点, 轨道为 $\{x_2^1, x_2^2\}$, x_4 则为 4- 周期点, 轨道为 $\{x_4^1, x_4^2, x_4^3, x_4^4\}$. 当 $\gamma = \gamma_\infty = 3.569946\cdots$ 时, f 将具有所有以 2^k 方幂及其它整数为周期的周期点而出现混沌性态, 见图 6.8. 这种现象常称为**倍周期分岔**(许多中国学者, 特别是应用学科中, 把 bifurcation 一词译作分岔, 即前述的分支).

在这种倍周期分岔以至于呈现混沌态的过程中, M. Feigenbaum 发现了一个重要的规律, 即如下极限值存在:

$$F = \lim_{n\to\infty} \frac{\gamma_{k-1} - \gamma_k}{\gamma_k - \gamma_{k+1}} = 4.669202\cdots. \tag{6.13}$$

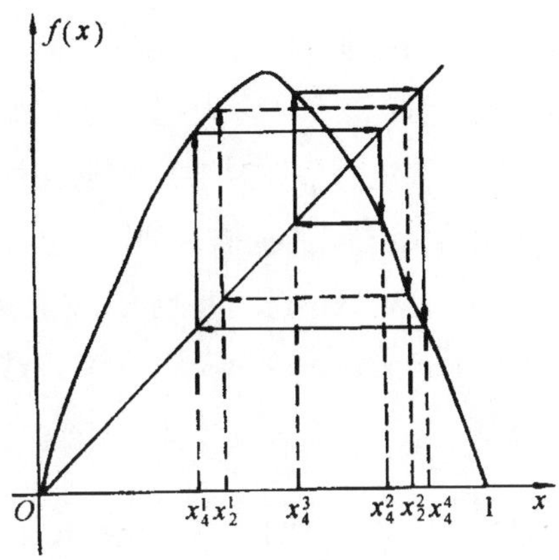

图 6.7

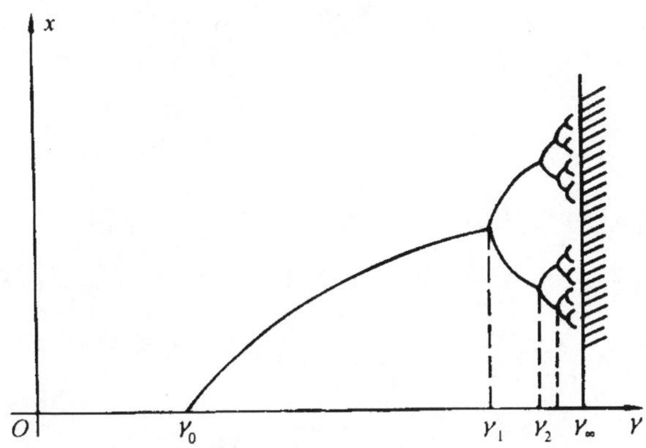

图 6.8

且证明了对各种不同的线段映射出现倍周期分岔的一系列参数值, 尽管因具体映射不同而各不相同, 但其极限值 (6.13) 均为同一常数. 因此这是一个 **普适常数**(universal constant), 被称为 **Feigenbaum常数**.

这也说明了. 在一维离散动力系统中, 混沌性态是很普遍的现象，从 70 年代起，对它们的研究，包括圆周上的自映射所定义的一维系统的研究成果极为丰富. 许多人把定义 6.4 作了各种改进与推广，并讨论 f 满足怎样的条件时会出现混沌性态，以及相关的周期点集、非游荡集等等之间的关联性质. 又联系到概率测度中的拓扑熵、 Lyaponov 指数等，进一步与任意维数的概率测度空间上的 **遍历理论** (ergodic theory) 相联系，有兴趣的读者可参见 [Xio], [Wal] 等.

§3　二维映射的混沌性态， Smale 马蹄

为了阐明二维映射所确定的离散系统中出现的混沌性态，须用到符号动力系统的一些有趣的动力性质，最早见之于 [GoH], 现作一简介.

3.1 符号动力系统

取数字 1 和 2 作为两个符号的符号集 $A=\{1,2\}$, 记整数集为 Z. 任意取 A 的元素可排列成如下的双向无限的二重序列:

$$a=\cdots a_{-k}\cdots a_{-2}a_{-1}\overset{*}{a_0}\,a_1a_2\cdots a_k\cdots, \tag{6.14}$$

其中 $a_i\in A$, $i\in Z$.(6.14) 所确定的 a 称为一个 **符号序列**. 上方标有 $*$ 的元素 a_0 称为 a 的中位元素. 取同一种排列但中位元素位置不同的两个符号序列认为是不同的 (见下面距离的定义即可知). 所有可能作出的各种不同的符号序列 a 的集合记做

$$\Sigma=\{a\}. \tag{6.15}$$

易见集合 Σ 具有连续统的势，即为一不可数的 Cantor 集. 对 Σ 中的另一元素

$$b=\cdots b_{-2}b_{-1}\overset{*}{b_0}\,b_1b_2\cdots$$

定义 a 与 b 间的距离函数 $d:\ \Sigma\times\Sigma\to\mathbb{R}^+$(非负实数的集合)为

$$d(a,b)=\sum_{i=-\infty}^{\infty}\delta_i\ 2^{-|i|},\tag{6.16}$$

其中 $\delta_i=\begin{cases}0 & \text{当 } a_i=b_i \text{ 时},\\ 1 & \text{当 } a_i\neq b_i \text{ 时}.\end{cases}$ 此非负项级数显然收敛，因为所有 $\delta_i=1$ 时 $d=3$，故一般地 $0\le d(a,b)<3$. 且易于验证这一定义满足距离的三条公理，故 Σ 成为一距离空间，可证它是紧致 (compact) 完备 (complete) 和完全不连通的 (即 Σ 的任何连通子集只含一点)，证明可见 [LT], [ZH] 等. 在定义 (6.16) 之下，Σ 内点 a 的 ϵ (>0) 邻域为

$$U_\epsilon(a)=\{b\mid d(a,b)<\epsilon\}.\tag{6.17}$$

易知，如果一切 $b_i=a_i$，对 $-N\le i\le N$，其中 N 是通过 (6.16) 及 (6.17) 由 ϵ 确定的某一正整数，则 $b\in U_\epsilon(a)$. 因此，邻域 $U_\epsilon(a)$ 相当于一个 **中块**

$$a_{-N}\cdots a_{-1}\,\overset{*}{a_0}\,a_1\cdots a_N.\tag{6.18}$$

这对于后面的论证是很有用的.

在 Σ 上可定义一映射 $\sigma:\Sigma\to\Sigma$，称做 (左) **移位**(shift):

$$\sigma(a)=b,\qquad \text{对每一 } i,\quad b_i=a_{i+1}.\tag{6.19}$$

亦即 b 是把 a 的每一位置上的元素各向左移动一位所得到的符号序列. 由此可知 σ^{-1} 存在，它即为右移位. 且易证 σ, σ^{-1} 的连续性. 故 σ 为 Σ 的一个自同胚映射，它在 Σ 上确定了一个动力

系统，记作 (Σ,σ)，称为 **拓扑动力系统**，见 [GoH]，它具有下列有趣而重要的动力性质.

定理 6.4 对每一正整数 N，σ 具有 N – 周期点.

证明 可用下列穷举法列出所有以正整数为周期的周期点：

1– 周期点有两个： $\cdots 1\overset{*}{1}1\cdots$， $\cdots 2\overset{*}{2}2\cdots$；

2– 周期点有 4 个：除上述两个 1– 周期点外，还有

$$\cdots 1\,2\,\overset{*}{1}\,2\,1\,2\cdots,\quad \cdots 2\,1\,\overset{*}{2}\,1\,2\,1\cdots;$$

它们可这样得出：取中位及其右一位两个连续位置上 A 内两个元素的排列，应有 2^2 种： $11,22,12,21$. 然后把它们向左、右连续移动两位，再移动两位以至无穷所得到的. 故满足 $\sigma^2(a)=a$. 依次类推，3– 周期点有 8 个，即中位开始向右三个位置上取 $1,2$ 的 2^3 个不同的排列再一次次移三位所得，$\cdots\cdots N$– 周期点有 2^N 个. 尽管这样的排列有重复，但总会有新的以任意整数为周期的周期点出现.

证毕

定理 6.5 σ 的所有周期点的集合，记作 $\mathrm{Per}\,(\sigma)$，它在 Σ 内处处稠密，即有

$$\overline{\mathrm{Per}(\sigma)}=\Sigma.$$

证明 任取 $a\in\Sigma$ 及 a 的邻域 $U_\epsilon(a)$，只要说明在 $U_\epsilon(a)$ 内存在周期点即可，由前知邻域 $U_\epsilon(a)$ 确定一中块 (6.18)

$$a_{-N}\cdots\overset{*}{a_0}\cdots a_N.$$

将此 $(2N+1)$ 个位置的排列分别连续地向左、向右移动 $(2N+1)$ 位，再移动 $(2N+1)$ 位，如此继续，可得出一个符号序列，它显

然为一 $(2N+1)$- 周期点，且在 $U_\epsilon(a)$ 内.

证毕

定理 6.6 *存在一条轨道，它在 Σ 内处处稠密 (这一性质常称为* **可迁性 (transitivity))**.

证明 今作出一符号序列 $\overline{a}$, 使在 σ 迭代之下，轨道 $\{\sigma^n(\overline{a})\}_{n\in Z}$ 在 Σ 内处处稠密. $\overline{a}$ 的元素从中位向左可以任取，从中位开始向右先排 1, 再排 2, 即一个位置的两种不同排列，再依次排出两个位置的 4 种不同排列，三个位置的 8 种不同排列，依次继续. 即得

$$\begin{aligned}\overline{a} = \cdots a_{-1}\underbrace{\overset{*}{1}\ \ 2}\ \underbrace{11\ 12\ 21\ 22}\\ \underbrace{111\ 112\ 121\ 122\ 211\ 212\ 221\ 222}\cdots.\end{aligned} \tag{6.20}$$

因此，任给一点 $b\in\Sigma$, 以及任一邻域 $U_\epsilon(b)$, 由 (6.18), 即给出了中块 $b_{-N}\cdots\overset{*}{b_0}\cdots b_N$. 这是 $(2N+1)$ 个位置上的一种排列，它一定出现在 (6.20) 所确定的 $\overline{a}$ 的右方 (可能很远处). 用 σ^n 作用于 $\overline{a}$, 即把 $\overline{a}$ 的元素一次次向左移位. 故总存在足够大的 n, 使上述 $(2N+1)$ 元素排列中的 b_0 移到 $\sigma^n(\overline{a})$ 的中位，从而进入了 b 的邻域 $U_\epsilon(b)$. 这就证明了过 $\overline{a}$ 的轨道稠密于 Σ.

证毕

从以上性质可见， σ 在 Σ 内所生成的运动，除去可数多个周期点外，更多的是不可数多个处处稠密的遍历运动，也就是说，整个空间 Σ 为 σ 的非游荡集. 这也是定义 6.4 的几条性质所要求的. 不同的是，那里的运动分布在一个闭区间上，而符号动力系统的运动则在一个抽象的完全不连通的离散空间中.

符号动力系统还具有如下的拓扑混合性质.

定义 6.5 设 f 为紧距离空间 X 上的同胚映射，若对任意的两个非空开集 $U, V\subset X$，总存在正整数 N，使当 $n>N$ 时，有

$$f^nU\cap V\neq\phi,$$

则称 f 在 X 上为 **拓扑混合** 的.

定理 6.7 σ 在 Σ 上为拓扑混合的.

证明 设 U, V 为 Σ 内的两个非空开集，取 $a\in U,\ b\in V$，则存在邻域 $U_\epsilon(a), U_\epsilon(b)$ 及相应的 N，使

$$U\supset U(a)=\{c\in\Sigma|\ c_i=a_i,\ \ 当\ |i|\leq N\},$$

$$V\supset U(b)=\{c\in\Sigma|\ c_i=b_i,\ \ 当\ |i|\leq N\}.$$

因而

$$\sigma^nU\cap V\supset\sigma^nU(a)\cap U(b).$$

又

$$\begin{aligned}\sigma^nU(a)\cap U(b)=\{c\in\Sigma|\ c_i=b_i,\ \ &当\ |i|\leq N;\\ c_j=a_{j+n},\ \ &当\ |j+n|\leq N\}.\end{aligned}$$

取 $n\geq 2N+1$ 时，由上式右端可知此集合非空.

证毕

3.2 Smale 马蹄

为了回答老数学家 N.Levinson 在高维系统结构稳定性问题的讨论中所提出的质疑，S.Smale 作出了下列平面点映射的有名例子，通常称为 **Smale马蹄**.

在 $\mathbb{R}^2$ 内取单位正方形 $S=[0,1]\times[0,1]$. 几何式地定义映射 $f:S\to\mathbb{R}^2$ 如下：

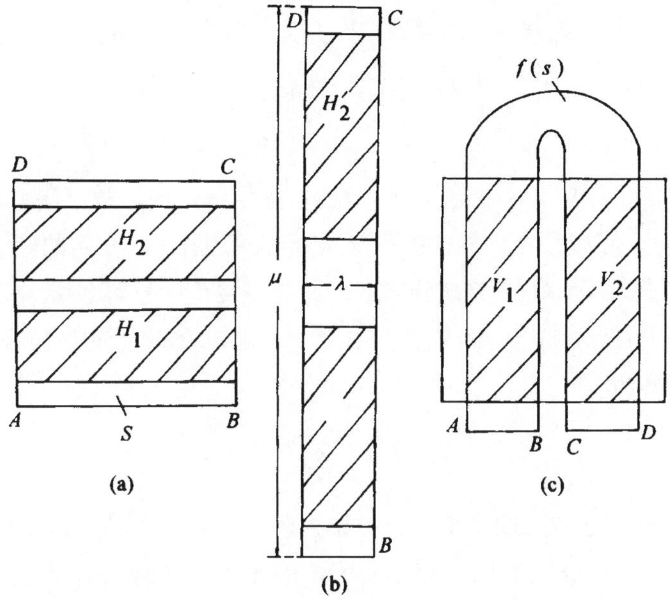

图 6.9

将 S 沿铅直方向拉长，拉伸的倍数 $\mu>2$，同时沿水平方向压缩，倍数为 $\lambda<\frac{1}{2}$，使成为一长方条，然后弯曲成马蹄形，且落在包含 S 的区域内并使弯曲部分在 S 之外，如图 6.9. 此弯曲的马蹄形就是 S 在 f 之下的像 $f(S)$，它位于 S 内的部分

$$S\cap f(S)=V_1\cup V_2$$

为两个铅直的长条，由图 6.9 可以想象，它们的原像为

$$f^{-1}(S\cap f(S))=S\cap f^{-1}(S)=H_1\cup H_2,$$

即 S 内的两个水平长条，且 $f(H_i)=V_i$，$i=1,2$. V_i 的宽度为

λ, H_i 的厚度为 μ^{-1}. 在 H_i 上 f 为线性的，可分别表示为

$$f\Big|_{H_1} = \begin{pmatrix} \lambda & 0 \\ 0 & \mu \end{pmatrix}, \qquad f\Big|_{H_2} = \begin{pmatrix} -\lambda & 0 \\ 0 & -\mu \end{pmatrix},$$

其中由于图中 H_2' 倒着向下，使 x, y 坐标反向，故 $f|_{H_2}$ 的表示中 λ, μ 前加负号. 不难扩张 f 的定义到包含 S 在内的较大区域 D 上使 f 为 D 上的微分同胚. 如此反复作用 f^n, 注意每次将马蹄形放在 S 上相同的位置. 对 f^2 来说 S 的橡仍能保持在 S 内的点集为

$$S \cap f(S) \cap f^2(S) = \bigcap_{i,j=1}^{2} V_{ij},$$

它由 V_1, V_2 内的四个更窄长的铅直条 (宽度为 λ^2) V_{ij} $(i, j = 1, 2)$ 所组成，在 f^2 之下，它们在 S 内的原像分别为 H_1, H_2 内的四个水平条 H_{ij}, 厚度为 μ^{-2}, 图 6.10 显示了经过 $f: H_{ij} \to H'_{ij}$,

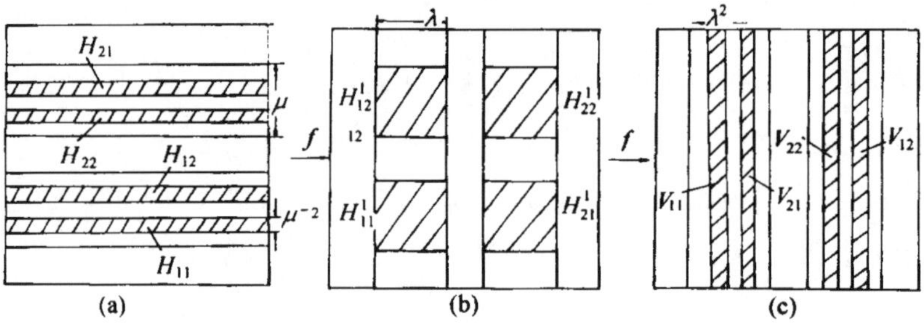

图 6.10

再经 $f: H'_{ij} \to V_{ij}$ 的直观图， $V_{ij} = f(H_{ij})$, $i, j = 1, 2$. 但可以注意到并非 H_1 内的两个小水平条映到 V_1 内的两个小铅直条.

$$\begin{aligned} & f^{-2}(S \cap f(S) \cap f^2(S)) \\ & = S \cap f^{-1}(S) \cap f^{-2}(S) = \bigcup_{i,j=1}^{2} H_{ij}. \end{aligned}$$

如此继续，在 f 的直到 n 次迭代之下的像仍保持在 S 内的点集为

$$S_n = S \cap f(S) \cap \cdots \cap f^n(S),$$

其原像为

$$S_{-n} = S \cap f^{-1} \cap \cdots \cap f^{-n}(S).$$

S_n 由 2^n 个铅直条组成，每迭代一次在原有的每一铅直条内又出现两个更窄的长条，而 S_{-n} 由 2^n 个水平条组成，同样也是在 $f^{-(n-1)}(S)$ 的每一水平条内出现两个更细的水平条而得. 由于 $n \to \infty$ 时，λ^n, μ^{-n} 均 $\to 0$, 故

$$S_\infty = \lim_{n\to\infty} S_n = \bigcap_{n=0}^{\infty} f^n(S)$$

为一系列铅直线段组成的集合，它可表为 $C \times [0,1]$ 其中 C 为 Cantor 集. 而

$$S_{-\infty} = \lim_{n\to\infty} S_{-n} = \bigcap_{n=0}^{\infty} f^{-n}(S)$$

为一系列水平线段组成的集合，它可表为 $[0,1] \times C$, C 同样为 Cantor 集. 从而

$$\Lambda = S_{-\infty} \cap S_\infty = C \times C \tag{6.21}$$

为一 2 维的 Cantor 点集，它是微分同胚 f 的不变集，亦即对任一 $z \in \Lambda$, 轨道 $\{f^n(z)\}_{n\in Z}$ 永远保持在 Λ 内，由这一 2 维 Cantor 集产生的过程可见，它的分布是在 n 级水平条与铅直条相交成的每一个小长方块中再取 $(n+1)$ 级水平条与铅直条相交成的四个更小的长方块，这种每次由一块套着四个更小的长方块的结构，

见图 6.11, 把它一级级放大来看, 与 S 中套着四个二级长方块的结构是完全相似的, 通常称之为 **自相似结构**. 它在混沌集及 **分形** (**fractal**) 理论的研究中是常见的. 且 f 限制在 Λ 上的运动有前述基本相同的复杂性态. 为证实这一点, Smale 巧妙地利用了符号动力系统 (Σ,σ) 来刻画, 现证明下述定理.

图 6.11

定理 6.8 对马蹄映射 f, 存在 Σ 与 Λ 间的同胚映射 $\varphi:\Lambda\to\Sigma$, 使

$$\varphi(f(z))=\sigma\varphi(z),\qquad 对一切\ z\in\Lambda. \tag{6.22}$$

这时称 $f|_\Lambda$ 与 (Σ,σ) **拓扑共轭**.

证明 由 (6.21) 知 $\Lambda=\cap_{i\in Z}f^i(z)$, 故当 $z\in\Lambda$, 则一切 $f^i(z)\in H_1$ 或 H_2. 定义

$$\varphi(z)=a=\cdots a_{-1}\,\overset{*}{a_0}\,a_1\cdots$$

使 $f^i(z)=H_{a_i}$, 亦即 a 中第 i 个位置的符号取 1 还是 2 由 $f^i(z)$ 属于 H_1 还是 H_2 来确定. 首先验证 (6.22) 成立. 记 $f(z)=$

y, $\varphi(y) = b \in \Sigma$, 只需证明 $b = \sigma(a)$ 即可. 实际上

$$f^{i+1}(z) = f^i(f(z)) = f^i(y),$$

故对每一 i,

$$f^i(y) \in \begin{matrix} H_1 \\ H_2 \end{matrix} \Longleftrightarrow \begin{matrix} b_i = 1 \\ b_i = 2 \end{matrix} \Longleftrightarrow$$

$$f^{i+1}(z) \in \begin{matrix} H_1 \\ H_2 \end{matrix} \Longleftrightarrow \begin{matrix} a_{i+1} = 1 \\ a_{i+1} = 2 \end{matrix}.$$

故得 $b_i = a_{i+1}$, 即 $b = \sigma(a)$, 亦即 $\varphi(f(z)) = \sigma(\varphi(z))$.

再证 φ 为同胚. 记

$$R_{mn}(b) = \{z \in \Lambda |\ f^i(z) \in H_{b_i},\quad -m \le i \le n\}.$$

由 $z \in f^m H_{b_i}$ 为铅直条, $z \in f^{-n}(f^{-1}H_{b_i})$ 为水平条可知 $R_{mn}(b)$ 实为宽 λ^m 厚 $\mu^{-(n+1)}$ 的小长方形. 设 $a = \varphi(u)$, $b = \varphi(v)$, 若能由 $a = b \Longrightarrow u = v$, 则 φ 为 1–1 的. 实际上, $a = b \Longleftrightarrow$ 一切 $a_i = b_i$, 从而 $u, v \in$ 一切 $R_{mn}(b)$, 当 $m, n \to \infty$ 时 $R_{mn}(b)$ 缩为一点, 故 $u = v$, 这也说明了只要平面两点 u, v 的距离 $\rho(u,v) \to 0$, 则 $d(a,b) \to 0$, 故 φ 为 1 对 1 的连续映射. 给定一点 $b \in \Sigma$, $b = \cdots b_{-2}b_{-1}\overset{*}{b_0}\, b_1 b_2 \cdots$, 必有点 $z \in \Lambda$. 使 $\varphi(z) = b$, 因为 $b_0 b_1 b_2 \cdots$ 确定了一条水平线段, $\cdots b_{-2}b_{-1}$ 则确定了一条铅直线段, 它们相交于唯一的点 $z \in \Lambda$, 这就说明 φ 为满映射, 因而为同胚.

证毕

由 (6.22) 知 $f|_\Lambda = \varphi^{-1}\sigma\varphi$, 从而

$$f^2|_\Lambda = \varphi^{-1}\sigma\varphi\varphi^{-1}\sigma\varphi = \varphi^{-1}\sigma^2\varphi, \cdots,\ f^n|_\Lambda = \varphi^{-1}\sigma^n\varphi.$$

这就说明 f 在 Λ 内的轨道与 σ 在 Σ 内的轨道一一对应，因此它和符号动力系统一样有可数无穷多个各种周期运动，以及其它不可数多个在 Λ 内处处稠密的运动，映射 f 以 Λ 为非游荡集． f 在 Λ 上的运动呈现混沌性态．数学家们往往把出现 Smale 马蹄作为判定动力系统呈现混沌性态的标志．

注 6.3 由 Smale 马蹄的构造过程可以看出 $f|_\Lambda$ 具有结构稳定性的特征．因为 f 的基本要求是把两个水平条映为两个铅直条，且边界对应到边界．由此知微小地摄动 f 只会使得这些水平、铅直条的直边界略略变形为曲线边界，而仍然横向与纵向跨越方形 S，从而在 $\overline{f}$ (摄动之后的) 的逐次迭代后仍可得出上述类似的不变集 $\overline{\Lambda}$, $\overline{f}|_{\overline{\Lambda}}$ 仍具有混沌性的特征．这将是我们在下一节判别具体二维映射具有 Smale 马蹄的出发点．

注 6.4 上述 f 在 S 内保持了线性，横向压缩、纵向扩张，这是双曲不动点的基本特征，由此可见这种双曲性可进一步引伸到系统的整个不变集上．而得出 **双曲不变集** 的概念．这在高维系统结构稳定性的研究中起着重要的作用．下述一例给出一环面上的点映射系统，它在整个环面上具有双曲结构以及混沌性态．

3.3 双曲环面自同构

首先取平面上的线性变换 $A: \mathbb{R}^2 \to \mathbb{R}^2$, A 对应于一整元素矩阵

$$A = \begin{pmatrix} 2 & 1 \\ 1 & 1 \end{pmatrix}, \qquad \det\ A = 1.$$

它具有两个实特征值 $\lambda_1 = \dfrac{3-\sqrt{5}}{2} < 1$, $\lambda_2 = \dfrac{3+\sqrt{5}}{2} > 1$. 相

应的特征空间 (直线) 可分别表为

$$E^s:\ y=\frac{-1-\sqrt{5}}{2}x,\quad E^u:\ y=\frac{-1+\sqrt{5}}{2}x.$$

$A^{-1}=\begin{pmatrix}1 & -1\\ -1 & 2\end{pmatrix}$ 亦具同样性质. 现由 A 诱导出环面 T^2 上的一个微分同胚. 如环面上的遍历流的例中所说 $T^2=\mathbb{R}^2/\sim$, 其中等价关系: $(x_1,y_1)\sim(x_2,y_2)\iff x_1-x_2,y_1-y_2\in Z$. $\pi:\mathbb{R}^2\to T^2$ 为自然投影, 理解为把所有相互等价的点映射为 $[0,1]\times[0,1]$ 内的点. 设 $x_2=x_1+h$, $y_2=y_1+k$, $h,k\in Z$, 则

$$A(x_2,y_2)=A(x_1,y_1)+A(h,k),$$

因此

$$\pi(A(x_2,y_2))=\pi(A(x_1,y_1)).\tag{6.23}$$

可定义映射 $f:T^2\to T^2$, 它满足

$$f(\pi(x,y))=\pi(A(x,y)).\tag{6.24}$$

因 A, π 为 C^∞ 的, 故 f 亦为 C^∞ 映射, 由 A^{-1} 可类似于上地诱导映射 f^{-1}. 因此 f 为 T^2 上的 C^∞ 微分同胚, 且易证它具有局部为线性的性质

$$f(\pi(x_1,y_1)+\pi(x_2,y_2))=f(\pi(x_1,y_1))+f(\pi(x_2,y_2)).\tag{6.25}$$

它在 E^s 的方向压缩, E^u 方向为扩张, 而具有双曲性, 故通常称为 **环面双曲自同构**. 可以证明整个环面为 f 的非游荡集, 其中两个坐标均为有理数的点投影在 T^2 上为周期点, 余下的为非周期点, 通过这些点的轨道具有遍历性. 且 f 在 T^2 上为结构稳定. 证明可见 [LT].

通过此例可从测度混合的意义下来说明混沌性态的复杂性.

定义 6.6 对任意 $U, V \subset T^2$(实际上和定义 6.5 一样可就一般的紧空间 X 上的同胚 f 来定义), 若 f 满足

$$\lim_{n\to\infty}\frac{\text{mes}(f^n(U)\bigcap V)}{\text{mes } U}=\frac{\text{mes } V}{\text{mes } T^2}, \tag{6.26}$$

其中 mes(W) 表示集合 W 的测度 (在此例中可理解为 $\mathbb{R}^2$ 中所占的面积), 则称 f 在 T^2 上为 **测度混合** 的.

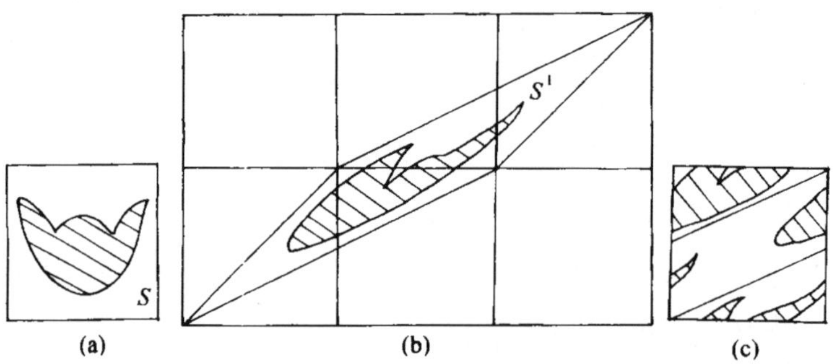

图 6.12

可以证明上述环面双曲自同构在 T^2 上为测度混合的. 我们可用 Arnold 所画的猫头来直观地说明这一混合的含义. 如图 6.12, 在 $S=[0,1]\times[0,1]$ 内画一猫头, 将 f 作用于 S 一次, 它压缩拉伸为平行四边形 S', 猫头也扭曲变形, 在 T^2 上应把它们仍投影到 S 内, 故如右方方块 (c) 内所示, 猫头分成了 5 块, 可以想象把 f 再一次作用于 S, 则猫头的这 5 块又将分裂成更多的小块. 把 f, f^{-1} 反复一次次作用, 则猫头的细胞将十分均匀地分裂到 T^2 上的每一处. (6.26) 中 V 视作猫头, 右端表示了猫头在 T^2 上所占的面积比, U 则视为在 T^2 上任取一小块, (6.26) 说明猫头细胞在这一小块 U 中的像所占的成分比当 $n\to\infty$ 时与右端相同.

这种混合的均匀性恰恰显示出在 f 作用下, T^2 上的运动的复杂性.

§4 横截同宿与横截异宿环

4.1 横截同宿定理

为了判断具体的二维映射具有混沌性态, J.Moser 在 [Mo] 中首先把 Smale 马蹄的做法推广. 仍考虑 (x,y) 平面上的正方形 $S=[0,1]\times[0,1]$, 如果 $0\le h(x)\le 1$, $x\in[0,1]$, 且存在常数 $0<\mu<1$, 使对 $0\le x_1\le x_2\le 1$ 有

$$|h(x_1)-h(x_2)|\le \mu|x_1-x_2|,$$

则称曲线 $y=h(x)$ 为一条 **水平曲线**.

若有两条水平曲线 $y=h_1(x)$, $y=h_2(x)$. 满足

$$0\le h_1(x)<h_2(x)\le 1,\qquad x\in[0,1],$$

则称点集合

$$H=\{(x,y)|x\in[0,1],\ h_1(x)\le y\le h_2(x)\}$$

为一 **水平条**.

$$d(H)=\max_{x\in[0,1]}(h_2(x)-h_1(x))$$

称为水平条 H 的 **直径**. 类似地可定义 **铅直曲线** $x=v(y)$ 及 **铅直条** V, **直径** $d(V)$.

定义 6.7 *对符号动力系统 (Σ,σ) 及 S 上的同胚 f, 若存在 S 内的某一子集 Λ 到 Σ 的同胚 φ, 使*

$$\varphi\circ f=\sigma\circ\varphi,\qquad x\in\Lambda, \tag{6.27}$$

则称 f 以 Σ 上的移位 σ 为 **子系统**.

设在 S 中有互不相交的水平条和互不相交的铅直条各 m 个 $(m \geq 2)$, 分别记作 H_i, V_i, $i = 1, 2, \cdots, m$.

定理 6.9 设 S 上的 (微分) 同胚 f 满足下列条件:

i) $f(H_i) = V_i$, 且边界映为边界, $\quad i = 1, 2, \cdots, m$;

ii) 对铅直条 $V \subset \bigcup_{i=1}^{m} V_i$, 每一

$$\overline{V_i} = f(V) \cap V_i$$

也是铅直条, 且满足 $d(\overline{V_i}) \leq \gamma d(V)$, $0 < \gamma < 1$ 为常数, 对水平条 $H \subset \bigcup_{i=1}^{m} H_i$, 每一

$$\overline{H_i} = f^{-1}(H) \cap H_i$$

为水平条, 且满足 $d(\overline{H_i}) \leq \gamma d(H)$;

则 f 以 σ 为子系统.

条件 i) 说明了至少有两个水平条映为铅直条, 条件 ii) 则如 Smale 马蹄一样在水平方向为压缩, 铅直方向为拉伸, 从而可推出混沌性态. 但条件 ii) 一般是较难验证的, [Mo] 又用了一个涉及到导算子的条件来代替. 记

$$f = \begin{pmatrix} P \\ Q \end{pmatrix}, \quad Df: \mathbb{R}^2 \to \mathbb{R}^2,$$

$$\begin{pmatrix} x_0 \\ y_0 \end{pmatrix} \mapsto \begin{pmatrix} x_1 \\ y_1 \end{pmatrix} = \begin{pmatrix} P_x x_0 + P_y y_0 \\ Q_x x_0 + Q_y y_0 \end{pmatrix}.$$

对 $p = (x_p, y_p) \in \mathbb{R}^2$, 分别以 p 为顶点作铅直扇形 S_p^+ 和水平扇形 S_p^-:

$$S_p^+ = \{(x, y) |\ |x - x_p| \leq \mu |y - y_p|\},$$

$$S_p^- = \{(x,y) | \ |y-y_p| \le \mu|x-x_p|\}.$$

设如下条件 iii) 成立.

iii) 对任意 $p \in \bigcup_{i=1}^{m} H_i$, 有 $0<\mu<1$, 使

$$(Df)_p(S_p^+) \subset S_{f(p)}^+,$$

且对任意 $(x_0,y_0) \in S_p^+$, 有 $|y_1| \ge \mu^{-1}|y_0|$; 又对任意 $q \in \bigcup_{i=1}^{m} V_i$, 有

$$(Df^{-1})_q(S_q^-) \subset S_{f^{-1}(q)}^-,$$

且对任意 $(x_0,y_0) \in S_q^-$, 有 $|x_{-1}| \ge \mu^{-1}|x_0|$, 其中 $(x_{-1},y_{-1}) = (Df^{-1})_q(x_0,y_0)$.

定理 6.10 设 S 上的微分同胚 f 满足条件 i) 和 iii), 则取 $\gamma = \mu(1-\mu)^{-1}$, 可使定理 6.9 的条件 ii) 也成立, 即 f 以 σ 为子系统.

证明从略, 可参见 [Mo] 或 [Zhj]. 文 [Zho] 中又改进了定理 6.10 的微分条件, 并运用于 Taylor 映射, 得出其混沌性态, 有兴趣的读者可参见原文.

下面介绍重要的横截同宿定理.

定理 6.11 (Smale-Birkhoff) 设二维点映射 f 具有双曲不动点 O, 且 $W^s(O)$ 与 $W^u(O)$ 横截相交在异于 O 的一点 P, 则 f 具有混沌性态.

证明 不妨假设, 在 O 点 $W^s(O)$ 的切向为水平方向, $W^u(O)$ 的切向在铅直方向. 关键是要证明, 存在正整数 N, 使在映射 f^N 之下, O 邻近有两个水平条映像为两个铅直条, 且边界映为边界.

对于以 O 为中心的正方形 $S=[-\frac{1}{2},\frac{1}{2}]\times[-\frac{1}{2},\frac{1}{2}]$. 由 §1 的 λ 引理知, 可取包含 $W^s(O)$ 的一段及 O 在其内部的水平条 H_1, 且横跨 S, 又存在正整数 N_1, 使 $f^{N_1}(H_1)$ 成为一个在铅直方向跨越 S 的铅直条 V_1, 见图 6.13.

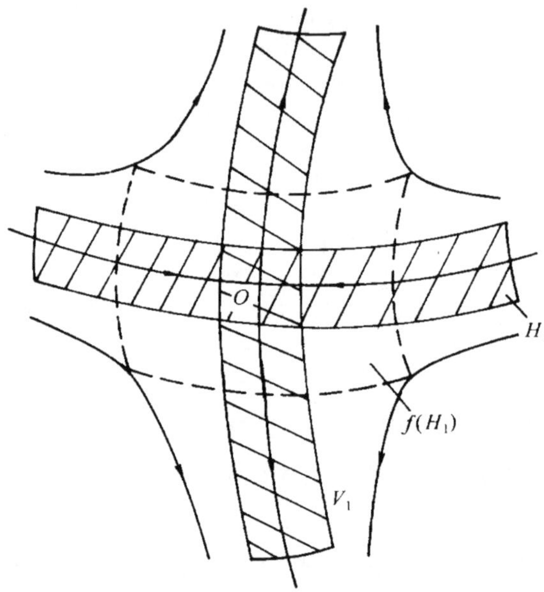

图 6.13

为了得到另一对水平条 H_2 和铅直条 V_2, 我们利用横截同宿点 P. 考虑 S 在 f 的正向、负向迭代之下的像, 由 λ 引理知 S 在 f 的正向迭代之下的像应沿 $W^u(O)$ 方向一次次拉长, 因 $P\in W^u(O)$, 故存在正整数 L, 使 $P\in f^L(S)$, 见图 6.14. 同样地, 在 f 的负向迭代之下, S 的像沿 $W^s(O)$ 方向拉长, 由于 $P\in W^s(O)$, 故有正整数 K, 使 $P\in f^{-K}(S)$. 取 $Q=f^L(S)\bigcap f^{-K}(S)$, 它是包含点 P 的一个区域, 且 $f^{-L}(Q)$ 应为 S

内的一水平条 H_2，$f^K(Q)$ 为 S 内的一铅直条 V_2 (图 6.14), 且可取 H_1，V_1 足够窄使 H_1 与 H_2，V_1 与 V_2 互不相交. 在 f^{K+L} 之下 H_2 映为 V_2 且边界映到边界. 取 $\dot{N} = \max(N_1, K+L)$, 则 H_1，H_2 在 f^N 之下的像为两铅直条，它们在铅直方向均跨越 S，易见定理 6.9 的条件得以满足，其中 $m=2$. 故对 f^N 来说，它具有和 Smale 马蹄类似的非游荡集 Λ, 在 Λ 内 f 具有一切 nN–周期点， $n=1,2,\cdots$, 其它的运动在 Λ 内为遍历型的，故呈现混沌性态. 证毕

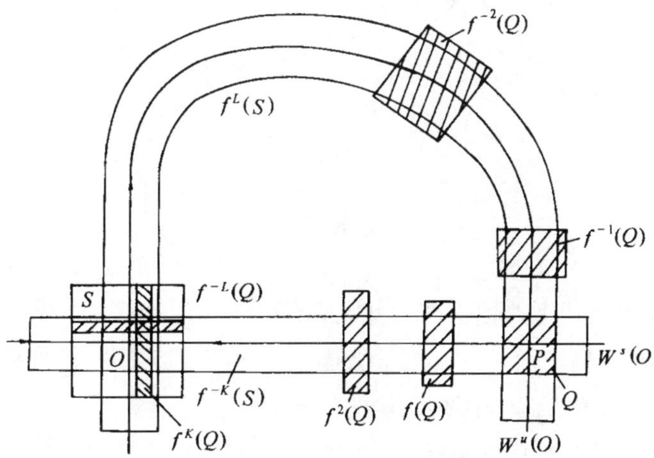

图 6.14

注 6.5 在混沌的定义 6.4 中的条件 i) 通常可放宽为具有任意大周期的周期点，其它两条件仍保持，则运动仍具有极混乱的性态. 在定理 6.11 的证明中得到 f^N 具有一切自然数为周期的周期点. 实际上说明 f 在非游荡集上的性态与 Σ 在 σ^N 之下的性态拓扑共轭，后者常称为 Σ 上的 **子移位**. 故只要 f 包含子移位，它就具有混沌性态. 易见，由于双曲鞍点 O 的两条分界线 ($W^s(O)$ 及

$W^u(O)$ 的各一支) 相交于一点 P_0 后, 将会在这个同宿轨道上出现无穷多个交点, 且它们在 O 邻近无限振荡而形成 Poincaré 栅栏, 如图 6.15. P_0 在 f 的正向迭代之下, 依次的像为 $P_1, P_2, \cdots$,

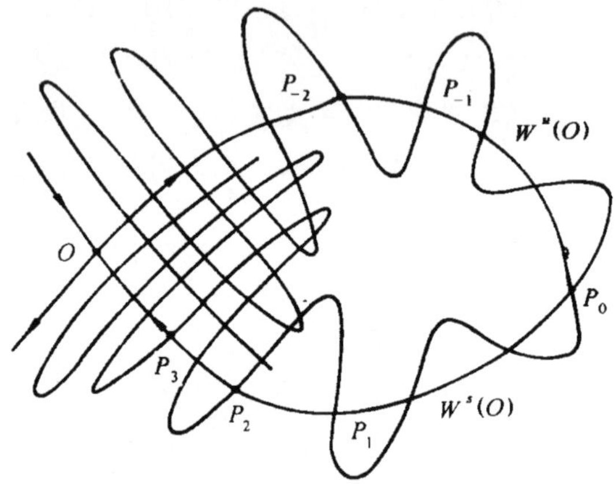

图 6.15

在 f 负向迭代下的像依次为 $P_{-1}, P_{-2}, \cdots$. 运动的混乱状态就出现在这条同宿轨道邻近, 包括上述以 nN 为周期的一系列离散周期轨道也分布在这一同宿闭轨的邻近.

注 6.6 以上对马蹄映射及其推广, 横截同宿定理等只是作了一个比较直观的描述, 为了更深入地刻画其动力性质, 进一步须运用 Markov 分解、转移矩阵和伪轨跟踪等性质. 有兴趣的读者可参见 [GH] 等.

4.2 横截异宿环

对具体的点映射要证明横截同宿点的存在性并非易事, 下一节将介绍的 Melnikov 方法是许多应用问题中很有效的方法. 在这一段将把横截同宿环引伸到横截异宿环, 它在一些点映射问题的研究中也有很好的应用，将以 Hénon 映射为例说明. 利用所谓雾状引理的思想，文 [QY] 中引入横截 n- 环的概念，且不难得知，由横截异宿环的存在可推出横截同宿而导出混沌性质.

定义 6.8 设平面点映射 f 具有双曲鞍点 $p_1,\cdots,p_n$，且对每一 $i=1,\cdots,n$，$W^u(p_i)$ 与 $W^s(p_{i+1})$ 横截相交于一点 q_i，其中 $p_{n+1}=p_1$，则称 f 具有一个**横截** n- **环**.

图 6.16 画出了横截 2- 环的例子. 由于异宿点 q_1, q_2 的存在，将 $W^s(p_i)$，$W^u(p_i)$ 延伸，可使这四条分界线相交无限多次，从而得到过 p_1 和 p_2 的同宿环，且在 p_1，p_2 附近均会形成 Poincaré 栅栏而出现混沌性态. 下面用 Hénon 映射来说明横截 2- 环的应用.

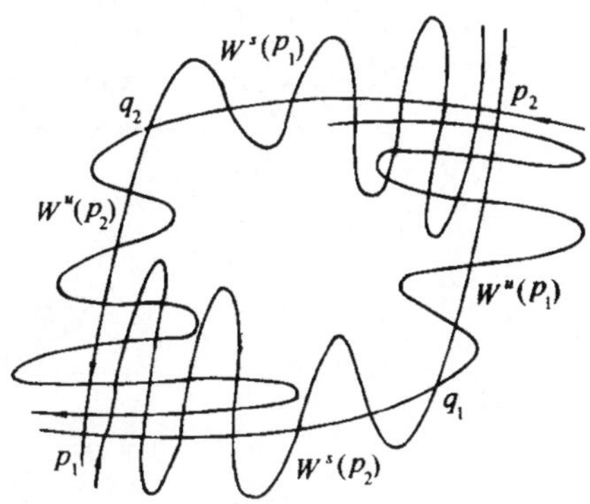

图 6.16

例 6.2 考虑 Hénon 映射

$$f(x,y)=(A+By-x^2,\ x),\qquad (x,y)\in\mathbb{R}^2. \tag{6.28}$$

1976 年 M.Hénon 对三体运动的 Poincaré 映射提出了这一简化模型，并用数值方法说明当 $A=1.4$，$B=0.3$ 时 f 具有混沌性态. 此后这一映射引起不少学者的兴趣, 起先用数值方法得知 f 呈现混沌性态的参数是零星而隔离的. 后用定性方法可推出它具有横截 2 - 环而得出混沌性态的大片参数区域, 如 [QY], [Lu2], [Ya2] 等. 对于 $B=1$ 的保面积映射, [Lu2] 证明了 $A>0$ 是 (6.28) 具混沌性态的充要条件. 对 $B\neq 1$, 现介绍文 [Ya2] 的一些结果. 首先在条件

$$B>1,\ A\geq \max\left\{\frac{B^2}{4}+2B+\frac{B+1}{2}\sqrt{B^2+4B},\right.$$
$$\left.\frac{(B^2+1)(B^2+B-1)}{2}\right\}$$

之下证明 (6.28) 存在横截 2- 环.

易知, (6.28) 有两个双曲鞍点 $P_i(x_i,y_i)$, $i=1,2$, 其中

$$x_i=y_i=\frac{B-1\pm\sqrt{(B-1)^2+4A}}{2}$$

在所设条件下, 易推得

$$x_1\geq B+\frac{\sqrt{B^2+4B}}{2},\quad x_2\leq -1-\frac{\sqrt{B^2+4B}}{2}.$$

因此有

$$A+Bx_2-\frac{B^2}{4}>x_1,\quad \frac{-A+x_1}{B}+\frac{B}{4}<x_2. \tag{6.29}$$

如图 6.17, 作

$$\Delta C_1P_1D_1=\{(x,y)|y-x\leq 0,\ x\geq \frac{B}{2},\ y\leq x_1\}.$$

则由 $f^{-1}(x,y)=(y,\dfrac{1}{B}(-A+x+y^2))$ 可得

$$f^{-1}(\Delta C_1P_1D_1)=\text{ 曲边三角形 } C_1'P_1D_1',$$

它由两条抛物线弧段

$$\widehat{C_1'P_1}=\left\{(x,y)\mid By=x^2+x-A,\ \frac{B}{2}\le x\le x_1\right\},$$
$$\widehat{P_1D_1'}=\left\{(x,y)\mid By=x^2+x_1-A,\ \frac{B}{2}\le x\le x_1\right\}$$

以及 $x=\dfrac{B}{2}$ 上的直线段 $\overline{C_1'D_1'}$ 所围成. 进入 P_1 的 $W^s(P_1)$ 为 f^{-1} 的不变集, 它应保持在两抛物线段之间, 从而与 $\overline{C_1D_1}$ 交于一点 N_1, 它在 f^{-1} 之下的像为 $\overline{C_1'D_1'}$ 中的一点 N_1'.

再作

$$\Delta C_2P_2D_2=\{(x,y)|y-x\le 0,\ x\le -\frac{B}{2},\ y\ge y_2\}.$$

类似于上的分析可知, $W^u(P_2)$ 的一支必与 $\overline{C_2D_2}$ 相交于一点 N_2, 点 N_2 在 f 之下的像位于 $\overline{C_2'D_2'}$ 中的一点 N_2', 如图 6.17. 由 (6.29) 式可知

$$y_{D_1'}=\frac{1}{B}(-A+x_1+\frac{B^2}{4})<x_2.$$

故 $\overline{C_1'D_1'}$ 整个位于曲边三角形 $C_2'P_2D_2'$ 的下方, 同样可知, $\overline{C_2'D_2'}$ 整个位于曲边三角形 $C_1'P_1D_1'$ 的右方. 因此 $W^s(P_1)$ 与 $W^u(P_2)$ 的相应这两支必相交于一点 Q_2. 借助于估计 Df^{-1} 及 Df 的值易于证明在 Q_2 点 $W^s(P_1)$ 及 $W^u(P_2)$ 的切向斜率分别大于 1 和小于 1, 因此两者在 Q_2 横截相交,

类似地可以证明在所设条件下 $W^u(P_1)$ 与 $W^s(P_2)$ 的各一支必横截相交于第二象限的一点 Q_2, 见图 6.17. 从而得到一个横截 2- 环, 故 f 具有混沌性态.

对于 $B\le -1$ 或 $-1<B<1$ 的情况, [Ya2] 中也给出了相应的充分条件, 以证明横截 2- 环的存在性.

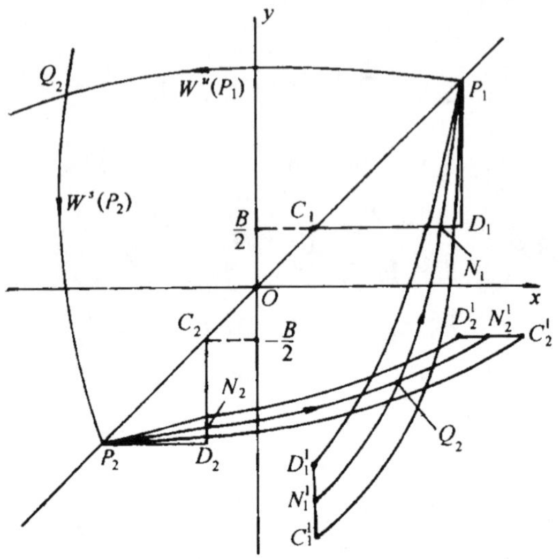

图 6.17

§5　Melnikov 方法

前面几节介绍了离散系统的混沌性态及其判定方法, 对于连续流由 Poincaré-Bendixson 的极限集理论可知平面定常系统不会出现混沌性态. 而对三维以上的定常系统或者二维非定常系统就可能出现混沌性态. 利用 Melnikov 方法来研究这类系统的 Poincaré 映射, 在一定条件下可以得出横截同宿从而判定系统具有混沌性质.

现就二维定常系统的周期性摄动系统 (它有很广泛的应用背景) 来介绍这一方法. 考虑系统

$$\dot{x} = f(x) + \epsilon g(x,t), \tag{6.30}$$

其中 $x=\begin{pmatrix}x_1\\x_2\end{pmatrix}$, $f=\begin{pmatrix}f_1\\f_2\end{pmatrix}$, $g=\begin{pmatrix}g_1\\g_2\end{pmatrix}$, 存在 $T>0$ 使 $g(x,t+T)\equiv g(x,t)$. ϵ 为小参数，且设 $\epsilon=0$ 时的无摄系统为 Hamilton 系统. 即有 $H-$ 函数 $H(x_1,x_2)$ 使

$$f_1=\frac{\partial H}{\partial x_2},\qquad f_2=-\frac{\partial H}{\partial x_1}.$$

$\epsilon=0$ 时系统的轨线结构如图 6.18(a), 它具有过鞍点 p_0 的同宿轨道

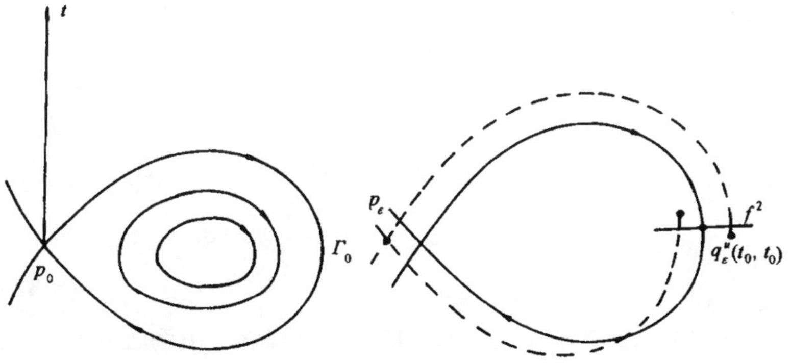

(a)　　　　(b)

图 6.18

$$\Gamma_0:\quad x=q_0(t),\quad t\in(-\infty,\infty).$$

$W^s(p_0)$ 与 $W^u(p_0)$ 非横截相交. 在 (x_1,x_2,t) 空间中看，其轨线为垂直于 (x_1,x_2) 平面的直线，组成母线平行于 t 轴的柱面.

当 $|\epsilon|\neq 0$ 甚小时，空间轨线产生小的摄动，它不再位于母线铅直的柱面上. 易于证明 (6.30) 在 t 轴邻近有一双曲的 T – 周期轨线

$$\gamma_\epsilon:\ x_\epsilon(t)=p_0+O(\epsilon).\tag{6.31}$$

它的稳定流形 $W^s(\gamma_\epsilon)$ 与不稳定流形 $W^u(\gamma_\epsilon)$ 各有一支在通过 Γ_0 的柱面邻近. 以间隔为 T, 平行于 (x_1, x_2) 平面的截面去截断此三维流, 考察其 P- 映射, 在截面 $t = t_0$ 上得到图 6.18(b), 其中 $p_\epsilon^{t_0} = p_0 + O(\epsilon)$ 为截面 $t = t_0$ 与 (6.31) 的交点, 对应于 P- 映射的双曲不动点, 它的稳定与不稳定流形如图中虚线所示, 一般说它们将分离开来. 从 $t = t_0$ 截面上的无摄系统的轨道 Γ_0 上一点 $q_0(0)$ 的法线上去计算其分离量, 即可引导出 Melnikov 函数.

下面就通过求微分方程摄动后的解关于 ϵ 的展开式的一次近似来得出其表达式. 设在无摄系统的解 $x = q_0(t)$ 邻近 (6.30) 有轨线 $q_\epsilon^s(t, t_0)$, $q_\epsilon^u(t, t_0)$, 分别位于 $W^s(\gamma_\epsilon)$, $W^u(\gamma_\epsilon)$ 上. 它们可依 ϵ 展开:

$$
\begin{aligned}
q_\epsilon^s(t, t_0) &= q_0(t - t_0) + \epsilon q_1^s(t, t_0) + O(\epsilon^2), \quad t \in [t_0, \infty), \\
q_\epsilon^u(t, t_0) &= q_0(t - t_0) + \epsilon q_1^u(t, t_0) + O(\epsilon^2), \quad t \in (-\infty, t_0].
\end{aligned} \tag{6.32}
$$

当 $\epsilon \to 0$ 时上式关于相应区间上的 t 一致成立. 在截面 $t = t_0$ 上点 $q_0(0)$ 处, 考虑

$$
\begin{aligned}
d(t_0) &= q_\epsilon^u(t_0, t_0) - q_\epsilon^s(t_0, t_0) \\
&= \frac{f(q_0(0)) \wedge (q_1^u(t_0, t_0) - q_1^s(t_0, t_0))}{|f(q_0(0))|} \epsilon + O(\epsilon^2),
\end{aligned} \tag{6.33}
$$

其中 $a \wedge b = a_1 b_2 - a_2 b_1$ 表示两向量 $a = \begin{pmatrix} a_1 \\ a_2 \end{pmatrix}$, $b = \begin{pmatrix} b_1 \\ b_2 \end{pmatrix}$ 的向量积的模, 故 $f \wedge (q_1^u - q_1^s)$ 为 $q_1^u - q_1^s$ 在 $f^\perp = \begin{pmatrix} -f_2 \\ f_1 \end{pmatrix}$, 即 Γ_0 在 $q_0(0)$ 点的法线方向上的投影, 因此 $d(t_0)$ 代表了 $W^s(p_\epsilon^{t_0})$

与 $W^u(p_\epsilon^{t_0})$ 在此方向上分离开的距离，从而

$$W^s(p_\epsilon^{t_0}) \text{ 与 } W^u(p_\epsilon^{t_0}) \text{ 相交 } \Longleftrightarrow d(t_0)=0. \tag{6.34}$$

为便于计算 $d(t_0)$ 的一阶近似， Melnikov 引入函数

$$M(t_0)=\int_{-\infty}^{\infty} f(q_0(t-t_0))\wedge g(q_0(t-t_0),t)dt. \tag{6.35}$$

通常把 (6.35) 称为 (一阶) **Melnikov 函数**. 现证

$$d(t_0)=\frac{M(t_0)}{|f(q_0(0))|}\epsilon+O(\epsilon^2). \tag{6.36}$$

为此，令

$$\begin{aligned}\Delta^s(t,t_0)&=f(q_0(t-t_0))\wedge q_1^s(t,t_0),\\ \Delta^u(t,t_0)&=f(q_0(t-t_0))\wedge q_1^u(t,t_0).\end{aligned} \tag{6.37}$$

由一阶变分方程易于得到 Δ^s, Δ^u 满足的微分方程，因

$$\dot{q}_0=f(q_0), \qquad \dot{q}_1^s=Df(q_0)q_1^s+g(q_0,t),$$

$$\begin{aligned}\frac{d}{dt}\Delta^s(t,t_0)&=Df(q_0(t-t_0))\dot{q}_0(t-t_0)\wedge q_1^s(t-t_0)\\ &\quad+f(q_0(t-t_0))\wedge \dot{q}_1^s(t,t_0)\\ &=\operatorname{div}(Df(q_0))\Delta^s(t,t_0)\\ &\quad+f(q_0(t-t_0))\wedge g(q_0(t-t_0),t)\\ &=f(q_0(t-t_0))\wedge g(q_0(t-t_0),t).\end{aligned}$$

上式最后一步是因为 div $(Df)\equiv 0$. 从 t_0 到 ∞ 积分上式得

$$-\Delta^s(t_0,t_0)=\int_{t_0}^{\infty} f(q_0(t-t_0))\wedge g(q_0(t-t_0),t)dt, \tag{6.38}$$

因 $\lim\limits_{t\to\infty} f(q_0(t-t_0))=f(p_0)=0$, 故上式中的 $\Delta^s(\infty,t_0)=0$.

对 $\Delta^u(t,t_0)$ 类似地推导可得

$$\Delta^u(t,t_0)=\int_{\infty}^{t_0} f(q_0(t-t_0))\wedge g(q_0(t-t_0),t)dt. \tag{6.39}$$

把 (6.38) 与 (6.39) 相加，即得 (6.36). 从而可以得出下列结论.

定理 6.12 *若 Melnikov 函数 $M(t_0)$ 不依赖于 ϵ, 且以 t_0 为简单零点，即 $M(t_0)=0$, $M'(t_0)\neq 0$, 则 $|\epsilon|\neq 0$ 且甚小时，有横截同宿点，从而 (6.30) 的解具混沌性态.*

这一结论说明，在 (x_1,x_2) 平面上，鞍点 p_0 的邻近存在一系列无穷多个点，(6.30) 以它们为初值所对应的轨道为周期的，以 T 的各种不同倍数 (且趋于无穷) 为周期. 实际上，早在 20 世纪 40 年代，N.Levinson 等就曾对具有周期强迫力的二阶振动方程证明了这种结论，如果从 Poincaré 截面上去看，这正是马蹄映射所反映出的复杂性态，也正是受到这些例子的启发，Smale 构造出奇妙的马蹄映射.

这一定理有许多应用. 下面举出一例，见文 [ZH].

例 6.3 考虑含非线性电容的振荡电路系统

$$\ddot{x}+\epsilon k\dot{x}+x-x^2=\epsilon\mu\cos\omega t, \tag{6.40}$$

其中 x 表示电流量. 把 (6.40) 化为方程组

$$\begin{aligned}\dot{x}&=y,\\ \dot{y}&=-x+x^2-\epsilon ky+\epsilon\mu\cos\omega t.\end{aligned} \tag{6.41}$$

$\epsilon=0$ 时 (6.41) 为 Hamilton 系统，具有类似于图 6.18(a) 的结构，不同的是鞍点在右边，即 x 轴上的点 $A(1,0)$, 而 $B(0,0)$ 为中心. 其 $H-$ 函数为

$$H(x,y)=3x^2+3y^2-2x^3. \tag{6.42}$$

同宿轨道 Γ_0 为

$$H(x,y)=1. \tag{6.43}$$

故

$$\left.\frac{dx}{dt}\right|_{\Gamma_0}=y\Big|_{\Gamma_0}=\pm\frac{1}{\sqrt{3}}\sqrt{2x^3-3x^2+1}\;,\; -\frac{1}{2}\le x\le 1.$$

为得到简化的参数表达式, 令 $x=1-u^2$, $\delta=\pm1$, 则得

$$\frac{6du}{u\sqrt{3-2u^2}}=\sqrt{3}\delta dt. \tag{6.44}$$

取 t_0 使 $x(t_0)=-\frac{1}{2}$, 即得 $u(t_0)=\frac{1}{2}\sqrt{6}\delta$. 再积分 (6.44), 易于得到 Γ_0 的参数形式为

$$\begin{aligned}
&x=1-\frac{3}{2}\mathrm{sech}^2\frac{1}{2}(t-t_0),\\
&y=\frac{3}{2}\mathrm{sech}^2\frac{1}{2}(t-t_0)\mathrm{th}\frac{1}{2}(t-t_0).
\end{aligned} \tag{6.45}$$

记

$$f(x,y)=\begin{pmatrix} y\\ -x+x^2\end{pmatrix},$$

$$g(x,y,t)=\begin{pmatrix} 0\\ -ky+\mu\cos\omega t\end{pmatrix},$$

令 $\frac{t-t_0}{2}=t_1$, 则

$$\begin{aligned}
M(t_0)&=\int_{-\infty}^{\infty}(f\wedge g)|_{\Gamma_0}dt\\
&=\int_{-\infty}^{\infty}(-ky^2+\mu y\cos\omega t)|_{\Gamma_0}dt\\
&\equiv-\frac{9}{2}kI-3\mu\sin 2\omega t_0\cdot J,
\end{aligned}$$

其中易计算出

$$I=\int_{-\infty}^{\infty}\operatorname{sech}^4 t\cdot\operatorname{ch}^2 t\,dt=\frac{4}{15},$$

而

$$J=\int_{-\infty}^{\infty}\operatorname{sech}^2 t\cdot\operatorname{th}t\cdot\sin 2\omega t\,dt$$

可利用复变积分的残数来求出. 令

$$J^*=\int_{-\infty}^{\infty}\frac{(\mathrm{e}^t-\mathrm{e}^{-t})\mathrm{e}^{2\omega\mathrm{i}t}}{(\mathrm{e}^t+\mathrm{e}^{-t})^3}dt,$$

则

$$J=4\mathrm{Im}\ J^*,$$

其中 $\mathrm{Im}J^*$ 表示 J^* 的虚数部分去掉 i. 对函数

$$f(z)=(\mathrm{e}^z-\mathrm{e}^{-z})\mathrm{e}^{2\omega\mathrm{i}z}/(\mathrm{e}^z+\mathrm{e}^{-z})^3$$

利用 Cauchy 定理

$$\oint_L f(z)dz=2\pi\mathrm{i}R(A),$$

其中 $R(A)$ 为 $f(z)$ 在点 $A(0,\frac{\pi}{2}\mathrm{i})$ 处的残数, 路径 L 如图 6.19 中所示.

$$\begin{aligned}2\pi\mathrm{i}R(A)=&\int_{-\alpha}^{\alpha}f(x)dx+\int_{\alpha}^{-\alpha}f(x+\mathrm{i}\pi)dx\\&+\mathrm{i}\int_0^{\pi}f(\alpha+\mathrm{i}y)dy+\mathrm{i}\int_{-\pi}^{0}f(-\alpha+\mathrm{i}y)dy\end{aligned}$$

当 $\alpha\to\infty$ 时,

$$\int_0^{\pi}f(\alpha+\mathrm{i}y)dy\to 0,\qquad\int_{-\pi}^{0}f(-\alpha+\mathrm{i}y)dy\to 0,$$

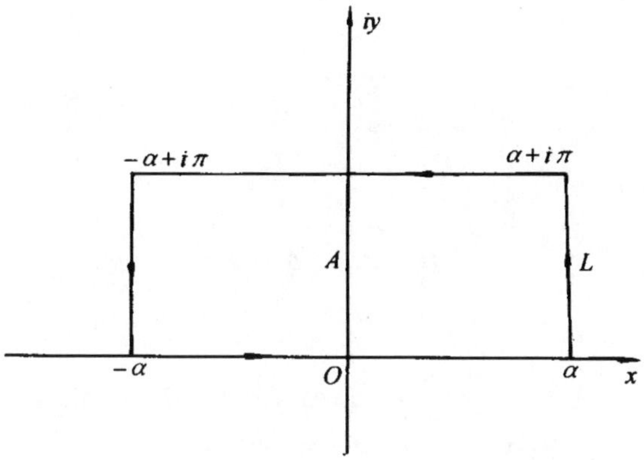

图 6.19

故

$$(1-e^{-2\omega\pi})J^* = 2\pi\mathrm{i}R(A) = \frac{\pi}{4}[(4\omega^2-1)\mathrm{i}-1]\mathrm{e}^{-\pi\omega}.$$

从而可得

$$M(t_0) = -\frac{6}{5}k + \frac{3}{2}\pi\mu(4\omega^2-1)\operatorname{csch}\omega\pi\cdot\sin\omega t_0. \tag{6.46}$$

因此，当参数 k, μ, ω 满足条件

$$\frac{k}{|\mu|} < \frac{5}{4}\pi|4\omega^2-1|\operatorname{csch}\pi\omega \tag{6.47}$$

时，$M(t_0)$ 有简单零点，由定理 6.12 知，(6.40) 的解具有混沌性态.

参 考 文 献

[ALGM] Andronov, A.A., Leontovich, E.A., Gordon, I.I. & Maier, A.G., Theory of Bifurcations of Dynamical Systems on a Plane, New York, Wiley, 1973

[Ar] Arnold, V.I., Geometric Methods in the Theory of Ordinary Differential Equations, 2nd Ed., New York, Springer-Verlag, 1983

[Ba] Bautin, N.N., On the number of limit cycles which appear with variation of the coefficients from an equilibrium position of focus or center type, Math. Sb., 30(1952)181-196

[Bi] Birkhoff, G.D., Dynamical Systems, AMS Publ. 9, 1927

[BL] Blows, T.K. & Lloyd, N.G., The number of small amplitude limit cycles of Liénard equations, Math. Proc. Camb. Phil. Soc. 95(1984) 359-366

[CH] Chow, S.N. & Hale, J.K., Methods of Bifurcation Theory, New York, Springer-Verlag, 1982

[Ch1] 陈翔炎，含参数微分方程的周期解与极限环，数学学报， 13:4(1963)

[Ch2] 陈翔炎，广义旋转向量场，南京大学学报， 1(1975)

[CR] Cherkac, L.A. & Rilebich, L.E., Diff. Uravneniya, 6:7 (1970) 1170-1178

[Co1] Coppel, W. A., A new class of quadratic systems, T. Diff. Equs. 92(1991)360-372

[Co2] Coppel, W.A., Some quadratic system with at most one limit cycle, Dynamics Reported, V.2(1989)61-88

[Co3] Coppel, W.A., Quadratic systems with a degenerate critical point, Bull. Austra. Math. Soc., V.38(1988)1-10

[De] Devaney, R., An Introduction to Chaotic Dynamical Systems, Benjamin Cummings, 1986

[Dr] Dragelev, A.B., Periodic orbits of nonlinear differential equations, PMM, 16(1952)84-88

[DRSZ] Dumortier, F., Roussarie, R., Sotomayor, J. & Zoladek, H., Bifurcations of Plannar Vector Fields, Spriger-Verlag, 1991

[Du] Duff, D.F.D., Limit cycles and yotated vectorfields, Annals of Math. 17(1953)15-31

[GH] Guckenheimer, J. & Holmes, P., Nonlinear Oscillations, Dynamical Systems and Bifurcations of Vector Fields, Springer-Verlag, 1983

[GoH] Gottschalk, J. & Hedlund, G., Topological Dynamics, AMS Publ., V.36, 1955

[Ha] Hale, J.K., Introduction to Dynamic Bifurcations, Lect. Notes in Math. 1057, Springer-Verlag, 1984

[Har] Hartman, P., Ordinary Differential Equations, New York, Wiley, 1964

[HLZ] 韩茂安, 罗定军, 朱德明, 奇闭轨分支出极限环的唯一性, (II), (III), 数学学报, 35:4,5(1992)541-548, 673-684

[HZ] 韩茂安, 朱德明, 微分方程分支理论, 煤碳工业出版社, 1994

[He] Hénon, M., A 2-dimensional mapping with a strange attractor, Comm. Math. Phys. 50(1976)69-78

[Hu] 黄克成, Liémard 方程极限环的存在性, 数学学报, 23(1980)483-490

[Il] Il'yashenko, Yu.S., Finiteness theorem for Limit Cycles, Trans. Math. Mono. 94, Amer. Math. Soc., Providence, 1991

[Jo] Joyal, P., Generalized Hopf bifurcation and its dual generalized homoclinic bifurcation, SIAM J. Appl. Math. 48(1989)481-496

[Li] 李承治, 关于平面二次系统的两个问题, 中国科学, A 辑, 12(1982)1087-1096

[LH] 李继彬, 黄其明, 平面三次微分系统的极限环复眼分支, 数学年刊, 8B(1987) 391-403

[LHZ] 罗定军, 韩茂安, 朱德明, 奇闭轨分支出极限环的唯一性, (I), 数学学报, 35:3(1992) 407-417

[Lia] 梁肇军, 多项式微分系统的全局分析, 华中师范大学出版社, 1993

[LMP] Lins, A., de Melo, W. & Pugh, C.C., On Liénard equation, Lect. Notes in Math. 597(1976)335-357

[LR] Luo Dingjun & Reyn, J.W., Limit cycle bifurcations in qudratic systems with a saddle and 3 antisaddles, Proc. of Dynamical Systems and Chaos, Tokyo, World Scientific Publ. Co., Singapore, (1995)

[LT] Luo Dingjun, Teng Libang, Qualitative Theory of Dynamical Systems,Adv. Ser. in Dynamical Systems, V.12, World Scientific Publ. Co., Singapore, 1993

[Lu1] Luo Dingjun, Limit cycle bifurcations of plannar vector fields with several parameters and applications, Ann. Diff. Equs. 1:1(1985)91-105

[Lu2] Luo Dingjun, Chaotic behaviour of planar maps, Ann. Diff. Equs. 4:3(1988) 349-361

[Lu3] Luo Dingjun, Several kinds of limit cycle bifurcations, Proc. of Conf. on Dynamical Systems and Related Topics, Nagoya, World Scientific Publ. Co. Singapore, (1991)342-352

[Lu4] Luo Dingjun, Bifurcation Diagrams of system $\dot{x} = -y + dx + lx^2 + ny^2$, $\dot{y} = x + x^2$, Ann. Diff. Equs., 14:2(1998)254-261

[Lu5] 罗定军, 严忠, 董梅芳, 多项式微分系统的极限环分支, 高校应用数学学报, Ser. A, 11:3(1996)245-252

[LWZH] Luo Dingjun, Wang Xian, Zhu Deming & Han Maoan, Bifurcation Theory and Methods of Dynamical Systems, Adv. Ser. in Dyn. Sys. V.15, World Scientific Publ. Co., Singapore, 1997

[LY] Li, T.Y. & Yorke, J., Period three implies chaos, Amer. Math. Monthly, 82(1975)985-992

[Lia] 梁肇军, 多项式微分系统全局分析导引, 华中师范大学出版社, 1989

[Ma] 马知恩, 种群生态学的数学建模与研究, 安徽教育出版社, 1996

[Me] Melnikov, V., On the stability of the centre for time periodic perturbations, Trans. Moscow Math. 12(1963)1-57

[Mo] Moser, J., Random Motion and Dynamical Systems, Princeton Press, 1973

[Pe] Peixoto, M., On the classification of flows on 2-manifolds, Dynamical

Systems (Cesari ed.) Inter. Symp. 1976

[Per] Perko, L.M., Ordinary Differential Equations and Dynamical Systems, Springer-Verlag, 1991

[PM] Palis, J. & de Melo, W , Geometric Theory of Dynamical Systems, New York, Springer-Verlag, 1982

[Po] Poincaré, H., Méthodes Nouvelles de la Méchanique Celeste, Paris, 1892

[Pu] Pugh, C.C., Hilbert's 16-th problem, Dynamical Systems (Manning ed.) Lect. Notes in Math. 468, Springer-Verlag, 1975

[QY] 钱敏，严寅，横截环及其对 Hénon 映射的应用，科学通报， 13(1985)

[Re] Reyn, J.W., A bibliography of the qualitative theory of qudratic systems of differential systems in the plane, 3rd ed. Reports of Delft Univ. of Tech., 1994

[Ry] Rychkov, G.S., On the uniqueness of limit cycles of equation $(y - P_3(x))dy = P_1(x, y)dx$, Diff. Uravneniya, 16(1980)433-437; 19(1983)904 905

[Sa] Sarkovskii, A., Coexistence of cycle of a continous map of a line into itself, Ukrain Mat. Z. 16(1964)

[SC] Sansone, G. & Conti, R., Non-linear Differential Equations, Inter. Ser. in Pure and Appl. Meth., V.67, Oxford, Pergamon Press Inc. 1964

[SL] Sun Jianhua, Luo Dingjun, Local and global bifurcations with non-hyperbolic equilibria, Science in China, Series A, 37:5(1994)523-534

[Sm1] Smale, S., Structurally stable systems are not dense, Amer. J. Math. 88(1968)491-496

[Sm2] Smale, S., Differentiable dynamical systems, Bull. Amer. Math. Soc. 73(1967)747-817

[Sp] Sparrow, C., The Lorenz Equations, Bifurcations, Chaos and Strange Attractors, Appl. Math. Sci. V.41, Springer-Verlag, 1982

[Tk] Tkachev, V.F., Multiplicity of multiple limit cycles, Mat. Sb., 56:98 (1962) 281-300

[Wa] Wang Xian, Global analysis of the equation $\ddot{x} + (\alpha_1 + 3\alpha_3 x^2)\dot{x} -$

$\beta_1 x + \beta_3 x^3 = 0$, Acta Math. Appl. Sinica, 3(1990)59-64

[Wal] Walters, P., An Introduction to Ergodic Theory, GTM V.79, Springer-Verlag, 1982

[Wi] Wiggins, S., Introduction to Applied Nonlinear Dynamical Systems and Chaos, New York, Springer-Verlag, 1990

[WY] 王辉丰，余澍祥，常微分方程定性理论，广东高等教育出版社， 1996

[Xio] 熊金城，线段映射的动力体系，数学进展， 17:1(1988)

[Ya1] 严忠，经济应用动力系统，冶金工业出版社， 1996

[Ya2] 严忠， Hénon 映射的混沌性态，南京大学学报数学半年刊， 1(1989)

[YL] Yan Zhong & Luo Dingjun, The study of limit cycle bifurcations for QS of type II, (I)–(III), Ann. Diff. Equs. 6:2(1990)225-240; Math. Biquarterly, J. of Nanjing Univ., (1993)57-65; 12(1995)

[Yan] Yang Xinan, A survey of cubic systems, Ann. Diff. Equs. 7:3(1991)323-363

[Ye1] 叶彦谦等，极限环论，上海科技出版社， 1984

[Ye2] 叶彦谦，多项式微分系统的定性理论，上海科技出版社， 1995

[ZC] 张平光，蔡燧林，具有二阶细焦点的二次系统，科学通报， 7(1989)486-489

[ZDHD] 张芷芬，丁同仁，黄文灶，董镇喜，微分方程定性理论，科学出版社， 1985

[Ze] 曾宪武， Liénard 方程极限环的唯一性，中国科学， A 辑， 25(1982)583-592

[Zh] 张锦炎，常微分方程几何理论与分支问题，北京大学出版社， 1985

[ZH] 朱德明，韩茂安，光滑动力系统，华东师范大学出版社， 1993

[Zha1] 张祥，二次系统 $(\mathrm{III})_{m=0}$ 极限环的唯一性，科学通报， 42:4(1997)

[Zha2] 张祥，一类特殊二次微分系统的分支问题，数学年刊， 18A:2(1997)213-222

[Zha3] 张祥，二次系统奇点的分支问题，应用数学和力学， 18:12(1997)1097-1110

[Zha4] Zhang Xiang, Determination of the sign of divergence of QS at critical points, Sys. Sci. & Math. Sci., 10:4(1997)344-355

[Zhj] 张筑生，微分动力系统原理，科学出版社， 1987

[ZLZL] 张芷芬，李承治，郑志明，李伟固，向量场的分岔理论基础，高等教育出版社， 1997

[Zho] 周建莹，中国科学， A 辑， 8(1984)

《现代数学基础丛书》已出版书目

1 数理逻辑基础(上册) 1981.1 胡世华 陆钟万 著
2 数理逻辑基础(下册) 1982.8 胡世华 陆钟万 著
3 紧黎曼曲面引论 1981.3 伍鸿熙 吕以辇 陈志华 著
4 组合论(上册) 1981.10 柯 召 魏万迪 著
5 组合论(下册) 1987.12 魏万迪 著
6 数理统计引论 1981.11 陈希孺 著
7 多元统计分析引论 1982.6 张尧庭 方开泰 著
8 有限群构造(上册) 1982.11 张远达 著
9 有限群构造(下册) 1982.12 张远达 著
10 测度论基础 1983.9 朱成熹 著
11 分析概率论 1984.4 胡迪鹤 著
12 微分方程定性理论 1985.5 张芷芬 丁同仁 黄文灶 董镇喜 著
13 傅里叶积分算子理论及其应用 1985.9 仇庆久 陈恕行 是嘉鸿 刘景麟 蒋鲁敏 编
14 辛几何引论 1986.3 J.柯歇尔 邹异明 著
15 概率论基础和随机过程 1986.6 王寿仁 编著
16 算子代数 1986.6 李炳仁 著
17 线性偏微分算子引论(上册) 1986.8 齐民友 编著
18 线性偏微分算子引论(下册) 1992.1 齐民友 徐超江 编著
19 实用微分几何引论 1986.11 苏步青 华宣积 忻元龙 著
20 微分动力系统原理 1987.2 张筑生 著
21 线性代数群表示导论(上册) 1987.2 曹锡华 王建磐 著
22 模型论基础 1987.8 王世强 著
23 递归论 1987.11 莫绍揆 著
24 拟共形映射及其在黎曼曲面论中的应用 1988.1 李 忠 著
25 代数体函数与常微分方程 1988.2 何育赞 萧修治 著
26 同调代数 1988.2 周伯壎 著
27 近代调和分析方法及其应用 1988.6 韩永生 著
28 带有时滞的动力系统的稳定性 1989.10 秦元勋 刘永清 王 联 郑祖庥 著
29 代数拓扑与示性类 1989.11 [丹麦] I. 马德森 著
30 非线性发展方程 1989.12 李大潜 陈韵梅 著

31　仿微分算子引论　1990.2　陈恕行　仇庆久　李成章　编
32　公理集合论导引　1991.1　张锦文　著
33　解析数论基础　1991.2　潘承洞　潘承彪　著
34　二阶椭圆型方程与椭圆型方程组　1991.4　陈亚浙　吴兰成　著
35　黎曼曲面　1991.4　吕以辇　张学莲　著
36　复变函数逼近论　1992.3　沈燮昌　著
37　Banach 代数　1992.11　李炳仁　著
38　随机点过程及其应用　1992.12　邓永录　梁之舜　著
39　丢番图逼近引论　1993.4　朱尧辰　王连祥　著
40　线性整数规划的数学基础　1995.2　马仲蕃　著
41　单复变函数论中的几个论题　1995.8　庄圻泰　杨重骏　何育赞　闻国椿　著
42　复解析动力系统　1995.10　吕以辇　著
43　组合矩阵论(第二版)　2005.1　柳柏濂　著
44　Banach 空间中的非线性逼近理论　1997.5　徐士英　李　冲　杨文善　著
45　实分析导论　1998.2　丁传松　李秉彝　布　伦　著
46　对称性分岔理论基础　1998.3　唐　云　著
47　Gel'fond-Baker 方法在丢番图方程中的应用　1998.10　乐茂华　著
48　随机模型的密度演化方法　1999.6　史定华　著
49　非线性偏微分复方程　1999.6　闻国椿　著
50　复合算子理论　1999.8　徐宪民　著
51　离散鞅及其应用　1999.9　史及民　编著
52　惯性流形与近似惯性流形　2000.1　戴正德　郭柏灵　著
53　数学规划导论　2000.6　徐增堃　著
54　拓扑空间中的反例　2000.6　汪　林　杨富春　编著
55　序半群引论　2001.1　谢祥云　著
56　动力系统的定性与分支理论　2001.2　罗定军　张　祥　董梅芳　著
57　随机分析学基础(第二版)　2001.3　黄志远　著
58　非线性动力系统分析引论　2001.9　盛昭瀚　马军海　著
59　高斯过程的样本轨道性质　2001.11　林正炎　陆传荣　张立新　著
60　光滑映射的奇点理论　2002.1　李养成　著
61　动力系统的周期解与分支理论　2002.4　韩茂安　著
62　神经动力学模型方法和应用　2002.4　阮　炯　顾凡及　蔡志杰　编著
63　同调论——代数拓扑之一　2002.7　沈信耀　著
64　金兹堡-朗道方程　2002.8　郭柏灵　黄海洋　蒋慕容　著

65 排队论基础 2002.10 孙荣恒 李建平 著
66 算子代数上线性映射引论 2002.12 侯晋川 崔建莲 著
67 微分方法中的变分方法 2003.2 陆文端 著
68 周期小波及其应用 2003.3 彭思龙 李登峰 谌秋辉 著
69 集值分析 2003.8 李 雷 吴从炘 著
70 强偏差定理与分析方法 2003.8 刘 文 著
71 椭圆与抛物型方程引论 2003.9 伍卓群 尹景学 王春朋 著
72 有限典型群子空间轨道生成的格(第二版) 2003.10 万哲先 霍元极 著
73 调和分析及其在偏微分方程中的应用(第二版) 2004.3 苗长兴 著
74 稳定性和单纯性理论 2004.6 史念东 著
75 发展方程数值计算方法 2004.6 黄明游 编著
76 传染病动力学的数学建模与研究 2004.8 马知恩 周义仓 王稳地 靳 祯 著
77 模李超代数 2004.9 张永正 刘文德 著
78 巴拿赫空间中算子广义逆理论及其应用 2005.1 王玉文 著
79 巴拿赫空间结构和算子理想 2005.3 钟怀杰 著
80 脉冲微分系统引论 2005.3 傅希林 闫宝强 刘衍胜 著
81 代数学中的 Frobenius 结构 2005.7 汪明义 著
82 生存数据统计分析 2005.12 王启华 著
83 数理逻辑引论与归结原理(第二版) 2006.3 王国俊 著
84 数据包络分析 2006.3 魏权龄 著
85 代数群引论 2006.9 黎景辉 陈志杰 赵春来 著
86 矩阵结合方案 2006.9 王仰贤 霍元极 麻常利 著
87 椭圆曲线公钥密码导引 2006.10 祝跃飞 张亚娟 著
88 椭圆与超椭圆曲线公钥密码的理论与实现 2006.12 王学理 裴定一 著
89 散乱数据拟合的模型、方法和理论 2007.1 吴宗敏 著
90 非线性演化方程的稳定性与分歧 2007.4 马 天 汪宁宏 著
91 正规族理论及其应用 2007.4 顾永兴 庞学诚 方明亮 著
92 组合网络理论 2007.5 徐俊明 著
93 矩阵的半张量积:理论与应用 2007.5 程代展 齐洪胜 著
94 鞅与 Banach 空间几何学 2007.5 刘培德 著
95 非线性常微分方程边值问题 2007.6 葛渭高 著
96 戴维-斯特瓦尔松方程 2007.5 戴正德 蒋慕蓉 李栋龙 著
97 广义哈密顿系统理论及其应用 2007.7 李继彬 赵晓华 刘正荣 著
98 Adams 谱序列和球面稳定同伦群 2007.7 林金坤 著

99 矩阵理论及其应用 2007.8 陈公宁 编著

100 集值随机过程引论 2007.8 张文修 李寿梅 汪振鹏 高 勇 著

101 偏微分方程的调和分析方法 2008.1 苗长兴 张 波 著

102 拓扑动力系统概论 2008.1 叶向东 黄 文 邵 松 著

103 线性微分方程的非线性扰动(第二版) 2008.3 徐登洲 马如云 著

104 数组合地图论(第二版) 2008.3 刘彦佩 著

105 半群的 S-系理论(第二版) 2008.3 刘仲奎 乔虎生 著

106 巴拿赫空间引论(第二版) 2008.4 定光桂 著

107 拓扑空间论(第二版) 2008.4 高国士 著

108 非经典数理逻辑与近似推理(第二版) 2008.5 王国俊 著

109 非参数蒙特卡罗检验及其应用 2008.8 朱力行 许王莉 著

110 Camassa-Holm 方程 2008.8 郭柏灵 田立新 杨灵娥 殷朝阳 著

111 环与代数(第二版) 2009.1 刘绍学 郭晋云 朱 彬 韩 阳 著

112 泛函微分方程的相空间理论及应用 2009.4 王 克 范 猛 著

113 概率论基础(第二版) 2009.8 严士健 王隽骧 刘秀芳 著

114 自相似集的结构 2010.1 周作领 瞿成勤 朱智伟 著

115 现代统计研究基础 2010.3 王启华 史宁中 耿 直 主编

116 图的可嵌入性理论(第二版) 2010.3 刘彦佩 著

117 非线性波动方程的现代方法(第二版) 2010.4 苗长兴 著

118 算子代数与非交换 L_p 空间引论 2010.5 许全华 吐尔德别克 陈泽乾 著

119 非线性椭圆型方程 2010.7 王明新 著

120 流形拓扑学 2010.8 马 天 著

121 局部域上的调和分析与分形分析及其应用 2011.4 苏维宜 著

122 Zakharov 方程及其孤立波解 2011.6 郭柏灵 甘在会 张景军 著

123 反应扩散方程引论(第二版) 2011.9 叶其孝 李正元 王明新 吴雅萍 著

124 代数模型论引论 2011.10 史念东 著

125 拓扑动力系统——从拓扑方法到遍历理论方法 2011.12 周作领 尹建东 许绍元 著

126 Littlewood-Paley 理论及其在流体动力学方程中的应用 2012.3 苗长兴 吴家宏 章志飞 著

127 有约束条件的统计推断及其应用 2012.3 王金德 著

128 混沌、Mel'nikov 方法及新发展 2012.6 李继彬 陈凤娟 著

129 现代统计模型 2012.6 薛留根 著

130 金融数学引论 2012.7 严加安 著

131 零过多数据的统计分析及其应用 2013.1 解锋昌 韦博成 林金官 著

132　分形分析引论　2013.6　胡家信　著
133　索伯列夫空间导论　2013.8　陈国旺　编著
134　广义估计方程估计方程　2013.8　周　勇　著
135　统计质量控制图理论与方法　2013.8　王兆军　邹长亮　李忠华　著
136　有限群初步　2014.1　徐明曜　著
137　拓扑群引论(第二版)　2014.3　黎景辉　冯绪宁　著
138　现代非参数统计　2015.1　薛留根　著